Algebra und Stochastik 9. Klasse

Markus Fiederer

STARK

Autor: Markus Fiederer unterrichtete nach dem 2. Staatsexamen im Jahr 2002 am Schyren-Gymnasium in Pfaffenhofen an der Ilm die Fächer Mathematik und Physik. Nach langjährigen Erfahrungen als Fachbereichsleiter Physik ist er heute Oberstufenkoordinator und Mitglied der Schulleitung am Hallertau-Gymnasium in Wolnzach.

Bildnachweis
UMSCHLAG: © Chirva/Fotolia.com
S. 1: © Nikuwka/Dreamstime.com
S. 7: © Vlue/Dreamstime.com
S. 17: © Neokan/Dreamstime.com
S. 23: © Alexander Tarasov/Fotolia.com
S. 28: © Emma Holmwood/Dreamstime.com
S. 35: http://commons.wikimedia.org/wiki/File:St_Louis_night_expblend.jpg.
Bild: Daniel Schwen. Diese Datei wurde unter der GNU-Lizenz für freie Dokumentation veröffentlicht.
S. 36: © technotr/iStockphoto
S. 57: © Goran Šimić/www.sxc.hu
S. 61: © jimdaly98/www.sxc.hu
S. 62: © Ludger/Banneke-Wilking/Polylooks
S. 63: © Laurence Killick/www.sxc.hu
S. 65: © Pixseli/iStockphoto
S. 67: © Lizzy Tewordt/Pixelio
S. 76: © carefullychosen/iStockphoto
S. 77: © Ove Töpfer - www.pixelmaster.no
S. 83: © Ali Taylor/www.sxc.hu
S. 85: © Stockhouse/Dreamstime.com
S. 86: © mrwill/www.sxc.hu
S. 87: © ppreacher/www.sxc.hu
S. 88: © Michael Zimmermann/www.sxc.hu
S. 89: © Ingrid Müller/www.sxc.hu
S. 90: © bbroianigo/Pixelio
S. 93: © gulden/www.sxc.hu
S. 95: © Joe Gough/Fotolia.com
S. 97: © technotr/iStockphoto
S. 98: © Davide Guglielmo - Broken Arts
S. 99: © Anita Levesque/www.sxc.hu
S. 111: © lisegagne/iStockphoto

ISBN 978-3-86668-179-8

© 2014 by Stark Verlagsgesellschaft mbH & Co. KG
www.stark-verlag.de
1. Auflage 2010

Das Werk und alle seine Bestandteile sind urheberrechtlich geschützt. Jede vollständige oder teilweise Vervielfältigung, Verbreitung und Veröffentlichung bedarf der ausdrücklichen Genehmigung des Verlages.

Inhalt

Vorwort
So arbeitest du mit diesem Buch

Methoden 1

Menge der reellen Zahlen 7

1 Zahlenbereichserweiterung 8
2 Quadratwurzel 9
3 Irrationale Zahlen 12
4 Näherungswerte für Quadratwurzeln 14
4.1 Intervallschachtelung 14
4.2 Verfahren nach Heron 15
5 n-te Wurzel 17
6 Potenzen mit rationalen Exponenten 19

Umgang mit Termen 23

1 Rechnen mit Quadratwurzeln 24
2 Binomische Formeln 28
3 Termumformungen 31
3.1 Rationalmachen des Nenners 31
3.2 Kürzen von Brüchen 33

Quadratische Funktionen 35

1 Parabel 36
2 Verschiebung einer Normalparabel in y-Richtung 38
3 Verschiebung einer Normalparabel in x-Richtung 41
4 Normalparabel 44
5 Quadratische Ergänzung zur Scheitelbestimmung 47
6 Nullstellenbestimmung bei Parabeln 48
7 Lösungsformel für quadratische Gleichungen 52
8 Öffnung der Parabel 57

Anwendungsaufgaben zu quadratischen Funktionen **61**

1	Aufgaben aus der Physik	62
1.1	Der freie Fall	62
1.2	Waagrechter Wurf	63
2	Extremwertaufgaben	66
3	Gemeinsame Punkte von Graphen	72
4	Lineare Gleichungssysteme mit drei Unbekannten	77

Zusammengesetzte Zufallsexperimente **85**

1	Mehrstufiges Zufallsexperiment	86
2	Produktregel oder 1. Pfadregel	90
3	Summenregel oder 2. Pfadregel	94

Grundwissen der 5. bis 9. Klasse **99**

Lösungen **111**

Autor: Markus Fiederer

Vorwort

Liebe Schülerin, lieber Schüler,

mit diesem auf **G8** abgestimmten Trainingsbuch kannst du den **gesamten Unterrichtsstoff** für **Algebra und Stochastik** in der **9. Klasse** selbstständig wiederholen und dich optimal auf Klassenarbeiten bzw. Schulaufgaben vorbereiten.

- Um dir bei der Herangehensweise an mathematische Probleme zu helfen, werden im ersten Teil dieses Buches **Methoden** zur effektiven Lösung von Mathematikaufgaben vorgestellt.

- In den folgenden Kapiteln werden alle **unterrichtsrelevanten Themen** aufgegriffen und anhand von ausführlichen **Beispielen** veranschaulicht. **Kleinschrittige Hinweise** erklären dir die einzelnen Rechen- oder Denkschritte genau. Die Zusammenfassungen der **zentralen Inhalte** sind außerdem in farbiger Schrift hervorgehoben.

- **Zahlreiche Übungsaufgaben** mit ansteigendem Schwierigkeitsgrad bieten dir die Möglichkeit, die verschiedenen Themen einzuüben. Hier kannst du überprüfen, ob du den gelernten Stoff auch anwenden kannst. Komplexere Aufgaben, bei denen du wahrscheinlich etwas mehr Zeit zum Lösen brauchen wirst oder die sich auch auf Themengebiete aus der 5. und 8. Klasse beziehen, sind mit einem ✷ gekennzeichnet.

- Zu allen Aufgaben gibt es am Ende des Buches **vollständig vorgerechnete Lösungen** mit **ausführlichen Hinweisen**, die dir den Lösungsansatz und die jeweiligen Schwierigkeiten genau erläutern.

- Begriffe, die dir unklar sind, kannst du im **Grundwissen der 5. bis 9. Klasse** nachschlagen. Dort sind alle wichtigen Definitionen aus der Algebra und Stochastik zusammengefasst, die du am Ende der 9. Klasse wissen musst.

Ich wünsche dir gute Fortschritte bei der Arbeit mit diesem Buch und viel Erfolg in der Mathematik!

Markus Fiederer

So arbeitest du mit diesem Buch

Besonders effektiv kannst du mit diesem Buch **arbeiten**, wenn du dich an den folgenden Vorgehensweisen orientierst:

- Lies dir zunächst die **Methoden** zur effektiven Lösung einer Mathematikaufgabe gründlich durch. Versuche dann, dich bei der Bearbeitung der Aufgaben an diese Schritte zu halten.

- Um den **Unterrichtsstoff zu trainieren**, hast du grundsätzlich zwei verschiedene Möglichkeiten:

  Methode 1:
  - Bearbeite zunächst den **Unterrichtsstoff mit den Beispielen**.
  - Löse anschließend selbstständig die **Übungsaufgaben** in der angegebenen Reihenfolge.
  - Schlage bei der **Bearbeitung der Aufgaben** erst dann in den Lösungen nach, wenn du mit einer Aufgabe wirklich fertig bist.
  - Solltest du mit einer Aufgabe gar nicht zurechtkommen, dann markiere sie und bearbeite sie mithilfe der Lösung.
  - Versuche, die Aufgabe nach ein paar Tagen noch einmal selbstständig zu lösen.

  Methode 2:
  - Beginne damit, einige **Übungsaufgaben in einem Kapitel zu lösen** und danach mit den angegebenen Lösungen zu vergleichen.
  - Wenn alle Aufgaben richtig sind, bearbeitest du die weiteren Aufgaben des Kapitels.
  - Bei Unsicherheiten oder Schwierigkeiten **wiederholst du die entsprechenden Inhalte** in den einzelnen Kapiteln.

- An die **komplexeren Aufgaben**, die du an dem ✳ erkennst, solltest du dich erst dann wagen, sobald du einige der übrigen Aufgaben gut lösen konntest. Lass dich jedoch nicht entmutigen, wenn du bei diesen Aufgaben nicht sofort auf eine Lösung kommst.

- Stolperst du in den einzelnen Kapiteln oder den Lösungen über Begriffe, die dir unklar sind, kannst du diese im **Grundwissen der 5. bis 9. Klasse** nachschlagen. Ebenfalls kannst du damit am Ende der 9. Klasse noch einmal alle wichtigen Definitionen aus der Algebra und Stochastik wiederholen.

Methoden

Der Lehrplan der 9. Klasse in Algebra sieht hauptsächlich das Einüben von Arbeitsmethoden vor. Es ist deshalb sehr wichtig, dass die Abläufe bis zur endgültigen Lösung einer Aufgabe vertieft werden. Die Aufgaben, die oft rechnerisch zu lösen sind, müssen zuerst thematisch richtig eingeordnet werden.
Bei der Lösung von Aufgaben wird dir die folgende Vorgehensweise helfen.

Verstehen

Lies wiederholt die Aufgabe. Unterstreiche dabei die **Schlüsselwörter**. Achte dabei auf folgende wichtige Fragen:
- **Was ist gegeben?**
- **Was ist gesucht?**

Ermittlung der Arbeitsmethode

In der Vorbereitung zu einer Prüfung ist die wiederholte Verwendung vieler bestimmter Arbeitsmethoden von großer Bedeutung. Das wird dir helfen, angstfrei in eine Mathematikprüfung zu gehen. Zur Ermittlung der richtigen Arbeitsmethode kann man sich diese hilfreichen Fragen stellen.
- **In welches Themengebiet passt die Aufgabe?**
- **Kenne ich diese oder ähnliche Aufgaben?**

Erinnere dich dann an die Fakten des besprochenen Themenbereichs, z. B. an eine Arbeitsmethode, Formeln, mathematische Tricks. Schreibe die zugehörige(n) Formel(n) auf und prüfe diese auf eine mögliche Eignung.

Lösung

Löse den mathematischen Ansatz nach Plan.
- **Einsetzen der gegebenen Größen**
- **Berechnung der gesuchten Größe**

Gehe auf dem Weg zu deiner Lösung möglichst kleinschrittig vor. Bei fehlerhaften Lösungen können diese bewertet werden, falls in Teilen der Lösungsweg richtig ist.

Überprüfung

Bei der Untersuchung von Funktionsgleichungen werden häufig mehrere Unteraufgaben (z. B. Scheitelbestimmung, Nullstellenberechnung, Graphenzeichnung) gestellt. Zuletzt muss man den Graphen meist zeichnen. Frage dich dabei immer:
- **Passen die Ergebnisse zusammen?**
- **Entspricht der Graph meinen Erwartungen?**

Zum Beispiel muss der Scheitel einer Parabel zwischen den beiden Nullstellen liegen oder die Anzahl von Nullstellen bei einer quadratischen Funktion darf zwei nicht überschreiten.

Beispiele

1. Bestimme den Scheitelpunkt und die Nullstellen des Graphen mit folgender Funktionsgleichung:
$$y = \frac{1}{3}x^2 - \frac{1}{3}x - 2$$
Zeichne anschließend den Graphen.

Verstehen

Beim Lesen solltest du die Schlüsselwörter Scheitel und Nullstellen markieren.

Was ist gegeben?   Funktion mit der Gleichung $y = \frac{1}{3}x^2 - \frac{1}{3}x - 2$

Was ist gesucht?   Scheitel, Nullstellen und die Zeichnung des Graphen

Ermittlung der Arbeitsmethode

Diese Aufgabe gehört in das Themengebiet „quadratische Funktionen". An dieser Stelle kommt dein Lernaufwand zum Tragen:

(1) Arbeitsmethode zur Scheitelpunktbestimmung
- Erweitere den Funktionsterm durch quadratische Ergänzung.
- Verwandle den Funktionsterm in die Scheitelpunktform.

(2) Arbeitsmethode zur Nullstellenbestimmung bei quadratischen Funktionen
- Setze die Funktionsgleichung gleich null.
- Löse nach x mithilfe der Lösungsformel für quadratische Gleichungen auf.

Wiederholtes Errechnen der Scheitelpunktform und das Einüben des Lösens quadratischer Gleichungen werden dir Sicherheit geben.

Lösung

Die erlernten Arbeitsmethoden müssen nun angewendet werden.

(1) Scheitelpunktbestimmung

$y = \frac{1}{3}x^2 - \frac{1}{3}x - 2$ Ausklammern

$y = \frac{1}{3}(x^2 - x - 6)$ Quadratische Ergänzung

$y = \frac{1}{3}\left(x^2 - x + \left(\frac{1}{2}\right)^2 - \left(\frac{1}{2}\right)^2 - 6\right)$

$y = \frac{1}{3}\left(x^2 - x + \frac{1}{4} - 6\frac{1}{4}\right)$

$y = \frac{1}{3}\left(x^2 - x + \frac{1}{4}\right) - 2\frac{1}{12}$

$y = \frac{1}{3}\left(x - \frac{1}{2}\right)^2 - 2\frac{1}{12}$ Scheitelpunktform

Aus dieser Darstellung lassen sich die Scheitelpunktkoordinaten herauslesen.

$$\left.\begin{array}{l} x_S = \dfrac{1}{2} \\ y_S = -2\dfrac{1}{12} \end{array}\right\} \;\Rightarrow\; S\left(\dfrac{1}{2}\,\Big|\,-2\dfrac{1}{12}\right)$$

(2) Nullstellenbestimmung

$$0 = \dfrac{1}{3}x^2 - \dfrac{1}{3}x - 2 \qquad \text{Setze } y = 0.$$

$$a = \dfrac{1}{3} \quad b = -\dfrac{1}{3} \quad c = -2 \qquad \text{Einsetzen in}$$

$$x_{1/2} = \dfrac{-b \pm \sqrt{b^2 - 4ac}}{2a}$$

$$x_{1/2} = \dfrac{-\left(-\dfrac{1}{3}\right) \pm \sqrt{\left(-\dfrac{1}{3}\right)^2 - 4 \cdot \dfrac{1}{3} \cdot (-2)}}{2 \cdot \dfrac{1}{3}}$$

$$= \dfrac{\dfrac{1}{3} \pm \sqrt{\dfrac{25}{9}}}{\dfrac{2}{3}} = \dfrac{\dfrac{1}{3} \pm \dfrac{5}{3}}{\dfrac{2}{3}}$$

$$x_1 = \dfrac{\dfrac{1}{3} + 1\dfrac{2}{3}}{\dfrac{2}{3}} = 3$$

$$x_2 = \dfrac{\dfrac{1}{3} - 1\dfrac{2}{3}}{\dfrac{2}{3}} = -2$$

Die Nullstellen haben die Koordinaten $N_1(3\,|\,0)$ und $N_2(-2\,|\,0)$.

Überprüfung
Bei der Zeichnung des Graphen kann man feststellen, ob die Lösungen einen Sinn ergeben. Bei $y = \dfrac{1}{3}x^2 - \dfrac{1}{3}x - 2$ ist eine nach oben geöffnete Parabel zu erwarten.
Der Scheitel liegt zwischen beiden Nullstellen, die Parabel ist nach oben geöffnet.

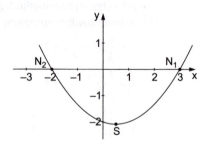

2. Bei der Lotterie „Bayernlos" zieht man mit der Wahrscheinlichkeit 25,2 % einen Gewinn.
Wie groß ist die Wahrscheinlichkeit, beim Ziehen von drei Losen mindestens zwei Treffer zu haben?

Verstehen
Die Schlüsselwörter in dieser Aufgabe sind mindestens und zwei Treffer. Markiere diese.
Was ist gegeben?   Gewinnwahrscheinlichkeit 25,2 % für ein Los
Was ist gesucht?   Wahrscheinlichkeit für mindestens zwei Treffer

Ermittlung der Arbeitsmethode
Diese Aufgabe gehört zum Themengebiet „Zusammengesetzte Zufallsexperimente". Die dazugehörigen Arbeitsmethoden müssen in deiner Vorbereitung eingeübt werden:
(1) Zeichnen eines geeigneten Baumdiagramms
(2) Anwenden der 1. Pfadregel zur Wahrscheinlichkeitsberechnung
(3) Berechnen von Wahrscheinlichkeiten mithilfe der 2. Pfadregel

Wiederholtes Zeichnen von Baumdiagrammen und das Einüben der beiden Pfadregeln werden dir Sicherheit geben.

Lösung
(1) Zeichnen eines geeigneten Baumdiagramms
Zuerst werden Zufallsvariablen passend zur Aufgabenstellung definiert. Hier wird zwischen Gewinn und Niete unterschieden. Die Benennung dieser beiden Variablen mit einer geeigneten Bezeichnung bleibt einem selbst überlassen.
G: Das gezogene Bayernlos ist ein Gewinn.
N: Auf dem Los steht „LEIDER NICHT".
Die Wahrscheinlichkeit für einen Gewinn ist 25,2 %.
Das Gegenereignis „Niete" hat die Wahrscheinlichkeit 100 % − 25,2 % = 74,8 %. Diese Wahrscheinlichkeiten werden entlang der Pfade notiert.
Es werden drei Lose gezogen, d. h., der Baum hat drei Ebenen:

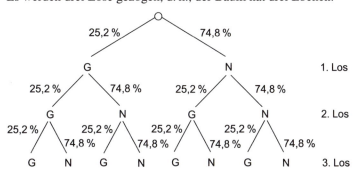

(2) Anwenden der 1. Pfadregel
Mindestens zwei Gewinne bedeutet, dass man zwei oder drei Gewinne zieht. Die Einzelereignisse lauten GGN, GNG, NGG und GGG.
Die entsprechenden Pfade werden im Baumdiagramm markiert:
Die Einzelwahrscheinlichkeiten entlang eines Pfades werden multipliziert.

$0{,}252^3 \approx 0{,}0160$
$\phantom{0{,}252^3} = 1{,}6\,\%$

$0{,}252 \cdot 0{,}252 \cdot 0{,}748$
$\approx 0{,}0475 \approx 4{,}8\,\%$

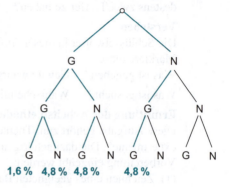

1,6 %   4,8 %   4,8 %   4,8 %

(3) Anwenden der 2. Pfadregel
Das gesuchte Ereignis setzt sich aus den im Baumdiagramm markierten Pfaden zusammen. Die Summe der Wahrscheinlichkeiten der Pfade ergibt die Gesamtwahrscheinlichkeit:
P(„mindestens zwei Gewinne")
= P(GGG) + P(GGN) + P(GNG) + P(NGG)
≈ 1,6 % + 4,8 % + 4,8 % + 4,8 % = 16 %

Die Wahrscheinlichkeit, bei der Lotterie „Bayernlos" bei drei Losen mindestens zwei Treffer zu haben, ist 16 %.

Überprüfung
Gibt diese Lösung einen Sinn? Das ist in der Wahrscheinlichkeitsrechnung oft schwer zu beantworten. Das Ergebnis muss als Wahrscheinlichkeit einen Wert von 0 bis 1 besitzen. Der Wert 16 % scheint für eine Lotterie in der richtigen Größenordnung zu liegen.

Es nützt nichts, Aufgaben auswendig zu lernen. Verändert man die auswendig gelernte Aufgabe als Lehrer ein wenig, so wirst du Probleme bei deren Lösung haben. Deshalb musst du zuerst die **Theorie verstehen und lernen**. Versuche, Strukturen zu erkennen, die du bei Prüfungsaufgaben wieder anwenden kannst. Die meisten Aufgaben in einem Mathematiktest muss man während einer Prüfung nicht neu erfinden.

Menge der reellen Zahlen

1 Zahlenbereichserweiterung

In deinen ersten Schuljahren hast du dich in Mathematik in der Menge der natürlichen Zahlen $\mathbb{N}$ bewegt.
$\mathbb{N} = \{1; 2; 3; 4; \dots\}$
Bei Bedarf wurde die Menge der natürlichen Zahlen mit der Zahl „0" erweitert.
$\mathbb{N}_0 = \{0; 1; 2; 3; \dots\}$
Im Laufe der 5. Klasse hast du gelernt, mit den negativen Zahlen umzugehen.
Es wurde die Menge der ganzen Zahlen $\mathbb{Z}$ eingeführt.
$\mathbb{Z} = \{\dots; -3; -2; -1; 0; 1; 2; 3; \dots\}$
Die Menge der rationalen Zahlen $\mathbb{Q}$ beinhaltet zusätzlich die Bruchzahlen.
Die Menge der rationalen Zahlen kann man nicht der Reihe nach anordnen, da zwischen zwei Brüchen immer ein weiterer Bruch gefunden werden kann.

$\left\{-\dfrac{1}{5}; \dfrac{1}{2}; \dfrac{7}{3}; 2; 14; -25\right\} \subset \mathbb{Q}$

↑
„ist Teilmenge von"

Beispiele

1. $1 \in \mathbb{N}$ — 1 ist ein Element der natürlichen Zahlen.

2. $\{-2\} \subset \mathbb{Z}$ — Die Menge bestehend aus der Zahl –2 ist Teilmenge der Menge der ganzen Zahlen.

3. $-2,2 \notin \mathbb{N}_0$ — –2,2 ist kein Element der Menge der natürlichen Zahlen mit der Zahl Null.

4. $\{1,\overline{1};\ 2,\overline{2};\ 3,\overline{3};\ \dots\} \not\subset \mathbb{Z}$ — Die Menge bestehend aus den Zahlen $1,\overline{1};\ 2,\overline{2};\ 3,\overline{3};\ \dots$ ist keine Teilmenge der Menge der ganzen Zahlen.

Aufgabe

1. Setze das richtige Mengenzeichen ($\in;\ \notin;\ \subset;\ \not\subset$) in die Lücken ein.

   a) $\dfrac{1}{3}$ ▢ $\mathbb{Q}$
   b) $\{2; 4; 6; \dots\}$ ▢ $\mathbb{Z}$

   c) $\left\{\dfrac{1}{2}; \dfrac{1}{3}; \dfrac{1}{4}; \dots\right\}$ ▢ $\mathbb{N}$
   d) $\{1,\overline{1};\ 1,\overline{2};\ 1,\overline{3};\ \dots\}$ ▢ $\mathbb{Q}$

   e) $\{-5, -4; -3; -2\}$ ▢ $\mathbb{Z}$
   f) $\{0; 1; 2; \dots\}$ ▢ $\mathbb{N}$

   g) $\{5\}$ ▢ $\mathbb{Z}$
   h) 5 ▢ $\mathbb{Q}$

   i) $1\dfrac{4}{4}$ ▢ $\mathbb{N}$
   j) $\left\{\dfrac{2}{2}; \dfrac{4}{2}; \dfrac{6}{2}; \dfrac{8}{2}; \dots\right\}$ ▢ $\left\{\dfrac{1}{2}; \dfrac{2}{2}; \dfrac{3}{2}; \dfrac{4}{2}; \dots\right\}$

2 Quadratwurzel

Der Flächeninhalt eines Quadrats wird mithilfe der Seitenlänge a berechnet:
$A_{Quadrat} = a \cdot a$
Quadriert man z. B. die Seitenlänge 4 cm, so erhält man als Flächeninhalt:
$A_{Quadrat} = 4 \text{ cm} \cdot 4 \text{ cm} = (4 \text{ cm})^2 = 16 \text{ cm}^2$
Umgekehrt kann man aus dem Flächeninhalt eines Quadrats die Seitenlänge berechnen:
$A_{Quadrat} = 49 \text{ cm}^2$
Welche Zahl ergibt mit sich selbst multipliziert 49?
a = 7 cm
Die Umkehrung des Quadrierens nennt man **Wurzelziehen**:

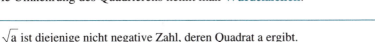

$\sqrt{a}$ ist diejenige nicht negative Zahl, deren Quadrat a ergibt.

Quadratwurzel → $\sqrt{a}$
  ↑
Radikand a ≥ 0

Beispiele

1. Bestimme folgende Quadratwurzeln.

    a) $\sqrt{64}$ b) $\sqrt{1}$

    c) $\sqrt{4{,}41}$ d) $\sqrt{0}$

    e) $\sqrt{\dfrac{25}{36}}$ f) $\sqrt{-25}$

    Lösung:

    a) $\sqrt{64} = 8$ wegen $8^2 = 64$

    b) $\sqrt{1} = 1$ wegen $1^2 = 1$

    c) $\sqrt{4{,}41} = 2{,}1$ wegen $2{,}1^2 = 4{,}41$

    d) $\sqrt{0} = 0$ wegen $0^2 = 0$

    e) $\sqrt{\dfrac{25}{36}} = \dfrac{5}{6}$ wegen $\left(\dfrac{5}{6}\right)^2 = \dfrac{25}{36}$

    f) $\sqrt{-25}$

    $(-5) \cdot (-5) = 25 \quad 5 \cdot 5 = 25$
    Es existiert keine Zahl, die mit sich selbst multipliziert einen negativen Produktwert liefert.

Menge der reellen Zahlen

2. Bestimme die Lösungsmenge der Gleichung $x^2 - 4 = 0$.

   Lösung:
   $$x^2 - 4 = 0 \quad | +4$$
   $$x^2 = 4$$

   Welche Zahlen ergeben quadriert 4?
   $x_1 = 2 \quad x_2 = -2 \qquad \sqrt{4} = 2$
   $\mathbb{L} = \{-2; 2\}$

Aufgaben

2. Bestimme die Quadratwurzeln ohne Verwendung eines Taschenrechners.
   - a) $\sqrt{169}$
   - b) $\sqrt{25}$
   - c) $\sqrt{2{,}25}$
   - d) $\sqrt{\dfrac{169}{196}}$
   - e) $\sqrt{\dfrac{1}{9}}$
   - f) $\sqrt{6\dfrac{1}{4}}$
   - g) $\sqrt{10^6}$
   - h) $\sqrt{4 \cdot 10^4}$
   - i) $\sqrt{1{,}21}$
   - j) $\sqrt{-9}$
   - k) $\sqrt{(-5)^2}$
   - l) $-\sqrt{0{,}0016}$

3. Berechne mit dem Taschenrechner und runde dabei auf die vierte Dezimale.
   - a) $\sqrt{13}$
   - b) $\sqrt{27}$
   - c) $\sqrt{16{,}59}$
   - d) $\sqrt{12^3}$
   - e) $\sqrt{4 \cdot 13}$
   - f) $\sqrt{2 \cdot 10^5}$
   - g) $\sqrt{17^2 - 3^5}$
   - h) $\sqrt{0{,}003}$

4. Bestimme die Seitenlängen der Quadrate mit den folgenden Flächeninhalten:
   - a) $A = 529 \text{ m}^2$
   - b) $A = 256 \text{ dm}^2$
   - c) $A = 1{,}69 \text{ dm}^2$
   - d) $A = 0{,}16 \text{ mm}^2$
   - e) $A = 15^2 \text{ a}$
   - f) $A = 1 \text{ ha}$
   - g) $A = 0{,}09 \text{ ha}$
   - h) $A = 10^4 \text{ km}^2$

5. Bestimme die Lösungsmengen der Gleichungen.
   a) $x^2 = 81$
   b) $x^2 - 196 = 0$
   c) $x^2 = 0{,}0049$
   d) $x^2 + 1 = 0$
   e) $2x(x+1) = 0$
   f) $(x+1)^2 = 25$
   g) $2x^2 = 242$
   h) $2x^2 - 15 = x^2 - 11$

6. Berechne die Kantenlängen der Würfel mit den folgenden Oberflächeninhalten.
   a) $0{,}4056 \text{ m}^2$
   b) $36{,}015 \text{ dm}^2$
   c) $39{,}3216 \text{ cm}^2$
   d) $479{,}5416 \text{ mm}^2$

7. Entscheide anhand der Endziffer, ob es sich bei den folgenden Zahlen um Quadratzahlen handeln kann.
   a) 154 449
   b) 172 225
   c) 488 602
   d) 320 357
   e) 128 881
   f) 543 168

3 Irrationale Zahlen

Bestimmt man mit der Wurzeltaste des Taschenrechners den Wert für $\sqrt{2}$, so erhält man $\sqrt{2} = 1,414213562$. Gibt man diesen Wert wieder in den Taschenrechner ein und quadriert diesen, ist das Ergebnis 1,999999999. Der erste Wert war offensichtlich gerundet.
Gibt es einen endlichen oder periodischen Dezimalbruch, der $\sqrt{2}$ beschreibt?

Falls $\sqrt{2}$ eine rationale Zahl wäre, müsste man diese Zahl als Bruch schreiben können:

$\sqrt{2} = \dfrac{p}{q}$ \qquad p und q seien teilerfremd, d. h., $\dfrac{p}{q}$ ist ein vollständig gekürzter Bruch.

$2 = \dfrac{p^2}{q^2}$ \qquad Beide Seiten der Gleichung werden quadriert.

$2q^2 = p^2$

Das ist ein Widerspruch!
In einer Quadratzahl ist jeder einzelne Primfaktor in der Primfaktorzerlegung in einer geraden Anzahl vorhanden.
$2q^2$: Der Primfaktor 2 ist in einer ungeraden Anzahl vorhanden.
p^2: Alle Primfaktoren sind in einer geraden Anzahl vorhanden.
Die Gleichung $2q^2 = p^2$ kann wegen der verschiedenen Primfaktorzerlegungen nicht erfüllt werden.
$\sqrt{2}$ kann nicht als Bruch geschrieben werden.

Die Menge der rationalen Zahlen reicht nicht aus, um alle Quadratzahlen zu beschreiben. Die Zahlenmenge $\mathbb{Q}$ muss um Zahlen wie $\sqrt{2}$ erweitert werden.
Rationale Zahlen sind **endliche** oder **unendliche periodische** Dezimalbrüche
(z. B. $0,7\overline{93}$; $0,12\overline{5}$).
Irrationale Zahlen sind **unendliche**, **nicht periodische** Dezimalbrüche
(z. B. $\sqrt{2} = 1,4142\ldots$; $\pi = 3,14159\ldots$).

> Die Menge $\mathbb{R}$ der **reellen Zahlen** ist die Menge aller Dezimalbrüche.

Rationale Zahlen können als Bruch geschrieben werden. Bei irrationalen Zahlen ist das nicht möglich.

Beispiel

Überprüfe, ob die folgenden Zahlen rational oder irrational sind.

a) $\dfrac{1}{7}$ b) $\sqrt{3}$

Lösung:

a) $\dfrac{1}{7} = 1 : 7 = 0,\overline{142857}$

$\dfrac{1}{7}$ kann als unendlicher, aber periodischer Dezimalbruch geschrieben werden. $\dfrac{1}{7}$ ist eine rationale Zahl.

b) $\sqrt{3} = \dfrac{p}{q}$ | auf beiden Seiten quadrieren

$3 = \dfrac{p^2}{q^2}$ $| \cdot q^2$

$3q^2 = p^2$

Das ist ein Widerspruch! Die Anzahl der einzelnen Primfaktoren auf beiden Seiten des „="-Zeichens ist verschieden.
$\sqrt{3}$ kann nicht als Bruch dargestellt werden und damit ist $\sqrt{3}$ ein unendlicher, nicht periodischer Dezimalbruch. $\sqrt{3}$ ist eine irrationale Zahl.

Aufgaben

8. Überprüfe die folgenden Brüche durch Ausführung der Division auf Irrationalität.

a) $\dfrac{1}{5}$ b) $\dfrac{1}{6}$

c) $\dfrac{5}{12}$ d) $\dfrac{\sqrt{121}}{33}$

e) $\dfrac{\pi}{5}$ f) $\dfrac{\sqrt{\pi}}{2} \cdot \dfrac{3}{\sqrt{\pi}}$

g) $\dfrac{\sqrt{2}}{\sqrt{8}}$ h) $\dfrac{7}{10}$

i) $\sqrt{2\dfrac{7}{9}}$ j) $\dfrac{\sqrt{2}}{4}$

9. Beweise oder widerlege:
Das Produkt zweier irrationaler Zahlen ist wieder irrational.

★ 10. a) Zeige wie im Beispiel, dass $\sqrt{7}$ eine irrationale Zahl ist, d. h. nicht als Bruch geschrieben werden kann.

b) Welche Eigenschaften muss eine Zahl haben, damit ihre Wurzel rational ist? Betrachte dazu die Primfaktorzerlegung der Zahlen 225 und 105.

4 Näherungswerte für Quadratwurzeln

Das farbige Dreieck hat den halben Flächeninhalt des kleinen schwarz umrandeten Quadrats, also $\frac{1}{2}$. Das farbig umrandete Quadrat besteht aus vier dieser Dreiecke und hat deshalb den Flächeninhalt 2. Die Seitenlänge dieses Quadrats muss wegen $\sqrt{2} \cdot \sqrt{2} = 2$ die Länge $\sqrt{2}$ haben.

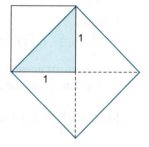

Irrationale Zahlen wie $\sqrt{2}$ können nur näherungsweise bestimmt werden. In der Dezimalbruchdarstellung kann man kein „Muster" erkennen:

$\sqrt{2} = 1{,}414213562373095\ldots$

Mit der **Intervallschachtelung** und dem **Verfahren nach Heron** kann man irrationale Zahlen in Form von Wurzeln auf jede beliebige Stelle genau berechnen.

4.1 Intervallschachtelung

Ein Intervall ist eine zusammenhängende Menge auf einer Zahlengeraden.
Bei der Intervallschachtelung macht man nach und nach das Intervall, in dem die irrationale Zahl Element ist, beliebig klein.

> **Intervallschachtelung:**
> 1. Bilde ein Intervall zweier benachbarter Zahlen, in dem der Wurzelwert sicher liegt.
> 2. Nimm eine Dezimale hinzu und bilde damit ein möglichst kleines Intervall, in dem der Wurzelwert sicher liegt.
> 3. Wiederhole den Punkt 2 bis zur erwünschten Genauigkeit.

Beispiel Gib eine Intervallschachtelung für $\sqrt{2}$ an.

Lösung:
Die Umkehrung des Wurzelziehens ist das Quadrieren.
Wegen $1{,}4^2 = 1{,}96$ und $1{,}5^2 = 2{,}25$ liegt der Wert von $\sqrt{2}$ zwischen 1,4 und 1,5:

$\sqrt{2} \in [1{,}4; 1{,}5]$

Man nimmt weitere Nachkommastellen dazu und probiert geschickt weitere Ziffern für die „offene" Dezimale aus:

$1{,}45^2 = 2{,}1025$ zu groß
$1{,}42^2 = 2{,}0164$ zu groß
$1{,}41^2 = 1{,}9881$ zu klein

$\sqrt{2}$ muss zwischen den Zahlen 1,41 und 1,42, d. h. im Intervall [1,41; 1,42], liegen.

Vollständige Intervallschachtelung:

[1; 2]	$1^2 < \sqrt{2} < 2^2$	
	1 4	
[1,4; 1,5]	$1,4^2 < \sqrt{2} < 1,5^2$	
	1,96 2,25	Bei jedem Schritt
[1,41; 1,42]	$1,41^2 < \sqrt{2} < 1,42^2$	kommt eine Dezi-
	1,9881 2,0164	male dazu.
[1,414; 1,415]	$1,414^2 < \sqrt{2} < 1,415^2$	
	1,999396 2,002225	
[1,4142; 1,4143]	$1,4142^2 < \sqrt{2} < 1,4143^2$	
	1,99996164 2,00024449	

4.2 Verfahren nach Heron

Das Verfahren nach Heron dient zur näherungsweisen Bestimmung von $\sqrt{a}$ ($a \in \mathbb{R}^+$). In diesem Iterationsverfahren setzt man ermittelte Werte x_{alt} und y_{alt} immer wieder in die gleiche Formel ein, um neue (bzw. genauere) Werte für x und y zu berechnen.

Berechnung von $\sqrt{a}$ mit dem Verfahren nach Heron:
1. Beginne mit einem Wert x_0 (in der Größenordnung des zu erwartenden Wurzelwertes).
2. Setze $y_0 = \frac{a}{x_0}$.
3. Bestimme die neuen Werte x_1 und y_1 durch Einsetzen von x_0 und y_0:

$$x_1 = \frac{x_0 + y_0}{2} \quad \text{und} \quad y_1 = \frac{x_1}{a}$$

4. Damit erhält man das Intervall $\sqrt{a} \in [x_1; y_1]$.
5. Durch Wiederholen des Schrittes wird das Intervall weiter verfeinert.

Beispiel Gib ein Iterationsverfahren für $\sqrt{15}$ an.

Lösung:
$x_0 = 5$ (Startwert) $\quad$ $\sqrt{15}$ ist die Seitenlänge eines Quadrats mit dem Flächeninhalt 15.

$y_0 = \frac{a}{x_0} \Rightarrow y_0 = \frac{15}{5} = 3$ $\quad$ Alle Rechtecke mit den Seitenlängen x_n und y_n haben den Flächeninhalt 15.

Menge der reellen Zahlen

$\sqrt{15} \in [3; 5]$

$x_1 = \dfrac{x_0 + y_0}{2} \Rightarrow x_1 = \dfrac{5+3}{2} = 4$ In jedem Iterationsschritt nähert man die beiden Seitenlängen einander an.

$y_1 = \dfrac{a}{x_1} \Rightarrow y_1 = \dfrac{15}{4} = 3{,}75$

$\sqrt{15} \in [3{,}75; 4]$

$x_2 = \dfrac{x_1 + y_1}{2} \Rightarrow \dfrac{4 + 3{,}75}{2} = 3{,}875$

$y_2 = \dfrac{a}{x_2} \Rightarrow y_2 = \dfrac{15}{3{,}875} = 3{,}8709\ldots$

$\sqrt{15} \in [3{,}8709; 3{,}875]$

$\vdots$

Aufgaben

11. Nutze die Intervallschachtelung, um die Wurzeln auf Tausendstel genau zu berechnen.

a) $\sqrt{23}$ b) $\sqrt{32}$

c) $\sqrt{7}$ d) $\sqrt{8}$

e) $\sqrt{121}$ f) $\sqrt{125}$

g) $\sqrt{33}$ h) $\sqrt{40}$

12. Bestimme mithilfe des Heron-Verfahrens und des angegebenen Startwerts die folgenden Wurzeln auf die Tausendstel-Stelle genau.

a) $\sqrt{5};\ x_0 = 2$ b) $\sqrt{6};\ x_0 = 3$

c) $\sqrt{7};\ x_0 = 3$ d) $\sqrt{8};\ x_0 = 3$

e) $\sqrt{9};\ x_0 = 4$ f) $\sqrt{10};\ x_0 = 4$

g) $\sqrt{11};\ x_0 = 4$ h) $\sqrt{12};\ x_0 = 4$

13. a) Beschreibe, wie du ein Quadrat mit dem Flächeninhalt 18 cm² konstruieren kannst.

b) Berechne die Seitenlänge des Quadrats mit dem Flächeninhalt 18 cm² auf drei Dezimalen genau mit
  i) dem Heron-Verfahren,
  ii) einer Intervallschachtelung.

5 n-te Wurzeln

Ein Würfel hat den Volumeninhalt 64 m³. Für die Kantenlänge a wird eine Zahl gesucht, die mit 3 potenziert 64 ergibt:
a = 4 m:
$(4 m)^3 = 4 m \cdot 4 m \cdot 4 m = 64 m^3$
Verdoppelt man das Volumen auf 128 m³ ist die Kantenlänge a nur noch näherungsweise zu lösen.
Die gesuchte Zahl wird **3-te Wurzel** genannt. Sie wird folgendermaßen geschrieben:
Exponent → $\sqrt[3]{128}$ m
↑ Radikand

Diese Definition wird auf die 4-te, 5-te, ..., n-te Wurzel erweitert:

> Die **n-te Wurzel** aus einer nicht negativen reellen Zahl $a \geq 0$ ist die nicht negative Lösung der Gleichung $x^n = a$.

Beispiele

1. Berechne $\sqrt[4]{10\,000}$ und $\sqrt[5]{32}$.

   Lösung:
   $\sqrt[4]{10\,000} = 10$
   wegen $10^4 = 10\,000$
   $\sqrt[5]{32} = 2$
   wegen $2^5 = 32$

   Es wird die passende Potenz zu dieser Zahl gesucht.

2. Berechne mit dem Taschenrechner $\sqrt[3]{8}$ und $\sqrt[10]{59\,049}$.

   Lösung:
   $\sqrt[3]{8} = 2$
   $\sqrt[10]{59\,049} = 3$

3. Löse die Gleichung $x^3 = -4$.

   Lösung:
   Die Gleichung $x^3 = -4$ hat nicht die Lösung $x = \sqrt[3]{-4}$, da als Radikand nur nicht negative Zahlen zugelassen sind.
   Die richtige Lösung lautet:
   $x = -\sqrt[3]{4}$
   $\mathbb{L} = \{-\sqrt[3]{4}\}$

18 • Menge der reellen Zahlen

Aufgaben

14. Bestimme die Ergebnisse mithilfe eines Taschenrechners.
Runde dabei auf die vierte Dezimale.

a) $\sqrt[5]{23}$
b) $\sqrt[26]{23}$
c) $\sqrt[7]{8}$
d) $\sqrt[5]{2}$
e) $\sqrt[2]{16}$
f) $\sqrt[16]{2}$
g) $\sqrt[8]{19}$
h) $\sqrt[127]{1\,025}$

15. Berechne ohne Taschenrechner.
Tipp: Wende gegebenenfalls eine Primfaktorzerlegung an.

a) $\sqrt[2]{121}$
b) $\sqrt[3]{216}$
c) $\sqrt[4]{81}$
d) $\sqrt[5]{32}$
e) $\sqrt[6]{1\,000\,000}$
f) $\sqrt[3]{1\,000\,000}$
g) $\sqrt[4]{625}$
h) $\sqrt[7]{128}$
i) $\sqrt[4]{2\,401}$
j) $\sqrt[10]{1\,024}$

16. Ermittle die Lösungsmengen.

a) $x^4 = 16$
b) $x^5 = -32$
c) $x^7 = 234$
d) $x^9 = -874$
e) $x^8 = 978$
f) $x^8 = -231$
g) $x^{10} = -1\,000$
h) $x^{11} = -988$

17. Berechne die Kantenlängen der Würfel mit den angegebenen Volumen- bzw. Oberflächeninhalten.

a) V = 343 dm³
b) V = 729 cm³
c) O = 216 cm²
d) O = 294 mm²
e) V = 562 dm³
f) V = 689 cm³
g) O = 325 cm²
h) O = 112 mm²

18. Deine Großmutter legte vor 8 Jahren 120 € mit einem festen jährlichen Zinssatz bei einer Bank an. Nach 8 Jahren erhältst du 177,29 €.
Wie hoch war der jährliche Zinssatz?

6 Potenzen mit rationalen Exponenten

Die Radioiodtherapie wird zur Behandlung verschiedener Schilddrüsenerkrankungen eingesetzt. Dabei wird dem Patienten Iod-131 verabreicht. Das radioaktive Iod-Isotop lagert sich in der Schilddrüse ein und zerfällt dort mit der Halbwertszeit 8 Tage, d. h., nach 8 Tagen ist nur noch die Hälfte des eingenommenen Iod-131-Isotops vorhanden. Der Zerfall wird mit folgender Gleichung näherungsweise beschrieben:

$$N = N_0 \cdot \left(\frac{1}{2}\right)^{\frac{t}{8d}} \qquad 8d \triangleq 8 \text{ Tage}$$

N: Anzahl der Iod-Isotope nach der Zeit t
N_0: Anzahl der Iod-Isotope zu Beginn der Therapie (t = 0)
Im Exponenten der Zahl $\frac{1}{2}$ steht mit $\frac{t}{8d}$ eine rationale Zahl.
Die allgemeine Potenzschreibweise verwendet rationale Zahlen im Exponenten:

$$a^{\frac{m}{n}} = \sqrt[n]{a^m} \qquad (m, n \in \mathbb{Z}) \quad (a > 0)$$

So können die n-ten Wurzeln mit m = 1 geschrieben werden:

$$a^{\frac{1}{n}} = \sqrt[n]{a}$$

Beispiele

1. Schreibe die Potenzen $7^{\frac{1}{3}}$ und $5^{\frac{2}{3}}$ mit dem Wurzelzeichen.

   Lösung:

   $7^{\frac{1}{3}} = \sqrt[3]{7}$ Schreibe den Nenner auf die Wurzel. Der Zähler ist
   $5^{\frac{2}{3}} = \sqrt[3]{5^2}$ der Exponent des Radikanden.

2. $\frac{N}{N_0} = \left(\frac{1}{2}\right)^{\frac{t}{8d}}$ gibt den Anteil der zum Zeitpunkt t vorhandenen Iod-131-Isotope im Vergleich zum Beginn der Therapie an.
   Wie groß ist der Anteil nach 12 Tagen?

   Lösung:
   Nach 12 Tagen (t = 12d) erhält man:

   $$\frac{N}{N_0} = \left(\frac{1}{2}\right)^{\frac{12d}{8d}} = \left(\frac{1}{2}\right)^{\frac{3}{2}} = \sqrt[2]{\left(\frac{1}{2}\right)^3} = \sqrt{\frac{1}{8}} \approx 35\,\%$$

   Nach 12 Tagen sind noch 35 % der Iod-131-Isotope vorhanden, bzw.
   65 % der Radioisotope in der Schilddrüse sind zerfallen.

Die Gesetze zum Rechnen mit Potenzen gelten wie bisher:

	Multiplikation	Division
gleicher Exponent	$a^{\frac{m}{n}} \cdot b^{\frac{m}{n}} = (ab)^{\frac{m}{n}}$	$\dfrac{a^{\frac{m}{n}}}{b^{\frac{m}{n}}} = \left(\dfrac{a}{b}\right)^{\frac{m}{n}}$
gleiche Basis	$a^{\frac{m}{n}} \cdot a^{\frac{p}{q}} = a^{\frac{m}{n}+\frac{p}{q}}$	$a^{\frac{m}{n}} : a^{\frac{p}{q}} = a^{\frac{m}{n}-\frac{p}{q}}$
Potenzieren	$(a^{\frac{m}{n}})^{\frac{p}{q}} = a^{\frac{m}{n} \cdot \frac{p}{q}}$	

Anstatt mit ganzen Zahlen wird mit Brüchen im Exponenten gerechnet.

Beispiele

1. $2^{\frac{3}{4}} \cdot 3^{\frac{3}{4}} = (2 \cdot 3)^{\frac{3}{4}} = 6^{\frac{3}{4}} = \sqrt[4]{6^3}$

2. $\dfrac{8^{\frac{2}{3}}}{2^{\frac{2}{3}}} = \left(\dfrac{8}{2}\right)^{\frac{2}{3}} = 4^{\frac{2}{3}} = \sqrt[3]{4^2}$

3. $0{,}5^{\frac{1}{3}} \cdot 0{,}5^{\frac{1}{2}} = 0{,}5^{\frac{1}{3}+\frac{1}{2}} = 0{,}5^{\frac{5}{6}} = \sqrt[6]{0{,}5^5}$

4. $\dfrac{\left(1\frac{2}{3}\right)^{\frac{4}{7}}}{\left(1\frac{2}{3}\right)^{\frac{2}{7}}} = \left(1\frac{2}{3}\right)^{\frac{4}{7}-\frac{2}{7}} = \left(1\frac{2}{3}\right)^{\frac{2}{7}} = \sqrt[7]{\left(1\frac{2}{3}\right)^2}$

5. $(2^{\frac{3}{2}})^{\frac{7}{4}} = 2^{\frac{3}{2} \cdot \frac{7}{4}} = 2^{\frac{21}{8}} = \sqrt[8]{2^{21}}$

6. $5^{-\frac{3}{4}} = \dfrac{1}{\sqrt[4]{5^3}}$ $a^{-n} = \dfrac{1}{a^n}$

Aufgaben

19. Schreibe die Potenzen mit dem Wurzelzeichen.

a) $5^{\frac{1}{3}}$ b) $6^{\frac{1}{5}}$

c) $8^{\frac{2}{3}}$ d) $6^{\frac{7}{3}}$

e) $3{,}1^{0{,}6}$ f) $7^{-3{,}1}$

g) $3^{0{,}\overline{3}}$ h) $7{,}5^{-1{,}6}$

i) $8{,}3^{9{,}5}$ j) $a^{-1{,}\overline{6}}$

20. Schreibe als Potenz.

a) $\sqrt[3]{7}$

b) $\sqrt{3}$

c) $\sqrt[4]{8^5}$

d) $\dfrac{1}{\sqrt[3]{2}}$

e) $\dfrac{1}{\sqrt[7]{5^3}}$

f) $\sqrt[5]{\dfrac{1}{3^7}}$

21. Vereinfache mithilfe der Potenzgesetze.

a) $2^{\frac{1}{2}} \cdot 2^{\frac{3}{4}}$

b) $3^{\frac{1}{4}} : 5^{\frac{1}{4}}$

c) $7^{\frac{2}{3}} \cdot 7^{\frac{1}{3}}$

d) $y^{\frac{4}{7}} : y^{\frac{2}{3}}$

e) $(3^{\frac{1}{2}})^{-\frac{1}{3}}$

f) $(2^{\frac{5}{6}})^{-\frac{6}{5}}$

g) $\sqrt[3]{\sqrt{5}}$

h) $\sqrt[4]{\sqrt[6]{5^{20}}}$

i) $\sqrt[4]{a} \cdot \sqrt{2a^3}$

j) $\sqrt{\dfrac{7}{x}} \cdot \sqrt[4]{x^3}$

k) $\sqrt[7]{3} \cdot \sqrt[5]{\dfrac{1}{3}}$

l) $\sqrt[7]{\left((3^4)^{\frac{1}{2}}\right)^{\frac{1}{3}}}$

m) $\sqrt[3]{a^2 \sqrt[4]{a^3 \sqrt[5]{a^4}}}$

n) $\sqrt{\dfrac{\sqrt{3a}}{\sqrt[3]{27a^4}}}$

22. Berechne die Wurzeln und bilde das Lösungswort in der entsprechenden Reihenfolge.

a) $\sqrt[3]{\sqrt[5]{2}}$

b) $\sqrt[3]{2^5}$

c) $\sqrt[5]{2^3}$

d) $2^{\frac{1}{5}} \cdot \sqrt[3]{2}$

e) $2^{\frac{1}{3}} : 2^{\frac{1}{5}}$

f) $2^{\frac{1}{5}} \cdot 2^3$

g) $2^{\frac{1}{3}} \cdot 2^5$

h) $2^3 \cdot 2^5$

i) $(2^3)^5$

j) $2^{\frac{1}{5}} : 2^3$

2^8 (T) $2^{\frac{8}{15}}$ (E) $2^{\frac{1}{15}}$ (S) 2^{15} (H) $\dfrac{1}{2^{2\frac{4}{5}}}$ (E)

$2^{3\frac{1}{5}}$ (M) $2^{\frac{5}{3}}$ (U) $2^{5\frac{1}{3}}$ (A) $2^{\frac{2}{15}}$ (R) $2^{\frac{3}{5}}$ (P)

Lösungswort:

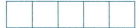 

Umgang mit Termen

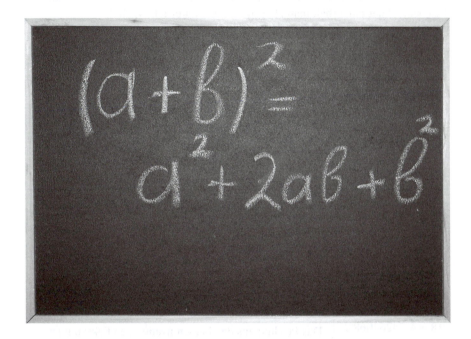

1 Rechnen mit Quadratwurzeln

$\sqrt{2} \cdot \sqrt{8}$ ist das Produkt zweier irrationaler Zahlen. Gibt man den Term in den Taschenrechner ein, erhält man als Ergebnis die natürliche Zahl 4.
Die Vermutung liegt nahe, dass $\sqrt{2} \cdot \sqrt{8} = \sqrt{2 \cdot 8} = \sqrt{16} = 4$ gilt.

Dies führt auf folgende Rechenregeln:

Multiplikationsregel:

$$\sqrt{a} \cdot \sqrt{b} = \sqrt{a \cdot b}$$

Divisionsregel:

$$\sqrt{a} : \sqrt{b} = \sqrt{\frac{a}{b}}$$

Bei der Multiplikation oder Division können voneinander getrennte Radikanden unter einer Wurzel zusammengefasst werden.

$$\underset{\underset{\text{Multiplikationsregel}}{\uparrow}}{\sqrt{18} \cdot \sqrt{2}} = \sqrt{18 \cdot 2} = \sqrt{36} = 6$$

$\left. \begin{array}{l} \sqrt{18} = 4,24264068\ldots \\ \sqrt{2} = 1,41421356\ldots \end{array} \right\}$ Das Produkt aus den beiden irrationalen Faktoren ist ohne die Multiplikationsregel nicht exakt zu berechnen.

Genauso können mit der Multiplikationsregel passende Radikanden in geeignete Produkte zerlegt werden.

$$\sqrt{72} = \sqrt{2 \cdot 36}$$

Mit $\sqrt{36} = 6$ folgt:

$$\sqrt{2 \cdot 36} = \sqrt{2} \cdot \sqrt{36} = \sqrt{2} \cdot 6 = 6\sqrt{2}$$

Das nennt man **teilweises Radizieren** oder **teilweises Wurzelziehen**

$\sqrt{a}$ (a ≥ 0) ist diejenige **nicht negative** Zahl, deren Quadrat a ergibt. Steht unter der Wurzel bereits ein Quadrat, so gilt:

$$\sqrt{a^2} = |a|$$

Beispiele

1. Ziehe teilweise die Wurzel aus $\sqrt{208}$.

   Lösung:
   $$\sqrt{208} = \sqrt{16 \cdot 13}$$
   $$= \sqrt{16} \cdot \sqrt{13}$$
   $$= 4 \cdot \sqrt{13}$$

   $208 = 2 \cdot 2 \cdot 2 \cdot 2 \cdot 13 = 16 \cdot 13$

2. Ziehe die Wurzel.

   a) $\sqrt{(-17)^2}$

   b) $\sqrt{9b^2}$

   Lösung:

   a) $\sqrt{(-17)^2} = |-17| = 17$

   b) $\sqrt{9b^2} = |3b| = 3 \cdot |b|$ Welches Vorzeichen b besitzt ist offen. Der Betrag muss stehen bleiben.

3. Für welche Zahlen $x \in \mathbb{R}$ ist $\sqrt{2x+3}$ definiert?

   Lösung:
   Der Radikand in einer Quadratwurzel darf nicht negativ sein. Existiert ein Platzhalter innerhalb der Wurzel, so ist zu überprüfen, welche Werte für die Variable möglich sind, sodass der Radikand Werte größer oder gleich null liefert.

   $2x + 3 \geq 0$ $\quad |-3\quad$ Radikand nicht negativ
   $\quad 2x \geq -3$ $\quad |:2\quad$ Dividiert man beide Seiten einer Ungleichung
   $\quad\quad x \geq -1{,}5$ $\qquad\qquad$ durch eine positive Zahl, ändert sich das Ungleichheitszeichen nicht.

   Für $x \geq -1{,}5$ ist $\sqrt{2x+3}$ definiert.

Aufgaben

23. Radiziere bzw. ziehe teilweise die Wurzel.

    a) $\sqrt{12}$ b) $\sqrt{63}$

    c) $\sqrt{1\,008}$ d) $\sqrt{854}$

    e) $\sqrt{8{,}1}$ f) $\sqrt{0{,}45}$

    g) $\sqrt{29{,}40}$ h) $\sqrt{3u^2}$

    i) $\sqrt{4w^2}$ j) $\sqrt{32x^2}$

    k) $\sqrt{27u^6}$ l) $\sqrt{x^3y^3}$

    m) $\sqrt{225u^3}$ n) $\sqrt{a^2b^3c^4}$

24. Für welche $x \in \mathbb{R}$ sind die folgenden Terme definiert?

a) $\sqrt{3x}$
b) $\sqrt{2x-1}$
c) $\sqrt{-2x}$
d) $\sqrt{2x^2}$
e) $\sqrt{-x^2}$
f) $\sqrt{x^2+\sqrt{2}}$
g) $\sqrt{\frac{1}{8}x^3-1}$
h) $\sqrt{\frac{1}{3}x-\frac{1}{2}}$
i) $\sqrt{x(x+1)}$
j) $\sqrt{x^2-2}$
k) $\sqrt{(x-1)(x+2)}$
l) $\sqrt{\frac{x-1}{x+1}}$

25. Widerlege mit Beispielen folgende Behauptungen:

a) $\sqrt{a+b} = \sqrt{a}+\sqrt{b}$
b) $\sqrt{a-b} = \sqrt{a}-\sqrt{b}$
c) Der Quotient zweier irrationaler Zahlen ist wieder irrational.

26. Schreibe ohne Wurzelzeichen und vereinfache soweit wie möglich. Grenze gegebenenfalls die Zahlen für die Variablen ein, sodass die Terme definiert sind.

a) $\sqrt{(-5)^2}$
b) $\sqrt{(-3a)^2}$
c) $\sqrt{\frac{1}{a^4}}$
d) $\sqrt{10^{-8}}$
e) $\sqrt{25u^2}$
f) $\sqrt{(-10^2)^3}$
g) $\sqrt{16x^4y^2}$
h) $\sqrt{(8+a)^2}$
i) $\sqrt{16x^{2^3}}$
j) $\sqrt{x^3}\cdot\sqrt{x}$
k) $\sqrt{(x+2)^2}$
l) $\sqrt{(x-1)\cdot(x+1)+1}$
m) $\dfrac{\sqrt{27a^3}}{\sqrt{2a}}$
n) $\dfrac{\sqrt{8}\cdot\sqrt{u^2}}{\sqrt{2u^2}}$
o) $\dfrac{\sqrt{18}\cdot u}{\sqrt{2u^2}}$
p) $\dfrac{\sqrt{\frac{1}{2}s}\cdot\sqrt{\frac{1}{2}}}{\sqrt{s}}$

27. $\sqrt{a \cdot b}$ ist das geometrische Mittel von a und b (a, b $\in \mathbb{R}_0^+$).

   a) Interpretiere über den Flächeninhalt eines Rechtecks das geometrische Mittel.

   b) Berechne das geometrische Mittel für beliebige Zahlenpaare. Vergleiche dein Ergebnis mit dem arithmetischen Mittel $\frac{a+b}{2}$ und formuliere eine Behauptung über den Vergleich.

   c) Für welche Zahlenpaare sind die algebraischen und geometrischen Mittel identisch? Beweise deine Annahme mit dem Ansatz $\frac{a+b}{2} = \sqrt{a \cdot b}$.
   Verwende bei deiner Rechnung $(a-b)^2 = a^2 - 2ab + b^2$.

28. Die Periodenlänge T eines Fadenpendels $T = 2\pi \sqrt{\frac{\ell}{g}}$ ist unabhängig von der pendelnden Masse.
T Periodenlänge; ℓ Pendellänge; g Ortsfaktor $\left(g = 9{,}81 \frac{m}{s^2}\right)$

   a) Beschreibe die Begriffe Periodenlänge und Massenunabhängigkeit mit eigenen Worten.

   b) Im Pantheon in Paris hängt ein Foucault-Pendel zum Nachweis der Erdrotation. Die Pendellänge beträgt 67 m.
   Bestimme die Periodenlänge.

   c) Welche Pendellänge benötigt eine Uhr, damit die Periodenlänge 1 s erreicht wird? Berechne.

2 Binomische Formeln

Die Landwirte Albert und Matthias finden in ihren Weizenfeldern Kornkreise.
Alberts Weizen ist mit den Radien 3 m und 4 m niedergetrampelt.
Matthias hat nur einen Kornkreis mit 7 m Radius.
Wer hat den größeren Schaden?

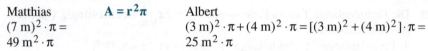

Flächeninhalte der Kornkreise:

$$A = r^2 \pi$$

Matthias
$(7\,m)^2 \cdot \pi =$
$49\,m^2 \cdot \pi$

Albert
$(3\,m)^2 \cdot \pi + (4\,m)^2 \cdot \pi = [(3\,m)^2 + (4\,m)^2] \cdot \pi =$
$25\,m^2 \cdot \pi$

Obwohl die Summe der Radien **(3 m + 4 m = 7 m)** gleich ist, hat Matthias den größeren Schaden.

$$(7\,m)^2 \neq (3\,m)^2 + (4\,m)^2$$
$$(3\,m + 4\,m)^2 \neq (3\,m)^2 + (4\,m)^2$$

$$\boxed{(a+b)^2 \neq a^2 + b^2}$$

Die Summe zweier Variablen **a + b** und die entsprechende Differenz **a − b** werden als **Binom** bezeichnet.
Die Terme kann man in drei verschiedenen Varianten miteinander multiplizieren:
$(a+b) \cdot (a+b) = (a+b)^2$
$(a-b) \cdot (a-b) = (a-b)^2$
$(a+b) \cdot (a-b)$

Insgesamt erhält man die drei **binomischen Formeln:**

$$\boxed{\begin{array}{l}\text{1. binomische Formel:}\ (a+b)^2 = a^2 + 2ab + b^2 \\ \text{2. binomische Formel:}\ (a-b)^2 = a^2 - 2ab + b^2 \\ \text{3. binomische Formel:}\ (a-b) \cdot (a+b) = a^2 - b^2\end{array}}$$

Beispiele

1. Verwandle $(2c + 3d)^2$ in eine Summe.
   Lösung:
   $(a+b)^2$ ist bekannt. Man ersetzt **a** durch **2c** und **b** durch **3d**.

   $(a + b)^2 = a^2 + 2ab + b^2$
   $(2c + 3d)^2 = (2c)^2 + 2 \cdot 2c \cdot 3d + (3d)^2$
   $ = 4c^2 + 12cd + 9d^2$

2. Faktorisiere den Term $72x^2 - 72xy + 18y^2$ mithilfe binomischer Formeln.

Lösung:

$72x^2 - 72xy + 18y^2 =$ Klammere zuerst gemeinsame Faktoren aus.

$\mathbf{2} \cdot (36x^2 - 36xy + 9y^2) =$ Bringe den Term in die Form $a^2 - 2ab + b^2$.

$2 \cdot [(6x)^2 - 2 \cdot 6x \cdot 3y + (3y)^2] =$ Zuordnung: $6x \leftrightarrow a$; $3y \leftrightarrow b$

$2 \cdot (6x - 3y)^2$

3. Beweise mithilfe des Distributivgesetzes die 1. binomische Formel.

Lösung:

$(a+b)^2 = (a+b) \cdot (a+b) = a^2 + ab + ba + b^2 = a^2 + 2ab + b^2$

4. Zeige geometrisch die Gültigkeit der 1. binomischen Formel.

Lösung:
Das Quadrat mit der Seitenlänge $(a+b)$ kann in zwei Quadrate mit den Flächeninhalten a^2 und b^2 und zwei Rechtecken mit den gleichen Flächeninhalten $a \cdot b$ zerteilt werden:

$(a+b)^2 \quad = \quad a^2 + a \cdot b + a \cdot b + b^2$

Fläche des Quadrats   ②   ①   ④   ③

$\quad\quad\quad\quad = \quad a^2 + 2ab + b^2$

Aufgaben

29. Verwandle mithilfe binomischer Formeln in Summen bzw. Differenzen.

a) $(u+v)^2$ b) $(3+x)^2$

c) $(\sqrt{2}+s)^2$ d) $(\sqrt{3}+\sqrt{t})^2$

e) $(u-v)^2$ f) $(y-3)^2$

g) $(\sqrt{y}-2)^2$ h) $(\sqrt{z}-\sqrt{z^3})^2$

i) $(-a-b)^2$ j) $(-2x-3y)^2$

k) $(-\sqrt{2}x+\sqrt{3})^2$ l) $(-7x^3-\sqrt{3}y^5)^2$

m) $(x-y) \cdot (x+y)$ n) $(\sqrt{3}x-\sqrt{2}y) \cdot (\sqrt{3}x+\sqrt{2}y)$

o) $(2s-3t) \cdot (3t-2s)$ p) $(3\sqrt{5}-5\sqrt{3}) \cdot (3\sqrt{5}+5\sqrt{3})$

30. Faktorisiere die Terme.
a) $64x^2 + 16xy + y^2$
b) $2a^2 + 4ab + 2b^2$
c) $2y^2 - 2\sqrt{2}y + 1$
d) $36s^2 - 24st + 4t^2$
e) $3x^2 - 2\sqrt{6}xy + 2y^2$
f) $4x^2 - 9y^2$
g) $-7a^2 + 3y^2$
h) $x^2c^2 + 2x^2cy + x^2y^2$
i) $16m^2 - 48mn + 36n^2$
j) $-48u^2 + 2 \cdot 4\sqrt{3}u \cdot 7v - 49v^2$

31. Beweise durch algebraisches Ausmultiplizieren.
a) $(a-b)^2 = a^2 - 2ab + b^2$
b) $(a-b) \cdot (a+b) = a^2 - b^2$

32. Veranschauliche die 2. binomische Formel
$(a-b)^2 = a^2 - 2ab + b^2$
mit nebenstehendem Quadrat geometrisch.

33. Beim Wechsel der Tintenpatrone kam es zu Tintenspritzern auf dem Aufgabenblatt. Alle Terme können als Quadrat einer Summe oder einer Differenz geschrieben werden.
Vervollständige die Aufgaben.
a) $y^2 + \text{⬛} + 4b^2$
b) $2t^2 + 4t + \text{⬛}$
c) $\text{⬛} - 48ac + 9c^2$
d) $x^2y^2 + \text{⬛} + a^2c^2$
e) $x + 2\sqrt{xy} + \text{⬛}$
f) $\text{⬛} - \frac{1}{9}rs + \frac{1}{36}s^2$
g) $x^8 - 2x^4y^2 + \text{⬛}$
h) $u + \text{⬛} + v$
i) $x^4y^2 - 2x^3y^3 + \text{⬛}$
j) $\frac{3}{4}k^2 \text{⬛} + \frac{3}{25}\ell^2$

3 Termumformungen

Beim Umgang mit Termen, die Wurzeln enthalten, sind die folgenden zwei Termumformungen von großer Bedeutung.

3.1 Rationalmachen des Nenners

Zur besseren Einschätzung der Größe eines Bruches oder bei der Suche nach einem Hauptnenner ist ein rationaler Nenner von Vorteil.
Ein Bruch mit einem irrationalen Nenner kann durch eine geeignete Erweiterung in einen Bruch mit einem rationalen Nenner umgewandelt werden.

> Besteht der Nenner nur aus einer Wurzel, so wird der Bruch damit erweitert:
> $$\frac{1}{\sqrt{a}} = \frac{\sqrt{a}}{\sqrt{a} \cdot \sqrt{a}} = \frac{\sqrt{a}}{a}$$
> Besteht der Nenner aus einer Summe oder Differenz, in der eine Wurzel auftritt, so muss die passende Erweiterung ein geändertes Rechenzeichen enthalten:
> $$\frac{1}{a+\sqrt{b}} = \frac{a-\sqrt{b}}{(a+\sqrt{b}) \cdot (a-\sqrt{b})} = \frac{a-\sqrt{b}}{a^2 - b}$$
> $$\frac{1}{a-\sqrt{b}} = \frac{a+\sqrt{b}}{(a-\sqrt{b}) \cdot (a+\sqrt{b})} = \frac{a+\sqrt{b}}{a^2 - b}$$

Beispiele

1. Schreibe die folgenden Brüche mit einem rationalen Nenner.

   a) $\dfrac{1}{\sqrt{3}}$

   b) $\dfrac{1}{1-\sqrt{2}}$

   Lösung:

   a) $\dfrac{1}{\sqrt{3}} = \dfrac{1 \cdot \sqrt{3}}{\sqrt{3} \cdot \sqrt{3}}$ Mit dem Quadrieren des Nenners verschwindet die Wurzel.

   $\phantom{a)\ \dfrac{1}{\sqrt{3}}} = \dfrac{\sqrt{3}}{3}$

b) $\dfrac{1}{1-\sqrt{2}} = \dfrac{1\cdot(\mathbf{1+\sqrt{2}})}{(1-\sqrt{2})\cdot(\mathbf{1+\sqrt{2}})}$ Die 3. binomische Formel
$(a-b)\cdot(a+b) = a^2 - b^2$ führt zur geeigneten Erweiterung.

$= \dfrac{1+\sqrt{2}}{1^2 - \sqrt{2}^2}$

$= \dfrac{1+\sqrt{2}}{1-2}$

$= \dfrac{1+\sqrt{2}}{-1}$

$= -1-\sqrt{2}$

Anmerkung: Quadrieren des Nenners würde wegen des „gemischten" Summanden 2ab der binomischen Formeln nichts nützen:

$(1-\sqrt{2})\cdot(1-\sqrt{2}) = 1^2 - 2\cdot 1\cdot\sqrt{2} + \sqrt{2}^2$

$= 1 - \underbrace{2\sqrt{2}}_{\textbf{irrationaler Anteil}} + 2$

2. Nenne die passende Erweiterung für folgende Nenner und gib den neuen Nenner an:
$2+\sqrt{3};\ 2-\sqrt{3};\ -1+\sqrt{3};\ -1-\sqrt{3}$

Lösung:
Die passende Erweiterung hat ein geändertes Rechenzeichen:

alter Nenner	Erweiterung	neuer Nenner
$2+\sqrt{3}$	$2-\sqrt{3}$	$2^2 - \sqrt{3}^2 = 1$
$2-\sqrt{3}$	$2+\sqrt{3}$	$2^2 - \sqrt{3}^2 = 1$
$-1+\sqrt{3}$	$-1-\sqrt{3}$	$(-1)^2 - \sqrt{3}^2 = -2$
$-1-\sqrt{3}$	$-1+\sqrt{3}$	$(-1)^2 - \sqrt{3}^2 = -2$

3.2 Kürzen von Brüchen

Durch Anwendung der binomischen Formeln kann es möglich sein, Brüche zu kürzen, bei denen diese Möglichkeit auf den ersten Blick nicht zu erkennen ist. Mithilfe der binomischen Formeln können Zähler und Nenner faktorisiert und anschließend gekürzt werden.

Beispiel

Kürze folgenden Bruch:

$$\frac{3a^2 - 15}{a + \sqrt{5}}$$

Lösung:
Der Zähler kann durch Anwendung der dritten binomischen Formel
$(a-b) \cdot (a+b) = a^2 - b^2$ in mehrere Faktoren unterteilt werden:
$3a^2 - 15 = 3 \cdot (a^2 - 5) = 3 \cdot (a^2 - \sqrt{5}^2) = 3 \cdot (a - \sqrt{5}) \cdot (a + \sqrt{5})$
Damit gilt für den Bruch:

$$\frac{3a^2 - 15}{a + \sqrt{5}} = \frac{3 \cdot (a - \sqrt{5}) \cdot (a + \sqrt{5})}{(a + \sqrt{5})} = 3(a - \sqrt{5})$$

Aufgaben

34. Schreibe die Brüche mit einem rationalen Nenner.

a) $\dfrac{1}{\sqrt{5}}$

b) $\dfrac{7}{\sqrt{6}}$

c) $\dfrac{\sqrt{3}}{\sqrt{2}}$

d) $\dfrac{3}{4\sqrt{5}}$

e) $\dfrac{\sqrt{2} - \sqrt{3}}{2\sqrt{5}}$

f) $\dfrac{1}{1 + \sqrt{2}}$

g) $\dfrac{1}{\sqrt{12} + \sqrt{3}}$

h) $\dfrac{\sqrt{3} + \sqrt{2}}{\sqrt{2} - \sqrt{3}}$

i) $\dfrac{\frac{1}{2}\sqrt{3}}{\frac{1}{3}\sqrt{2} - \frac{1}{2}\sqrt{3}}$

j) $\dfrac{\sqrt{2} + \sqrt{5}}{\sqrt{2} \cdot \sqrt{5}}$

k) $\dfrac{1 - \sqrt{3}}{\sqrt{3} + 1}$

l) $\dfrac{\sqrt{3} \cdot \sqrt{\frac{1}{2}}}{\sqrt{3} + \sqrt{\frac{1}{2}}}$

35. Mache den Nenner rational.

a) $\dfrac{\sqrt{y}}{\sqrt{x}}$
b) $\dfrac{1-s}{\sqrt{rs}}$

c) $\dfrac{\sqrt{a}}{\sqrt{a}+\sqrt{b}}$
d) $\dfrac{x-3}{x+\sqrt{7}}$

e) $\dfrac{x+y}{\sqrt{x^2+y^2}}$
f) $\dfrac{2}{2\sqrt{x}-3\sqrt{y}}$

g) $\dfrac{1}{1-\sqrt{x}}$
h) $\dfrac{1+\sqrt{x}}{1-\sqrt{x}}$

i) $\dfrac{\sqrt{x}-\sqrt{y}}{(\sqrt{x}+\sqrt{y})^2}$
j) $\dfrac{x-\sqrt{6}}{\frac{1}{2}\sqrt{x}-3}$

36. Vereinfache mithilfe binomischer Formeln soweit wie möglich.

a) $\dfrac{x^2+2xy+y^2}{x+y}$
b) $\dfrac{a^2-16}{a-4}$

c) $\dfrac{a^2-6ab+9b^2}{3a-9b}$
d) $\dfrac{4-b}{2+\sqrt{b}}$

e) $\dfrac{4x-3y}{2\sqrt{x}+\sqrt{3}\sqrt{y}}$
f) $\dfrac{169-x}{13-\sqrt{x}}$

g) $\dfrac{(x-y)^2}{(y-x)^2}$
h) $\dfrac{(-r-s)^2}{r^2-s^2}$

i) $\dfrac{x^2+8x+16}{x^2-16}$
j) $\dfrac{4x^6+4x^3y^4+y^8}{x^3+\frac{1}{2}y^4}$

k) $\dfrac{x^4-1}{x^2y^3-y^3x^4}$
l) $\dfrac{(x-3y)^2}{(3y-x)^2}$

Quadratische Funktionen

1 Parabel

Die Bahnkurve eines Skispringers entspricht einem Teil einer Parabel. Solche Bahnkurven von Fallbewegungen, wie z. B. die Kurve eines Speerwurfs, einer fliegenden Kugel der Verlauf des Wasserstrahls aus einer Gießkanne, können mathematisch mithilfe einer quadratischen Funktion beschrieben werden.

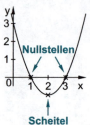

Für die Zeichnung des Graphen einer quadratischen Funktion ist eine Wertetabelle hilfreich. Zum Beispiel gilt für die Funktion $f: x \mapsto y = x^2 - 4x + 3$:

x	0	1	2	3	4
y	3	0	−1	0	3

Die ermittelten Punkte ergeben in ein Koordinatensystem eingetragen eine **Parabel**.

Eine Funktion mit der Zuordnungsvorschrift
$f: x \mapsto y = ax^2 + bx + c \quad a \neq 0, \ a, b, c \in \mathbb{R}$
heißt **quadratische Funktion**.
Der Graph einer quadratischen Funktion ist eine **Parabel**.

Charakteristische Punkte:
Nullstelle(n): Schnittpunkt(e) des Graphen mit der x-Achse.
Scheitelpunkt: Punkt des Graphen, der auf der Symmetrieachse der Parabel liegt.

Beispiel

Gegeben ist die Funktionsgleichung $f: x \mapsto y = -x^2 + 2x + 3$ mit $x \in \mathbb{R}$.

a) Zeichne die Funktion im Intervall [−2; 4].

b) Bestimme mithilfe der Zeichnung den Scheitelpunkt und die Nullstellen der Parabel.

Lösung:
a) Zeichnung der Funktion über eine Wertetabelle:

x	−2	−1	0	1	2	3	4
y	−5	0	3	4	3	0	−5

Dafür werden die x-Werte in die Funktionsgleichung eingesetzt.

Beispiel:
$y = -x^2 + 2x + 3$
$x = 2$:
$y = -2^2 + 2 \cdot 2 + 3$
$y = 3$

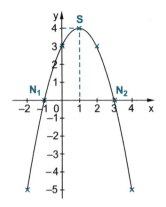

b) Nullstellen und Scheitelpunkte können nun aus dem Graphen herausgelesen werden:
$S(1|4)$; $N_1(-1|0)$; $N_2(3|0)$

37. Ermittle aus den gegebenen Funktionsgleichungen die zugehörigen Wertetabellen und zeichne den Graphen im angegebenen Intervall.
Lies näherungsweise den Scheitelpunkt und (falls vorhanden) die Nullstellen aus der Zeichnung heraus.

a) $f(x) = x^2 + 2x - 3$; $[-4; 2]$

b) $f(x) = x^2 - x - 2$; $[-2; 3]$

c) $f(x) = -x^2 + 4x - 3$; $[0; 4]$

d) $f(x) = -x^2 + 5x - 6$; $[1; 4]$

e) $f(x) = 0,2x^2 + 0,2x - 0,15$; $[-2; 1]$

f) $f(x) = \frac{1}{3}x^2 - \frac{4}{3}$; $[-3; 3]$

g) $f(x) = -\frac{1}{4}x^2 + \frac{1}{4}$; $[-2; 2]$

h) $f(x) = -\frac{1}{6}x^2 + \frac{1}{2}x - \frac{5}{24}$; $[0; 3]$

38. Quadratische Funktionen zeichnen sich durch die allgemeine Gleichung
$f(x) = ax^2 + bx + c$ $(a, b, c \in \mathbb{R}; a \neq 0)$
aus.
Ordne den folgenden Funktionsgleichungen die Parameter a, b und c zu und entscheide damit, ob es sich um eine quadratische Funktion handelt.

a) $f(x) = -3x^2 + 5x - 2$

b) $f(x) = -1,5 + 15,3x - \frac{1}{2}x^2$

c) $f(x) = (2x - 3) \cdot (1 - x)$

d) $f(x) = 7x - \frac{1}{3} + 2x^2 - \frac{1}{6} - \frac{1}{3}x$

e) $f(x) = \left(-\frac{1}{2}x - 1\right) \cdot \frac{1}{3}x + 7$

f) $f(x) = (2x + 1) \cdot \left(x - \frac{1}{2}\right) - 2x^2$

g) $f(x) = \dfrac{\left(2 - \frac{1}{3}x\right) \cdot \left(\frac{1}{x} + x\right)}{3}$

h) $f(x) = \dfrac{(x+3) \cdot (x-2) \cdot (x+1)}{(x+1)}$

2 Verschiebung einer Normalparabel in y-Richtung

Den Graph der Funktion mit der Funktionsgleichung
$y = x^2$
nennt man **Normalparabel**.

Die Normalparabel wird um **1,5** Längeneinheiten nach oben verschoben, indem man zu jedem Funktionswert der Normalparabel **1,5** dazuaddiert.
$y = x^2 + 1,5$

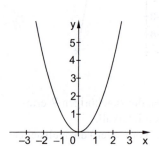
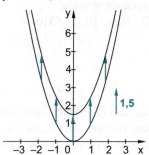

Der Graph einer Funktion mit der Funktionsgleichung
$f: x \mapsto y = x^2 + c$
ist eine vertikal verschobene Normalparabel.
c > 0   um c nach oben verschobene Normalparabel
c < 0   um c nach unten verschobene Normalparabel
S(0|c) Scheitelpunkt
Parabeln dieser Art sind achsensymmetrisch zur y-Achse.

Beispiele

1. Bestimme den Scheitelpunkt und die Nullstellen des Graphen der Funktion mit der Gleichung $f(x) = x^2 - 4$.
   Lösung:
   c = –4 < 0
   Der Graph ist eine um **4** Längeneinheiten in negative y-Richtung (nach unten) verschobene Normalparabel.

   Scheitelpunkt **S(0|–4)**   S(0|c) mit c = –4

   Setzt man **y = 0**, erhält man die Nullstellen des Graphen:
   $y = x^2 - 4$
   $0 = x^2 - 4 \quad |+4$
   $4 = x^2$
   Es gibt zwei Zahlen, die quadriert 4 ergeben:
   $x_1 = 2$ und $x_2 = -2$ sind die Nullstellen der Parabel.
   Die beiden Schnittpunkte mit der x-Achse lauten $N_1(2|0)$ und $N_2(-2|0)$.

2. Eine in y-Richtung verschobene Normalparabel enthält den Punkt P(3|12).
   Bestimme die zugehörige Funktionsgleichung, den Scheitelpunkt und die Nullstellen (falls möglich).

   Lösung:
   Bestimme die Funktionsgleichung durch Einsetzen des Punktes P(3|12) in die allgemeine Funktionsgleichung $y = x^2 + c$.
   $$12 = 3^2 + c$$
   $$12 = 9 + c$$
   $$3 = c$$
   $$y = x^2 + 3$$
   Der Graph ist eine um **drei** Längeneinheiten in positive y-Richtung verschobene Normalparabel.

   Scheitelpunkt S(0|3) $\quad\quad\quad\quad$ S(0|c) mit c = 3

   Die Nullstelle zeichnet sich wieder durch den **y-Wert 0** aus:
   $$y = x^2 + 3$$
   $$0 = x^2 + 3 \quad |-3$$
   $$-3 = x^2$$

   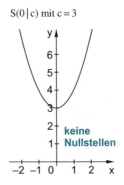

   Es gibt keine reelle Zahl, die in ihrem Quadrat negativ ist. Daher existiert keine Nullstelle. Der Scheitelpunkt der Normalparabel ist oberhalb der x-Achse.

   keine Nullstellen

3. Löse die Ungleichung $x^2 - 9 < 0$.

   Lösung:
   Für die Ungleichung $x^2 - 9 < 0$ kann man die Lösungsmenge durch Betrachtung des Graphen der Funktion mit der Funktionsgleichung $y = x^2 - 9$ ermitteln.
   Der Graph ist eine um 9 Längeneinheiten in negative y-Richtung verschobene Normalparabel.
   Der farbig markierte Teil (unterhalb der x-Achse) des Graphen beschreibt das Intervall mit den negativen y-Werten, d. h., im Intervall]−3; 3[ist die Ungleichung $x^2 - 9 < 0$ erfüllt.
   Für $x = -3$ bzw. $x = 3$ ist die Gleichung $x^2 - 9 = 0$ erfüllt.
   $x^2 - 9 < 0$ führt für diese beiden x-Werte zu einer falschen Aussage, deshalb sind die Intervallgrenzen der Lösungsmenge offen.

   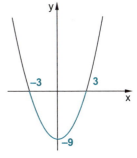

Quadratische Funktionen

> **Arbeitsmethode zur Lösung quadratischer Ungleichungen:**
> 1. Zeichne den Graphen.
> 2. Markiere passende Graphenabschnitte.
> 3. Bestimme für x die passenden Intervalle.

Aufgaben

39. Bestimme für die folgenden Funktionsgleichungen die Scheitelpunkte und (falls möglich) die Nullstellen der zugehörigen Graphen.

   a) $f(x) = x^2 - 25$ b) $f(x) = x^2 - 1$

   c) $f(x) = x^2 + 9$ d) $f(x) = x^2 + 18$

   e) $f(x) = x^2 - 8$ f) $f(x) = x^2 - 3$

   g) $f(x) = (x - \sqrt{2}) \cdot (x + \sqrt{2})$ h) $f(x) = \left(\frac{1}{2}x - 2\right) \cdot (x + 4) \cdot 2$

40. Eine in y-Richtung verschobene Normalparabel enthält den Punkt P. Bestimme die zugehörige Funktionsgleichung, den Scheitelpunkt und die Nullstellen (falls vorhanden).

   a) P(0|5)   b) P(0|−2)

   c) P(1|3)   d) P(2|4)

   e) P(−2|−3)   f) P(6|8)

41. Löse zeichnerisch unter Angabe eines Intervalls die folgenden Ungleichungen.

   a) $x^2 - 5 > 0$ b) $x^2 - 2 \leq 0$

   c) $x^2 \leq 3$ d) $-x^2 > -2$

   e) $2 \cdot (x - 2) \cdot \left(\frac{1}{2}x + 1\right) < 0$ f) $(x + 1) \cdot (x - 1) \leq 0$

   g) $(x - 2)^2 \leq -4x$ h) $(-x - 1) \cdot (-x + 1) \geq 0$

3 Verschiebung einer Normalparabel in x-Richtung

Wie muss man die Funktionsgleichung $y = x^2$ verändern, damit man die um **3** Längeneinheiten in positive x-Richtung verschobene Parabel erhält?

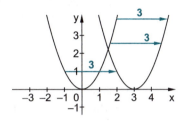

Man könnte denken, dass $y = (x+3)^2$ die gesuchte Funktionsgleichung ist. Setzt man jedoch $x = 3$ ein, erhält man den Punkt $(3|36)$ und nicht den benötigten Punkt $(3|0)$.
$(3|0)$ als Scheitelpunkt legt die Vermutung $y = (x-3)^2$ nahe.

$g(x) = (x-3)^2$
$g(x+3) = (x+3-3)^2 = x^2$

Statt x setzt man x + 3 in die Funktionsgleichung ein.

g nimmt den Funktionswert von $y = x^2$ erst bei einer Stelle, die um 3 nach rechts verschoben ist, an.

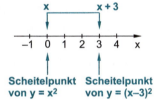

Der Graph mit der Funktionsgleichung
$y = (x+c)^2$
ist eine Normalparabel, die in x-Richtung verschoben wird.
$S(-c|0)$ ist der Scheitelpunkt.

Beispiele

1. Bestimme zu den drei gegebenen Graphen die zugehörigen Funktionsgleichungen.

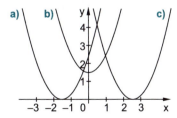

Lösung:
a) Der Graph ist eine in negative x-Richtung verschobene Normalparabel mit der allgemeinen Abbildungsvorschrift $f: x \mapsto (x+c)^2$. Der Scheitel liegt auf der x-Achse.
Scheitelpunkt $S(\underbrace{-1{,}5}_{c} \mid 0)$ $S(-1{,}5 \mid 0)$ führt zu $c = -(-1{,}5) = 1{,}5$

$f: x \mapsto (x+1{,}5)^2$

b) Diese Normalparabel wurde um 1,5 Längeneinheiten in positive y-Richtung verschoben. Der Scheitelpunkt hat die Koordinaten $S(0 \mid 1{,}5)$, die Funktionsgleichung ist damit:

$f: x \mapsto x^2 + 1{,}5$ $f(x) = x^2 + a$; Verschiebung der Normalparabel um a in y-Richtung

c) Der Graph ist um 2,5 nach rechts entlang der x-Achse verschoben. Der Scheitel liegt auf der x-Achse.
$f: x \mapsto (x+c)^2$
Scheitelpunkt $S(2{,}5 \mid 0)$ $S(2{,}5 \mid 0)$ führt zu $c = -2{,}5$
$f: x \mapsto (x-2{,}5)^2$

2. Überprüfe, ob der Graph der Funktion mit der Gleichung $y = x^2 - 2{,}6x + 1{,}69$ durch Verschiebung der Normalparabel in x-Richtung entsteht.

Lösung:
Aufgabe ist es, die Funktionsgleichung in die Form $f(x) = (x+c)^2$ zu bringen. Dabei helfen die binomischen Formeln.

$y = x^2 - \mathbf{2{,}6}x + 1{,}69$
$y = x^2 - 2 \cdot \underbrace{1{,}3}_{b} \cdot \underbrace{x}_{a} + 1{,}69$ Bestimme über den „gemischten Summanden" 2ab die beiden Komponenten a und b der binomischen Formel.

$\mathbf{1{,}3^2 = 1{,}69}$
$y = (x - 1{,}3)^2$ Überprüfe durch Quadrieren die Existenz der binomischen Formel in diesem Fall.

Die Normalparabel muss um 1,3 in positive x-Richtung verschoben werden.
Entsteht keine binomische Formel, so hat der Graph der Funktion keinen Scheitel auf der x-Achse.

Quadratische Funktionen 43

42. Bestimme zu den gezeichneten Normalparabeln die Funktionsgleichungen.

a) b) c) d) e) f)

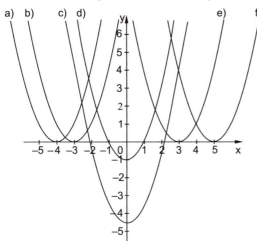

43. Beschreibe, wie aus der Normalparabel die Graphen der folgenden Funktionen entstehen, und zeichne mithilfe einer Normalparabelschablone den Graphen der Funktion.

a) $f(x) = (x-1)^2$
b) $f(x) = (x+4)^2$
c) $f(x) = x^2 + 4$
d) $f(x) = x^2 - 3$
e) $f(x) = x^2 - 6x + 9$
f) $f(x) = (x-1,5) \cdot (x+1,5)$
g) $f(x) = (x-2)^2 + 4x$
h) $f(x) = (x-5) \cdot (x+5) + 30$

44. Bestimme aus den Scheitelpunkten der verschobenen Normalparabeln die zugehörigen Funktionsgleichungen.

a) $S(3|0)$
b) $S(-1,5|0)$
c) $S(0|2)$
d) $S(-\sqrt{3}|0)$
e) $S(0|0)$
f) $S(2|0)$
g) $S(0|-2,5)$
h) $S(-3|0)$

45. Überprüfe rechnerisch, ob die Graphen der folgenden Funktionsgleichungen aus der Verschiebung einer Normalparabel in x-Richtung hervorgehen.

a) $f(x) = x^2 + 4x + 4$
b) $f(x) = x^2 - 3x + 2,25$
c) $f(x) = 196 + 28x + x^2$
d) $f(x) = 169 + 26x - x^2$
e) $f(x) = 12x + 36 + x^2$
f) $f(x) = 5,76 + 48x + x^2$
g) $f(x) = -9 + 6x + x^2$
h) $f(x) = -49 - 14x - x^2$

4 Normalparabel

Der Scheitelpunkt der Normalparabel kann im Koordinatensystem beliebig verschoben werden. Im nebenstehenden Beispiel wurde er auf den Punkt S(2|1) verschoben.
Die Verschiebung setzt sich aus einer Bewegung in x-Richtung (2 Längeneinheiten) und einer Bewegung in y-Richtung (1 Längeneinheit) zusammen.

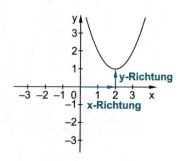

Verschiebung in x-Richtung
$f(x) = (x+c)^2$

Verschiebung in y-Richtung
$f(x) = x^2 + d$

$f(x) = (x+\mathbf{c})^2 + \mathbf{d}$

Verschiebung in x-Richtung   Verschiebung in y-Richtung

2 Längeneinheiten in x-Richtung
1 Längeneinheit in y-Richtung $\Bigr\}$ ⇒ $f(x) = (x-2)^2 + 1$

$f(x) = (x+c)^2 + d$
heißt **Scheitelpunktform** einer Parabel.
Der Graph von f ist eine verschobene Normalparabel mit dem **Scheitelpunkt** S(−c|d).

Achtung: Die Verschiebung in x-Richtung hat das umgekehrte Vorzeichen wie in der Scheitelpunktform.

Beispiele

1. Gib die Funktionsgleichung der verschobenen Normalparabel mit dem Scheitelpunkt S(2|5) in der Form $y = x^2 + ex + f$ (e, f ∈ ℝ) an.

   Lösung:

   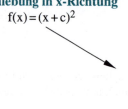

   2: Verschiebung in x-Richtung: c = −2
   S(2|5)
   5: Verschiebung in y-Richtung: d = 5

Scheitelpunktform:

$y = (x+(-2))^2 + 5$ \qquad $y = (x+c)^2 + d$
$y = (x-2)^2 + 5$ \qquad Binomische Formel: $(a-b)^2 = a^2 - 2ab + b^2$
$y = x^2 - 4x + 4 + 5$
$y = x^2 - 4x + 9$

2. Gegeben ist die Funktion mit der Zuordnungsvorschrift
   $x \mapsto y = (x+1{,}5)^2 + 1$.

   a) Bestimme die Koordinaten des Scheitelpunktes und zeichne die Parabel.

   b) Überprüfe rechnerisch, ob die Punkte $P(0{,}5 | 5)$ und $Q(1 | 4)$ Elemente des Graphen sind.

   Lösung:

   a) $y = (x+1{,}5)^2 + 1$
      $\quad\;\; \updownarrow \qquad\;\; \updownarrow$
      $\mathbf{y = (x+\;c)^2 + d}$

      $\left.\begin{array}{l} c = 1{,}5 \\ d = 1 \end{array}\right\} \Rightarrow \begin{array}{l} S(-1{,}5 | 1) \\ S(-c | d) \end{array}$

   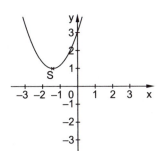

   b) Es wird eine Punktprobe durchgeführt, d. h., man setzt die y-Werte und x-Werte in die Funktionsgleichung ein und überprüft, ob die Gleichung dabei erfüllt wird.

   $P(0{,}5 | 5)$
   $\mathbf{y} = (\mathbf{x}+1{,}5)^2 + 1$
   $\mathbf{5} = (\mathbf{0{,}5}+1{,}5)^2 + 1$
   $5 = 2^2 + 1$
   $5 = 5$
   Die Aussage ist wahr. P liegt auf dem Graphen von f.

   $Q(1 | 4)$
   $\mathbf{y} = (\mathbf{x}+1{,}5)^2 + 1$
   $\mathbf{4} = (\mathbf{1}+1{,}5)^2 + 1$
   $4 = 2{,}5^2 + 1$
   $4 = 7{,}25$
   Die Aussage ist falsch. Q liegt **nicht** auf dem Graphen von f.

Aufgaben

46. Gib für die folgenden Scheitelpunkte die Funktionsgleichung in der Form $y = x^2 + ax + b$ ($a, b \in \mathbb{R}$) an.

a) S(1|2)
b) S(3,5|4)
c) S(−4|1,5)
d) S(−3|2,5)
e) S(1|−2)
f) S(7|−2,4)
g) S(−3|−4)
h) S(−2|−2)
i) S(−1|−3)
j) S(1|$\sqrt{3}$)

47. Ermittle aus den folgenden Funktionen, gegeben in der Scheitelpunktform, die Koordinaten des Scheitelpunktes und zeichne den Graphen in ein geeignetes Koordinatensystem.

a) $y = (x-2)^2 + 1$
b) $y = (x+1)^2 + 1$
c) $y = (x-3)^2 - 2$
d) $y = (x-2,5)^2 - 2,5$
e) $y = (x+0,5)^2 + 2^2$
f) $y = x^2 + 2$
g) $y = x^2 - 1$
h) $y = (x-3)^2$

48. Von verschobenen Normalparabeln ist jeweils der Scheitel gegeben. Überprüfe rechnerisch, ob der zweite gegebene Punkt auf der zum Scheitelpunkt gehörenden Parabel liegt.

a) S(2|3); P(1,5|3,25)
b) S(−1|−2); P(−4|7)
c) S(−5|3); P(1|−12)
d) S(−2|1); P(−1|3)
e) S(−1|−1); P(2|8)
f) S(2|−1); P(1|0)
g) S(0|−2); P(1|−1)
h) S(2|0); P(1|1)
i) S(−5|3); P(−6|4)
j) S(1|4); P(2|6)

5 Quadratische Ergänzung zur Scheitelbestimmung

Der Scheitelpunkt ist ein charakteristischer Punkt des Graphen einer quadratischen Funktion. Die Koordinaten des Scheitelpunktes werden aus der Scheitelpunktform der Funktion herausgelesen.

Scheitelpunktform $y = (x+c)^2 + d$
Scheitelpunkt $S(-c \mid d)$

Ist die Funktion in der Form $y = ax^2 + bx + c$ angegeben, muss sie zuerst in die Scheitelpunktform umgewandelt werden, um den Scheitel ablesen zu können.

> Vorgehensweise bei der **quadratischen Ergänzung**:
> 1. Sortiere den Term.
> 2. Faktorisiere den mittleren Summanden mit 2, um die Ergänzung zu erkennen.
> 3. Addiere und subtrahiere das Quadrat.
> 4. Wende die binomische Formel an.
> 5. Lies den Scheitelpunkt aus der Scheitelpunktform ab.

Beispiel

Bringe $y = 6{,}5 + x^2 - 4x$ in die Scheitelpunktform und lies den Scheitel daraus ab.

Lösung:

$y = 6{,}5 + x^2 - 4x$ Sortieren
$y = x^2 - 4x + 6{,}5$ Faktorisieren
$y = x^2 - 2 \cdot 2 \cdot x + 6{,}5$ Addieren und subtrahieren des Quadrats
$y = x^2 - 2 \cdot 2 \cdot x + 2^2 - 2^2 + 6{,}5$
$y = x^2 - 4x + 4 - 4 + 6{,}5$ Binomische Formel
$y = \underbrace{(x - 2)}_{c=-2}{}^2 + \underbrace{2{,}5}_{d=2{,}5}$ Scheitelpunkt ablesen

$S(2 \mid 2{,}5)$

Aufgaben

49. Ergänze zu einer binomischen Formel:

a) $x^2 + 6x + \ldots$ b) $x^2 + 14x + \ldots$
c) $x^2 + x + \ldots$ d) $x^2 - 3x + \ldots$
e) $x^2 - 5x + \ldots$ f) $x^2 + 7x + \ldots$
g) $-x^2 - 4x + \ldots$ h) $x^2 - 9x + \ldots$
i) $x^2 + 11x + \ldots$ j) $x \cdot (x - 2) + \ldots$

50. Bestimme die Scheitelkoordinaten mithilfe der Scheitelpunktform.

a) $y = x^2 + 6x + 7$
b) $y = x^2 - 4x + 3$
c) $y = x^2 + 12x - 1$
d) $y = x^2 - 5x + 1{,}5$
e) $y = -3 + x^2 + 7x$
f) $y = -x - 1 + x^2$
g) $y = x^2 - \frac{1}{2}x + \frac{1}{4}$
h) $y = \frac{1}{6} + x \cdot \left(x - \frac{1}{3}\right)$
i) $y = x^2 + \sqrt{3}x + \sqrt{2}$
j) $y = -\frac{1}{4}x - (\sqrt{2} - x^2)$

6 Nullstellenbestimmung bei Parabeln

Gemeinsame Punkte eines Graphen und der x-Achse nennt man Nullstellen. Sie zeichnen sich durch den **y-Wert 0** aus.
Nullstellen sind auch charakteristische Punkte eines Graphen und sollten vor der Graphenzeichnung ermittelt und berücksichtigt werden.

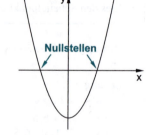

Bei der Bestimmung von Nullstellen einer Funktion setzt man den **y-Wert 0**:

$y = x^2 - 4$
$0 = x^2 - 4 \quad |+4$
$4 = x^2$

Es gibt zwei Zahlen, die quadriert 4 ergeben:
$2^2 = 4$ und $(-2)^2 = 4$

Achtung: Quadrieren negativer Zahlen bringt ein positives Ergebnis.
Das führt zu zwei Nullstellen: $N_1(2|0)$ und $N_2(-2|0)$

Es gibt grundsätzlich drei „Nullstellen-Typen":

1. $y = x^2 - 1$
   $0 = x^2 - 1 \quad |+1$
   $1 = x^2$
   $x_1 = 1 \quad x_2 = -1$
   $N_1(1|0) \quad N_2(-1|0)$
   Der Graph hat **zwei** Nullstellen.

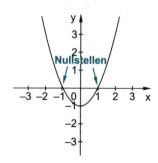

2. $y = x^2 + 2$
   $0 = x^2 + 2 \quad |-2$
   $-2 = x^2$
   Es gibt keine Zahl, die quadriert negativ wird.
   Der Graph hat **keine** Nullstelle.

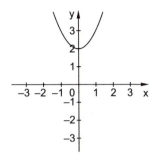

3. $y = (x + 2)^2$
   $0 = (x + 2)^2$
   $0 = x + 2 \quad |-2$
   $-2 = x$
   N(–2|0)
   Der Graph hat **genau eine** Nullstelle.

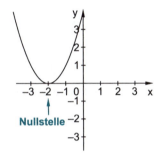

Je nach Lage der Parabel hat der Graph **keine, genau eine oder zwei** Nullstellen.

Beispiele

1. Löse die quadratische Gleichung $x^2 - 2x = 0$.

   Lösung:
   Faktorisiere $x^2 - 2x$ durch Ausklammern von x:
   $x(x - 2) = 0$
   Ein Produkt ist null, falls einer der beiden Faktoren null ist:
   1. Fall: **x** · (x − 2) = 0   2. Fall: x · (**x − 2**) = 0
              x = 0   **x − 2 = 0**
                                                     x = 2

   Die Lösungsmenge enthält zwei Elemente:
   $\mathbb{L} = \{0; 2\}$

2. Bestimme die Nullstelle(n) der Parabel mit der Funktionsgleichung $y = x^2 - x - 2$ über eine geeignete quadratische Ergänzung.

Quadratische Funktionen

Lösung:

$y = x^2 - x - 2$ \hfill y = 0 zur Bestimmung der Nullstelle

$0 = x^2 - x - 2$ \hfill Faktorisieren des mittleren Summanden

$0 = x^2 - 2 \cdot \frac{1}{2} x - 2$ \hfill Quadratische Ergänzung

$0 = x^2 - 2 \cdot \frac{1}{2} x + \left(\frac{1}{2}\right)^2 - \left(\frac{1}{2}\right)^2 - 2$

$0 = x^2 - x + \left(\frac{1}{2}\right)^2 - \left(\frac{1}{2}\right)^2 - 2$ \hfill Binomische Formel

$0 = \left(x - \frac{1}{2}\right)^2 - 2\frac{1}{4} \quad | +2\frac{1}{4}$

$2\frac{1}{4} = \left(x - \frac{1}{2}\right)^2$

Es gibt zwei Zahlen, die quadriert $2\frac{1}{4} = \frac{9}{4}$ ergeben.

$\left(\frac{3}{2}\right)^2 = \frac{9}{4}$ und $\left(-\frac{3}{2}\right)^2 = \frac{9}{4}$

$x - \frac{1}{2}$ hat daher entweder den Wert $\frac{3}{2}$ oder $-\frac{3}{2}$.

$\frac{3}{2} = x - \frac{1}{2} \quad | +\frac{1}{2} \qquad -\frac{3}{2} = x - \frac{1}{2} \quad | +\frac{1}{2}$

$2 = x \qquad\qquad\qquad\qquad -1 = x$

Man erhält die zwei Nullstellen $N_1(2|0)$ und $N_2(-1|0)$.

Aufgaben

51. Bestimme die Nullstellen der Funktionen mit den folgenden Funktionsgleichungen:

a) $y = x^2 - 16$ \hspace{2cm} b) $y = x^2 - 7$

c) $y = x^2 + 3$ \hspace{2cm} d) $y = x^2 + 4$

e) $y = (x + 3)^2$ \hspace{2cm} f) $y = (x - \sqrt{2})^2$

g) $y = 3x^2 - 12$ \hspace{2cm} h) $y = \sqrt{2} x^2 - \sqrt{8}$

i) $y = (x - 3)(x + 3)$ \hspace{1cm} j) $y = x^2 - \sqrt{2}$

52. Entwickle aus den gegebenen Nullstellen einer verschobenen Normalparabel die zugehörige Funktionsgleichung der Form $y = x^2 + c$ ($c \in \mathbb{R}$).

a) $N_1(2|0); N_2(-2|0)$ \hspace{1cm} b) $N_1(4|0); N_2(-2|0)$

c) $N_1(\sqrt{2}|0); N_2(-\sqrt{2}|0)$ \hspace{0.5cm} d) $N(0|0)$

e) $N_1(-3|0); N_2(3|0)$ \hspace{1cm} f) $N_1(-5|0); N_2(4|0)$

53. Bestimme für die folgenden Funktionsgleichungen die Koordinaten des Scheitelpunktes und die Nullstellen über die Scheitelpunktform.

a) $y = x^2 - 12$
b) $y = x^2 + 3$
c) $y = x^2 - 2x + 3$
d) $y = x^2 - 4x + 1$
e) $y = x^2 - 4x + 4$
f) $y = x^2 - 8x + 3$
g) $y = x^2 - 3x$
h) $y = x^2 + 5x$
i) $y = x \cdot (x - 3) + 2$
✷ j) $y = x^2 - x - 1$

54. Bestimme den kleinsten Funktionswert der Funktionen mit den folgenden Funktionsgleichungen:

a) $y = x^2 + 6x - 9$
b) $y = x^2 - 6x + 9$
c) $y = x^2 + 3x - 4$
d) $y = x^2 - x + 1$
e) $y = x^2 - 2$
f) $y = x(x - 3) + 2$
g) $y = \frac{1}{2}x^2 - \frac{1}{4} + \frac{1}{8}$
h) $y = \frac{1}{3}x^2 + \frac{1}{3} - \frac{1}{6}$

7 Lösungsformel für quadratische Gleichungen

Bei der Bestimmung von Nullstellen von quadratischen Gleichungen tauchen häufig Gleichungen der Form $ax^2+bx+c=0$ auf, für deren Lösung man eine Lösungsformel braucht.

> Die Lösung(en) der allgemeinen quadratischen Gleichung
> $ax^2+bx+c=0$ $(a\neq 0)$
> werden mit der **Lösungsformel**, die auch **„Mitternachtsformel"** genannt wird, bestimmt:
>
> $$x_{1/2} = \frac{-b \pm \sqrt{b^2 - 4ac}}{2a}$$
>
> Der Radikand b^2-4ac heißt **Diskriminante**.

Beispiel

Löse folgende Gleichung mit der Lösungsformel:
$0 = -3x^2 - 4x + 4$

Lösung:

$0 = -3x^2 - 4x + 4$
$0 = -3x^2 + (-4)x + 4$
$\quad\updownarrow \qquad \updownarrow \qquad \updownarrow$
$0 = ax^2 + bx + c$
$a = -3 \quad b = -4 \quad c = 4$

Zuordnung der Parameter a, b und c

$$x_{1/2} = \frac{-b \pm \sqrt{b^2 - 4ac}}{2a}$$

$$x_{1/2} = \frac{-(-4) \pm \sqrt{(-4)^2 - 4 \cdot (-3) \cdot 4}}{2 \cdot (-3)}$$

$$x_{1/2} = \frac{4 \pm \sqrt{16 + 48}}{-6} = \frac{4 \pm \sqrt{64}}{-6} = \frac{4 \pm 8}{-6}$$

An dieser Stelle werden die beiden Lösungen x_1 und x_2 getrennt:

$x_1 = \dfrac{4+8}{-6} \qquad x_2 = \dfrac{4-8}{-6}$

$x_1 = \dfrac{12}{-6} \qquad x_2 = \dfrac{-4}{-6}$

$x_1 = -2 \qquad x_2 = \dfrac{2}{3}$

$\mathbb{L} = \left\{-2; \dfrac{2}{3}\right\}$

Die Anzahl der Lösungen einer quadratischen Gleichung entspricht der möglichen Anzahl an Nullstellen einer Parabel (keine, eine oder zwei Nullstelle(n)). Die Anzahl der Nullstellen/Lösungen erkennt man am Wert der Diskriminante $D = b^2 - 4ac$.
Nur für $D \geq 0$ ist die Wurzel in der Lösungsformel berechenbar.

$D = b^2 - 4ac > 0$ 2 Lösungen
$D = b^2 - 4ac = 0$ 1 Lösung
$D = b^2 - 4ac < 0$ keine Lösung

Beispiele

Berechne (falls möglich) die Nullstellen der folgenden Funktionen und zeichne die verschobene, nach oben geöffnete Normalparabel mithilfe einer Schablone.

a) $y = x^2 - 5x + 3$

b) $y = x^2 - 4x + 4$

c) $y = x^2 + 2x + 2$

Lösung:

a) $y = x^2 - 5x + 3$ \hfill $y = 0$ führt zur Nullstelle.
$0 = x^2 - 5x + 3$
$0 = 1 \cdot x^2 + (-5)x + 3$ \hfill Zuordnung der Parameter a, b und c
$a = 1 \quad b = -5 \quad c = 3$

$x_{1/2} = \dfrac{-b \pm \sqrt{b^2 - 4ac}}{2a}$

$x_{1/2} = \dfrac{-(-5) \pm \sqrt{(-5)^2 - 4 \cdot 1 \cdot 3}}{2 \cdot 1}$

$x_{1/2} = \dfrac{5 \pm \sqrt{25 - 12}}{2} = \dfrac{5 \pm \sqrt{13}}{2}$ \hfill $D = 13 > 0 \Rightarrow$ zwei Lösungen

$x_1 = \dfrac{5 + \sqrt{13}}{2} \approx 4{,}3 \quad x_2 = \dfrac{5 - \sqrt{13}}{2} \approx 0{,}7$

$N_1\left(\dfrac{5 + \sqrt{13}}{2} \,\Big|\, 0\right) \quad N_2\left(\dfrac{5 - \sqrt{13}}{2} \,\Big|\, 0\right)$

Zur Zeichnung werden die gerundeten Werte verwendet.
Verschiebe die Parabelschablone passend, sodass beide Nullstellen am Rand der Schablone liegen.

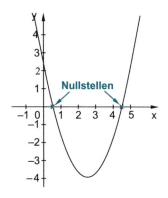

b) $y = x^2 - 4x + 4$ $y = 0$ führt zur Nullstelle.
$0 = x^2 - 4x + 4$
$0 = \mathbf{1} \cdot x^2 + \mathbf{(-4)} \cdot x + \mathbf{4}$ Zuordnung der Parameter a, b und c
$a = 1 \quad b = -4 \quad c = 4$

$$x_{1/2} = \frac{-b \pm \sqrt{b^2 - 4ac}}{2a}$$

$$x_{1/2} = \frac{-(-4) \pm \sqrt{(-4)^2 - 4 \cdot 1 \cdot 4}}{2 \cdot 1}$$

$$x_{1/2} = \frac{4 \pm \sqrt{16 - 16}}{2} = \frac{4 \pm 0}{2} = 2$$ $D = 0 \Rightarrow$ eine Lösung

N(2 | 0)

Die Parabel berührt mit ihrem
Scheitelpunkt die x-Achse.

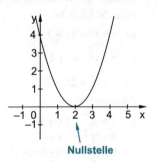

Nullstelle

c) $y = x^2 + 2x + 2$ $y = 0$ führt zur Nullstelle.
$\mathbf{0} = x^2 + 2x + 2$
$0 = \mathbf{1} \cdot x^2 + \mathbf{2} \cdot x + \mathbf{2}$ Zuordnung der Parameter a, b und c
$a = 1 \quad b = 2 \quad c = 2$

$$x_{1/2} = \frac{-b \pm \sqrt{b^2 - 4ac}}{2a}$$

$$x_{1/2} = \frac{-2 \pm \sqrt{2^2 - 4 \cdot 1 \cdot 2}}{2 \cdot 1}$$

$$x_{1/2} = \frac{-2 \pm \sqrt{4 - 8}}{2} = \frac{-2 \pm \sqrt{-4}}{2}$$ $D = -4 < 0 \Rightarrow$ keine Nullstelle

Die Parabel hat keine Nullstelle. Für die Zeichnung wird deshalb der
Scheitelpunkt über die Scheitelpunktform bestimmt.

$y = x^2 + 2x + 2$
$y = \underbrace{x^2 + 2x + 1}_{} - 1 + 2$ Quadratische Ergänzung

$y = (x + \underset{\downarrow}{1})^2 + \underset{\downarrow}{1}$ $y = (x+c)^2 + d; \; S(-c\,|\,d)$
$c = 1 \quad d = 1$

S(−1 | 1)

Der Scheitelpunkt der nach oben geöffneten Normalparabel liegt oberhalb der x-Achse.
Die Parabel hat mit der x-Achse keinen gemeinsamen Punkt.

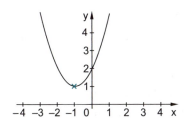

Aufgaben

55. Berechne die Lösungen für die quadratischen Gleichungen mithilfe der Lösungsformel.

a) $0 = x^2 + x - 2$
b) $0 = x^2 + x - 6$
c) $0 = x^2 + 3x + 4$
d) $0 = x^2 - 5x + 6{,}25$
e) $x^2 + x = -5$
f) $0 = 3x^2 - 7x + 9$
g) $0 = x^2 - 2x$
h) $0 = 2x^2 + 3x$
i) $0 = 3x^2 - 4$
j) $3x = 2x^2 + 2$
k) $-6x^2 = -2x + 4$
l) $3 \cdot (2x - 3) = -x^2$

56. Bestimme die Anzahl der Nullstellen durch Untersuchung der Diskriminante.

a) $y = 3x^2 - 3x + 1$
b) $y = \sqrt{2}x^2 + \sqrt{8}x - \sqrt{2}$
c) $y = -\frac{1}{2}x^2 + 3x + 1{,}5$
d) $y = -3x^2 + 9x - 6{,}75$
e) $y = 2\frac{1}{2}x^2 - 2x + 1$
f) $y = \sqrt{3}x^2 - \sqrt{27}x + 3\sqrt{27}$
g) $y = \frac{1}{3}x^2 + 4$
h) $y = -\frac{1}{5}x^2 + \frac{5}{2}x + 8$
i) $y = -\frac{1}{\sqrt{5}}x^2 - x$
j) $y = \frac{1}{\pi}x^2 + x + \frac{\pi}{3}$

57. u sei eine ganze Zahl.
Für welche Werte von u haben die folgenden Gleichungen keine, eine bzw. zwei Lösungen? Untersuche dafür die Diskriminante.

a) $0 = 3x^2 - ux - 2$
b) $0 = 2x^2 - ux + 5$
c) $0 = ux^2 - 3x + 2$
d) $0 = 5ux^2 - 2x - 3$
e) $\frac{1}{2}x^2 + 2x - u = 0$
f) $3x^2 - \frac{1}{2}x + 3u = 0$
g) $2ux^2 - 3ux + u = 0$
✱ h) $(1+u)x^2 + (3u-1)x + 2u = 0$

58. Ermittle die gesuchten Zahlen durch Rechnung:

a) Das Produkt zweier aufeinanderfolgender Zahlen ist 272.
b) Die Summe aus dem Quadrat einer Zahl und dem Quadrat der nachfolgenden Zahl ist 925.
c) Das Produkt zweier Zahlen, die um 5 auseinanderliegen, ist 234.
✱ d) Der Quotient zweier aufeinanderfolgender Zahlen ist der 400-te Teil ihres Produkts. Der Dividend ist die kleinere Zahl.

8 Öffnung der Parabel

Die wenigsten Parabeln sind im Koordinatensystem verschobene Normalparabeln. Die meisten Parabeln unterscheiden sich im Grad und in der Richtung der Öffnung.

$x \mapsto y = \dfrac{1}{2}x^2$

x	−3	−2	−1	0	1	2	3
y	4,5	2	$\frac{1}{2}$	0	$\frac{1}{2}$	2	4,5

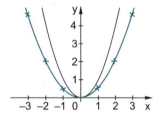

Der Graph ist weiter als die Normalparabel.

$x \mapsto y = -x^2$

Jeder Funktionswert der Normalparabel erhält ein negatives Vorzeichen.
Der Graph der Funktion $x \mapsto y = -x^2$ entsteht durch Spiegelung der Normalparabel an der x-Achse.

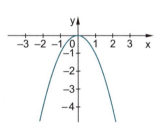

$x \mapsto y = -2x^2$

x	−1,5	−1	−0,5	0	0,5	1	1,5
y	−4,5	−2	−0,5	0	−0,5	−2	−4,5

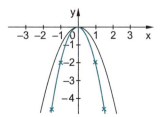

Der Graph der Funktion $x \mapsto y = -2x^2$ ist enger als die Normalparabel. $x \mapsto y = -2x^2$ ist an der x-Achse gespiegelt.

> Die Graphen der Funktionen mit der Funktionsgleichung
> $y = ax^2 + bx + c \quad (a \neq 0)$
> sind Parabeln.
> Diese Funktionen heißen **allgemeine quadratische Funktionen**.

Interessant sind die charakteristischen Punkte bzw. Eigenschaften der Funktionsgraphen:
1. **Öffnung der Parabel**
2. **Scheitelpunktkoordinaten**
3. **Nullstellen**

„Handwerkszeug" zur Analyse von allgemeinen quadratischen Funktionen:
1. Der Vorfaktor a ist für die Art und Richtung der Parabelöffnung entscheidend.
   a) **Richtung der Öffnung**
      $a > 0 \Rightarrow$ Parabel ist nach oben geöffnet.
      $a < 0 \Rightarrow$ Parabel ist nach unten geöffnet.
   b) **Form der Öffnung**
      $|a| > 1 \Rightarrow$ Parabel ist enger als Normalparabel.
      $|a| < 1 \Rightarrow$ Parabel ist weiter als Normalparabel.

   Für $a = 1$ erhält man die nach oben geöffnete Normalparabel, für $a = -1$ die nach unten geöffnete Normalparabel.

2. Die **Scheitelpunktform** ist $y = a(x + d)^2 + e$ mit dem Scheitelpunkt $S(-d | e)$.

3. Die Lösungsformel liefert für die Gleichung $0 = ax^2 + bx + c$ die vorhandenen Lösungen bzw. **Nullstellen**.

Beispiel

Beschreibe den Graphen der Funktion mit der Gleichung
$$y = \frac{1}{2}x^2 + \frac{1}{2}x - 3,$$
ohne den Graphen zu zeichnen.

Lösung:

$$y = \frac{1}{2} \cdot x^2 + \frac{1}{2} \cdot x + (-3) \qquad a = \frac{1}{2}; \ b = \frac{1}{2}; \ c = -3$$

1. **Öffnung der Parabel**
   $$a = \frac{1}{2}$$
   Die Parabel ist nach oben geöffnet ($a > 0$).
   Die Parabel ist weiter als die Normalparabel ($|a| < 1$).

2. **Scheitelpunktkoordinaten**
Entwicklung der Scheitelpunktform:

$y = \frac{1}{2}x^2 + \frac{1}{2}x - 3$ \qquad $a = \frac{1}{2}$ ausklammern

$y = \frac{1}{2}(x^2 + x - 6)$

$y = \frac{1}{2}\left(x^2 + 2 \cdot \frac{1}{2} \cdot x - 6\right)$ \qquad Quadratische Ergänzung

$y = \frac{1}{2}\left(x^2 + 2 \cdot \frac{1}{2} \cdot x + \left(\frac{1}{2}\right)^2 - \left(\frac{1}{2}\right)^2 - 6\right)$ \qquad Binomische Formel

$y = \frac{1}{2}\left[\left(x + \frac{1}{2}\right)^2 - \frac{1}{4} - 6\right]$

$y = \frac{1}{2}\left[\left(x + \frac{1}{2}\right)^2 - 6\frac{1}{4}\right]$ \qquad Ausmultiplizieren

$y = \frac{1}{2}\left(x + \frac{1}{2}\right)^2 - 3\frac{1}{8}$ \qquad Scheitelpunktform $y = a(x + d)^2 + e$ mit $S(-d\,|\,e)$.

$\qquad \downarrow \qquad\quad \downarrow$
$\qquad d = \frac{1}{2} \qquad e = -3\frac{1}{8}$

Scheitelpunkt $S\left(-\frac{1}{2}\,\Big|\,-3\frac{1}{8}\right)$

3. **Nullstellenbestimmung**

$0 = \frac{1}{2}x^2 + \frac{1}{2}x + (-3)$ \qquad $a = \frac{1}{2};\ b = \frac{1}{2};\ c = -3$

Die Lösungsformel hilft bei der Nullstellenbestimmung:

$x_{1/2} = \dfrac{-b \pm \sqrt{b^2 - 4ac}}{2a}$

$x_{1/2} = \dfrac{-\frac{1}{2} \pm \sqrt{\left(\frac{1}{2}\right)^2 - 4 \cdot \frac{1}{2} \cdot (-3)}}{2 \cdot \frac{1}{2}}$

$x_{1/2} = \dfrac{-\frac{1}{2} \pm \sqrt{\frac{1}{4} + 6}}{1} = -\frac{1}{2} \pm \sqrt{6\frac{1}{4}} = -\frac{1}{2} \pm 2{,}5$

$x_1 = -\frac{1}{2} + 2{,}5 \qquad\qquad x_2 = -\frac{1}{2} - 2{,}5$

$x_1 = 2 \qquad\qquad\qquad\quad x_2 = -3$

$N_1(2\,|\,0) \qquad\qquad\qquad N_2(-3\,|\,0)$

Quadratische Funktionen

Der Graph ist eine nach oben geöffnete Parabel.
Die Öffnung ist weiter als bei einer Normalparabel.
Ihr Scheitel liegt bei $S\left(-\frac{1}{2} \mid -3\frac{1}{8}\right)$.
Die Parabel hat mit $N_1(2\mid 0)$ und $N_2(-3\mid 0)$ zwei Nullstellen.

Aufgaben

59. Zeichne die Graphen der Funktionen mit den folgenden Gleichungen:

a) $y = \frac{1}{3}x^2$

b) $y = \frac{1}{4}x^2$

c) $y = 5x^2$

d) $y = 2x^2$

e) $y = -\frac{1}{5}x^2$

f) $y = -\frac{1}{4}x^2$

g) $y = -3x^2$

h) $y = -5x^2$

60. Beschreibe die Graphen der folgenden Funktionen, ohne diese zu zeichnen.

a) $y = 2x^2 + 3x - 8$

b) $y = -4x^2 + 2x + 1$

c) $y = -x^2 - x + 1$

d) $y = 3x^2 + 3x - 3$

e) $y = \frac{1}{3}x^2 + \frac{1}{4}x - \frac{1}{2}$

f) $y = -\frac{1}{2}x^2 + 2x + 4$

g) $y = x(x-1) + 3$

h) $y = -\frac{1}{3}(x^2 - x + 3)$

i) $y = (x-1) \cdot \left(x + \frac{1}{2}\right)$

j) $y = (1-x) \cdot \left(\frac{1}{2}x + \frac{1}{3}\right)$

Anwendungsaufgaben zu quadratischen Funktionen

1 Aufgaben aus der Physik

Beschleunigte Bewegungen werden in der Physik durch quadratische Funktionen beschrieben. Zur Vereinfachung werden Verzögerungen durch Reibungseffekte, die in der Natur vorkommen, vernachlässigt. Der Vorgang läuft in einem Koordinatensystem ab und beginnt am Ursprung.

1.1 Der freie Fall

Ursache der Beschleunigung im freien Fall ist die Gravitationskraft, die eine Bewegung zur Folge hat, die mit einer nach unten geöffneten, quadratischen Funktion beschrieben wird.
Das Minuszeichen kommt zustande, da die Bewegung entgegen der positiven Richtung der y-Achse verläuft.

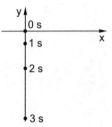

Die Funktionsgleichung beim freien Fall lautet:
$$y = -\frac{1}{2} g \cdot t^2$$

$g = 9{,}81 \frac{m}{s^2}$ ist eine gemessene Konstante.
t ist die Zeitdauer des freien Falls.

Beispiel

Um die Höhe eines Turms zu bestimmen, lässt man einen Gegenstand von der Turmspitze zum Boden fallen. Die Falldauer beträgt 2,0 s.
Bestimme die Höhe des Turms.

Lösung:
Die Gleichung $y = -\frac{1}{2} g t^2$ beschreibt die Bewegung.
Setzt man **t = 2,0 s** ein, entspricht der Betrag des berechneten y-Werts dem zurückgelegten Weg. Dieser Weg entspricht dann der Turmhöhe.
t = 2,0 s
$g = 9{,}81 \frac{m}{s^2}$
$y = -\frac{1}{2} \cdot 9{,}81 \frac{m}{s^2} \cdot (\mathbf{2{,}0\ s})^2 \approx -20\ m$
Die Turmhöhe beträgt 20 m.

1.2 Waagrechter Wurf

Gießt man Wasser aus einer Gießkanne, erhält man einen gekrümmten Wasserstrahl, der die Form einer Parabel hat. Im Folgenden wird nur der Fall betrachtet, wenn der Strahl im Scheitel beginnt.
Für die Ermittlung der Kurve wird die Bewegung der Wasserteilchen in zwei Bewegungen unterteilt, nämlich die in x- und die in y-Richtung.

x-Richtung:
$x(t) = v_0 t$, wobei v_0 die Anfangsgeschwindigkeit der Teilchen im Scheitel ist.

y-Richtung:
$y(t) = -\frac{1}{2} g t^2$, da die Wasserteilchen in y-Richtung einen freien Fall vollziehen.

Um die Funktionsgleichung des „Wasserstrahls" zu bekommen, eliminiert man die Zeit t aus den Gleichungen:

$x = v_0 t \quad |: v_0$

$t = \dfrac{x}{v_0}$ wird in die Gleichung für die y-Koordinate eingesetzt:

$y = -\dfrac{1}{2} g \left(\dfrac{x}{v_0} \right)^2$

$y = \underbrace{-\dfrac{1}{2} \dfrac{g}{v_0^2}}_{\text{konstanter Wert}} \cdot x^2$

Die Funktionsgleichung beim waagrechten Wurf lautet:
$y = -\dfrac{1}{2} \dfrac{g}{v_0^2} \cdot x^2$

Der Graph zu dieser Funktionsgleichung ist eine nach unten geöffnete Parabel, deren Scheitel im Ursprung liegt.

Beispiel

Ein Flugzeug fliegt mit $100 \frac{m}{s}$ Geschwindigkeit parallel zum Boden in 1 200 m Höhe.
In welchem Abstand vor dem geplanten Auftreffpunkt muss eine Ladung abgeworfen werden?

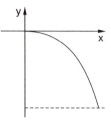

Lösung:
Die Geschwindigkeit v_0 parallel zum Boden führt zu einem waagrechten Wurf. Die Fallkurve der Ladung ist eine Parabel. Die Kurve wird beschrieben durch:

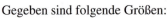

$$y = -\frac{1}{2} \frac{g}{v_0^2} \cdot x^2$$

Gegeben sind folgende Größen:

$g = 9{,}81 \frac{m}{s^2}$

$v_0 = 100 \frac{m}{s}$

$y = -1\,200 \text{ m}$

Gesucht ist x. Die Gleichung muss also erst nach x aufgelöst werden:

$$y = -\frac{1}{2} \frac{g}{v_0^2} x^2 \qquad |\cdot 2$$

$$2y = -\frac{g}{v_0^2} x^2 \qquad \left|\cdot \frac{v_0^2}{g}\right.$$

$$2y \cdot \frac{v_0^2}{g} = -x^2 \qquad |\sqrt{\ }$$

$$x = \sqrt{-\frac{2y \cdot v_0^2}{g}}$$

Einsetzen der gegebenen Größen ergibt:

$$x = \sqrt{\frac{-2 \cdot (-1\,200 \text{ m}) \cdot \left(100 \frac{m}{s}\right)^2}{9{,}81 \frac{m}{s^2}}} \approx 1\,564 \text{ m} \approx 1{,}56 \text{ km}$$

Die Ladung muss 1,56 km vor dem Ziel abgeworfen werden.

Aufgaben

61. Wie lange dauert der Sprung vom 10-m-Brett?

62. Du wirfst aus dem Fenster des Klassenzimmers eine Murmel und misst dabei die Zeit bis zum Aufschlag auf dem Boden.
Aus welcher Höhe hast du die Murmel geworfen, falls diese 1,2 s unterwegs war?

63. Ein Gartenschlauch wird in 1,20 m Höhe gehalten. Das Wasser soll dabei waagrecht mit $8{,}0\,\frac{m}{s}$ den Schlauch verlassen.
Wie weit muss man vor dem Beet stehen, damit der Wasserstrahl den Beginn des Beetes trifft?

64. Ein aufziehbares Spielzeugauto rollt über die Kante eines 70 cm hohen Tisches. Es kommt 38 cm entfernt auf dem Boden auf.
Mit welcher Geschwindigkeit ist das Spielzeugauto vom Tisch gefallen?

65. Ein stehendes Auto beschleunigt in 9 s auf $27\,\frac{m}{s}$ ($\approx 100\,\frac{km}{h}$). Die zum Zeitpunkt t gefahrene Geschwindigkeit wird mit der Formel $v(t) = 3\,\frac{m}{s^2} \cdot t$ beschrieben.

a) Zeichne im Intervall [0 s; 9 s] den zur Funktion gehörenden Graphen in ein t-v-Koordinatensystem.

b) Wie lange dauert es, bis die Geschwindigkeit $18\,\frac{m}{s}$ erreicht wird?

c) Wie nennt man den funktionalen Zusammenhang zwischen der Geschwindigkeit v und der Zeit t?

Die zum Zeitpunkt t zurückgelegte Strecke x wird mit der Formel
$x(t) = 1{,}5\,\frac{m}{s^2} \cdot t^2$ beschrieben.

d) Zeichne den zu dieser Funktion gehörenden Graphen im Intervall [0 s; 9 s].

e) Nach welcher Zeit hat der Wagen in der Beschleunigungsphase 100 m zurückgelegt?

f) Welche Geschwindigkeit hat der Wagen nach 150 m?

2 Extremwertaufgaben

Ein kleines Rätsel: Gesucht sind zwei reelle Zahlen, deren Differenz 2 ergibt. Multipliziert man diese beiden Zahlen, soll ein möglichst kleiner Wert entstehen. Wie lauten diese beiden Zahlen?
(Diese Aufgabe wird in Beispiel 1 gelöst.)

Diese Art von Extremwertaufgaben führt zu quadratischen Funktionen und wird mithilfe einer Scheitelpunktbestimmung gelöst:

Vorgehensweise:
1. Ordne die Größen zu.
2. Stelle Gleichungen auf, die die Zusammenhänge zwischen den Größen beschreiben.
3. Stelle eine quadratische Gleichung auf.
4. Rechne den Funktionsterm in die Scheitelpunktform um.
5. Der Scheitelpunkt liefert den Extremwert.

Beispiele

1. Gesucht sind zwei reelle Zahlen, deren Differenz 2 ergibt. Multipliziert man diese beiden Zahlen, soll ein möglichst kleiner Wert entstehen. Wie lauten die beiden Zahlen?

   Lösung:

   x: Minuend   Zuordnung der Größen

   y: Subtrahend

   z: Produktwert

   $x - y = 2$ Aufstellen von Gleichungen

   $x \cdot y = z$

   $x - y = 2 \quad |+y$ Aufstellen einer quadratischen Gleichung

   $x = 2 + y$

   Setze **x = 2 + y** in $x \cdot y = z$ ein:

   $(2 + y) \cdot y = z$

   $2y + y^2 = z$

   $y^2 + 2y = z$

   Das ist eine **quadratische Funktion**. Der zugehörige Graph ist eine **nach oben geöffnete Parabel**, da der Koeffizient vor der quadratischen Variable positiv ist.

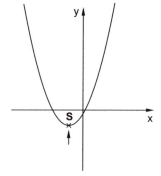

Der Scheitel liefert in diesem Fall einen minimalen Wert.

$z = y^2 + 2y$ — Umrechnung des Funktionsterms in die Scheitelpunktform
$z = y^2 + 2y + 1^2 - 1^2$
$z = (y+1)^2 - 1^2$

$z = (y+1)^2 - 1$ ist die Scheitelpunktform.

Der Scheitelpunkt liegt bei — Bestimmung des Scheitelpunkts
S(–1 | –1). Der minimale Wert wird bei der nach oben geöffneten Parabel im Scheitel, d. h. für **y = –1**, erreicht.

Aus $x - y = 2$ erhält man den zweiten Wert **x = 1**. Der minimale Produktwert ist $1 \cdot (-1) = -1$ und stimmt mit dem zweiten Wert im Scheitel überein.

2. Simon kauft einen Maschendrahtzaun mit der Länge 22 m. Er möchte damit ein Gehege in Form eines Rechtecks für seine Tiere abstecken.
Wie groß muss er die Seitenlängen wählen, falls die Rechtecksfläche maximal sein soll?

Lösung:

ℓ: Länge des Rechtecks — Zuordnung der Größen
b: Breite des Rechtecks
A: Flächeninhalt des Rechtecks

$22\,\text{m} = 2 \cdot \ell + 2 \cdot b$ (Umfang) — Aufstellen von Gleichungen
$A = \ell \cdot b$ (Flächeninhalt)

$22\,\text{m} = 2\ell + 2b \quad |-2\ell$ — Aufstellen einer quadratischen Gleichung
$22\,\text{m} - 2\ell = 2b \quad |:2$
$11\,\text{m} - \ell = b$

Setze **b = 11 m – ℓ** in $A = \ell \cdot b$ ein:
$A = \ell \cdot (\mathbf{11\,\text{m} - \ell})$
$A = 11\,\text{m} \cdot \ell - \ell^2$
$A = -\ell^2 + 11\,\text{m} \cdot \ell$

Das ist eine **quadratische Funktion**. Der zugehörige Graph ist eine **nach unten geöffnete Parabel**. Der Scheitel liefert den maximalen Wert.

$A = -\ell^2 + 11\,m \cdot \ell$
$A = -(\ell^2 - 11\,m \cdot \ell)$
$A = -(\ell^2 - 11\,m \cdot \ell + (5,5\,m)^2 - (5,5\,m)^2)$
$A = -(\ell^2 - 11\,m \cdot \ell + (5,5\,m)^2) + (5,5\,m)^2$
$A = -(\ell - 5,5\,m)^2 + 30,25\,m^2$

Umrechnung des Funktionsterms in die Scheitelpunktform

Der Scheitelpunkt liegt bei
S(5,5 m | 30,25 m²).
Die nach unten geöffnete Parabel erreicht ihren maximalen Wert im Scheitel, d. h. hier bei **ℓ = 5,5 m**.
Aus ℓ + b = 11 m folgt **b = 5,5 m**.
Der maximale Flächeninhalt ist $5,5\,m \cdot 5,5\,m = 30,25\,m^2$ und ist identisch mit dem „y-Wert" des Scheitelpunkts. Das gefundene Rechteck ist ein Quadrat.

Bestimmung des Scheitelpunkts

3. In das Trapez ABCD soll ein Rechteck mit maximalem Flächeninhalt einbeschrieben werden. Der Punkt P soll dabei auf der Strecke CD liegen.
Berechne den maximal möglichen Flächeninhalt.

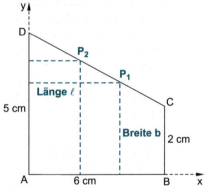

Lösung:
Die Punkte C und D liegen auf der Geraden mit der Funktionsgleichung y = mx + t.

Schnittpunkt mit der y-Achse: t = 5

Steigung der Geraden: $m = \dfrac{\Delta y}{\Delta x} = -\dfrac{3}{6} = -\dfrac{1}{2}$

$y = -\dfrac{1}{2}x + 5$

Mit $0 \leq x \leq 6$ erfüllen alle möglichen Punkte P(x | y) diese Geradengleichung.

b: y-Wert des Punktes P
ℓ: x-Wert des Punktes P
A: Flächeninhalt des Rechtecks
$A = \ell \cdot b \Rightarrow A = x \cdot y$
$y = -\dfrac{1}{2}x + 5$

Zuordnung der Größen

Aufstellen von Gleichungen

Setze $y = -\frac{1}{2}x + 5$ in $A = x \cdot y$ ein: Aufstellen einer quadratischen Gleichung

$$A = x \cdot \left(-\frac{1}{2}x + 5\right)$$

$$A = -\frac{1}{2}x^2 + 5x$$

$A(x) = -\frac{1}{2}x^2 + 5x$ ist eine **quadratische Funktion**. Der zugehörige Graph ist eine **nach unten geöffnete Parabel**. Der Scheitel liefert den maximalen Wert für den Flächeninhalt.

$$A(x) = -\frac{1}{2}x^2 + 5x$$ Umrechnung des Funktionsterms in die Scheitelpunktform

$$= -\frac{1}{2}(x^2 - 10x)$$

$$= -\frac{1}{2}(x^2 - 10x + 5^2 - 5^2)$$

$$= -\frac{1}{2}(x^2 - 10x + 5^2) + 12{,}5$$

$$= -\frac{1}{2}(x-5)^2 + 12{,}5$$

Der Scheitelpunkt liegt bei Bestimmung des Scheitelpunkts
S(5 | 12,5).
Die nach unten geöffnete Parabel erreicht ihren maximalen Wert im Scheitel, d. h. bei **x = 5**.
Den y-Wert erhält man durch Einsetzen von x = 5 in die Geradengleichung $y = -\frac{1}{2}x + 5$.

$$y = -\frac{1}{2} \cdot 5 + 5$$

y = 2,5

P(5 | 2,5) führt zum maximalen Flächeninhalt A = 5 · 2,5 = 12,5, welcher identisch mit dem y-Wert des Scheitels ist.

Anwendungsaufgaben zu quadratischen Funktionen

Aufgaben

66. Gib die minimalen Funktionswerte für die Funktionen mit den folgenden Funktionsgleichungen an.

a) $y = x^2 + 2x - 3$

b) $y = x^2 - 6x + 11$

c) $y = \frac{1}{2}x^2 + 3x - \frac{1}{2}$

d) $y = x^2 - 5x + 6{,}25$

e) $y = x^2 - 3x - 2{,}75$

f) $y = \frac{1}{3}x^2 + \frac{4}{3}x - \frac{1}{3}$

67. Gib die maximalen Funktionswerte für die Funktionen mit den folgenden Funktionsgleichungen an.

a) $y = -x^2 - 2x + 2$

b) $y = -x^2 + 2{,}8x - 0{,}76$

c) $y = -(-x - 1)^2$

d) $y = (x - 1) \cdot (2 - x)$

e) $y = -\frac{1}{2}x^2 + \frac{1}{4}x + \frac{3}{32}$

✱ f) $y = \frac{1}{3} \cdot \left(\frac{1}{2}x - 3\right) \cdot \left(4 - \frac{1}{3}x\right)$

68. Zwei Zahlen ergeben addiert 80.
Wie groß müssen die beiden Summanden gewählt werden, damit ihr Produkt maximal wird?

69. Bestimme zwei reelle Zahlen, deren Differenz 4 ergibt. Multipliziert man diese beiden Zahlen, soll ein möglichst kleiner Wert entstehen.

70. In das Trapez ABCD soll ein Rechteck mit maximalem Flächeninhalt einbeschrieben werden. Der Eckpunkt P soll dabei auf der Strecke CD liegen. Berechne diesen Flächeninhalt sowie die Koordinaten des Punkts P.

a)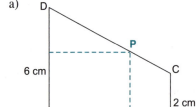

b)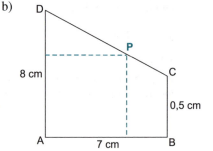

c)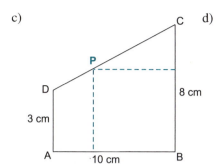

d)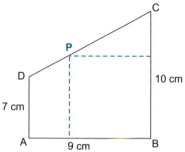

71. Aus einem rechtwinkligen Dreieck mit den Kathetenlängen 60 cm und 40 cm soll ein Rechteck mit möglichst großem Flächeninhalt herausgeschnitten werden.
Bestimme die Maße des Rechtecks.

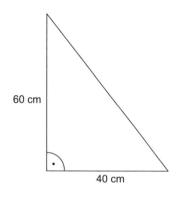

72. Beim Arbeiten ist einem Glaser ein Stück der rechteckigen Glasplatte abgebrochen. Um mit dem Glas weiterarbeiten zu können, muss er ein möglichst großes Rechteck herausschneiden.
Bestimme die Länge und Breite des Rechtecks.

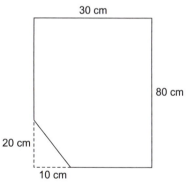

3 Gemeinsame Punkte von Graphen

Ein Wanderweg hat die Form einer Parabel. Du entscheidest dich für die Abkürzung, die die Form einer Geraden hat. An welchem Punkt kehrst du wieder auf den Weg zurück? Gesucht wird hier der Schnittpunkt einer Parabel und einer Geraden.
Ein Schnittpunkt hat die Darstellung $S(x_s|y_s)$ und erfüllt dabei **beide** Funktionsgleichungen.

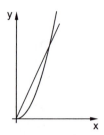

Bestimmung des Schnittpunkts $(x_s|y_s)$ zweier Graphen:
1. Setze die rechten Seiten der Funktionsgleichungen gleich.
2. Löse die entstandene Gleichung nach x_s auf.
3. Setze x_s in eine der beiden Funktionsgleichungen ein, um y_s zu erhalten.

Schneidet man zwei Parabeln, erhält man entweder zwei, einen oder keinen Schnittpunkt(e). Das Gleichsetzen der Funktionsgleichungen führt auf eine Gleichung, die entweder quadratisch, linear oder nicht lösbar ist. Im Falle einer quadratischen Gleichung wird die Lösungsformel verwendet. Eine lineare Gleichung entsteht dann, wenn der quadratische Anteil bei der Äquivalenzumformung der Gleichung wegfällt.

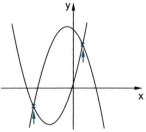 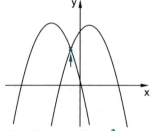

zwei Lösungen: $D = b^2 - 4ab > 0$ eine Lösung: $D = b^2 - 4ab = 0$

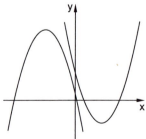

keine Lösung: $D = b^2 - 4ab < 0$

Anwendungsaufgaben zu quadratischen Funktionen 73

Beispiele

1. Der Wanderweg aus dem Einleitungsbeispiel hat die Funktionsgleichung $y = x^2$. Der Weg der Abkürzung kann durch die Gleichung $y = 2x$ beschrieben werden.
Ermittle den Punkt, an dem du wieder auf den ursprünglichen Weg zurückkehrst.

Lösung:

$x_S^2 = 2x_S \quad |-2x_S$ — Gleichsetzen der Funktionsterme

$x_S^2 - 2x_S = 0$ — Auflösen der Gleichung nach x_S

$\underbrace{x_S}_{=0} \cdot \underbrace{(x_S - 2)}_{=0} = 0$

Ein Produkt ist null, falls einer der beiden Faktoren null ist:

$x_S = 0 \qquad\qquad x_S - 2 = 0$
$\qquad\qquad\qquad\quad x_S = 2$

Zwei Werte für x_S eingesetzt erfüllen die Gleichung.

$x_S = \mathbf{0}$: $g(\mathbf{0}) = \mathbf{0}^2 = 0 \;\Rightarrow\; S_1(0|0)$ — y_S berechnen

$x_S = \mathbf{2}$: $g(\mathbf{2}) = \mathbf{2}^2 = 4 \;\Rightarrow\; S_2(2|4)$

$S_1(0|0)$ ist der Ursprung und beschreibt den gemeinsamen Startpunkt.
$S_2(2|4)$ ist der Punkt, in dem sich beide Wege wieder kreuzen.
Mit welcher der beiden Funktionsgleichungen der y-Wert bestimmt wird, ist unerheblich. Beide Funktionsterme wurden gleichgesetzt und liefern daher das gleiche Ergebnis.

2. Ermittle die Schnittpunkte der beiden Parabeln mit den folgenden Funktionsgleichungen:
$f(x) = 2x^2 - 3x + 2$
$g(x) = x^2 + 2x - 4$

Lösung:

$\mathbf{y_S} = 2x_S^2 - 3x_S + 2$ — Für die Schnittpunkte $(x_S | y_S)$ müssen
$\mathbf{y_S} = x_S^2 + 2x_S - 4$ — beide Funktionsgleichungen erfüllt sein.

$2x_S^2 - 3x_S + 2 = x_S^2 + 2x_S - 4 \quad |+4$ — Gleichsetzen der Funktionsgleichungen

$2x_S^2 - 3x_S + 6 = x_S^2 + 2x_S \quad |-2x_S$ — Auflösen der Gleichung nach x_S

$2x_S^2 - 5x_S + 6 = x_S^2 \quad |-x_S^2$

$x_S^2 - 5x_S + 6 = 0$

Mit der Lösungsformel für quadratische Gleichungen gilt:

$x_{S_{1/2}} = \dfrac{5 \pm \sqrt{25 - 4 \cdot 6}}{2 \cdot 1} = \dfrac{5 \pm 1}{2}$

$x_{S_1} = 3$
$x_{S_2} = 2$

$y_{s_1} = g(x_{s_1}) = -x_{s_1}^2 + 2x_{s_1} - 4$ y_s berechnen
$y_{s_1} = g(\mathbf{3}) = -\mathbf{3}^2 + 2 \cdot \mathbf{3} - 4 = -7$

$S_1(3|-7)$

$y_{s_2} = g(x_{s_2}) = -x_{s_2}^2 + 2x_{s_2} - 4$
$y_{s_2} = g(\mathbf{2}) = -\mathbf{2}^2 + 2 \cdot \mathbf{2} - 4 = -4$

$S_2(2|-4)$

3. Für welches $a \in \mathbb{R}$ haben die beiden Graphen mit den Funktionsgleichungen

   $g_a(x) = ax^2$
   $f(x) = -2x^2 + x - 3$

   einen, zwei oder keinen Schnittpunkt(e)?

Lösung:
Das Verfahren zur Ermittlung von Schnittpunkten wird in Abhängigkeit von a durchgeführt.

$g_a(x_s) = f(x_s)$ Gleichsetzen der Funktionsgleichungen
$\quad ax_s^2 = -2x_s^2 + x_s - 3 \qquad |-ax_s^2$ Auflösen der Gleichung nach x_s
$\quad 0 = (-2-a)x_s^2 + x_s - 3$

Die Anzahl der Lösungen einer quadratischen Gleichung liefert die Untersuchung der Diskriminante **$D = b^2 - 4ac$**.

$D = 1^2 - 4 \cdot (-2-a) \cdot (-3)$
$ = 1 + 12 \cdot (-2-a)$
$ = 1 - 24 - 12a$
$ = -23 - 12a$

D > 0: $-23 - 12a > 0 \qquad |+23$
$ -12a > 23 \qquad |:(-12)$ Ungleichheitszeichen!
$ a < -\dfrac{23}{12}$
$ a < -1\dfrac{11}{12}$

Für $a < -1\dfrac{11}{12}$ gibt es zwei Schnittpunkte.

D = 0: $a = -1\dfrac{11}{12}$

Für $a = -1\dfrac{11}{12}$ gibt es einen Schnittpunkt.

D < 0: $a > -1\dfrac{11}{12}$

Für $a > -1\dfrac{11}{12}$ gibt es keinen Schnittpunkt.

Anwendungsaufgaben zu quadratischen Funktionen ❘ 75

Aufgaben

73. Bestimme die Schnittpunkte der Graphen mit den folgenden Funktionsgleichungen.

a) $f(x) = 2x^2 + 3x - 4$
   $g(x) = \frac{1}{2}x + 2$

b) $f(x) = -\frac{1}{3}x^2 + \frac{1}{3}x - 2$
   $g(x) = -\frac{1}{3}x^2 + \frac{1}{2}x + 1$

c) $f(x) = \frac{1}{2}x - 1$
   $g(x) = \frac{1}{2}x + 1$

d) $f(x) = -x^2 + 3x - 4$
   $g(x) = x^2 - 3$

e) $f(x) = x^2$
   $g(x) = 2x + 1$

f) $g(x) = 3x^2 - 4x + 2$
   $f(x) = 3x^2 - 4x + 3$

g) $f(x) = \frac{1}{x+1}$
   $g(x) = 2x - 3$

h) $f(x) = \frac{1}{2}x^2 - 5x + 2$
   $g(x) = -x^2 + 10x - 14{,}5$

74. Bestimme die Anzahl der Schnittpunkte in Abhängigkeit von $a \in \mathbb{R}$.

a) $f(x) = ax^2$
   $g(x) = 2x + 1$

b) $f(x) = x^2 + a$
   $g(x) = -x^2 + 2x - 3$

c) $f(x) = ax^2$
   $g(x) = -3x^2 + 2x - 4$

d) $f(x) = (x - a)^2$
   $g(x) = 3x + 2$

e) $f(x) = x^2 + ax$
   $g(x) = x^2 - 3x + 1$

f) $f(x) = ax - 1$
   $g(x) = -x^2 + 2x - 3$

75. Gegeben sind die Funktionen mit den folgenden Gleichungen:
$f(x) = x^2 + 2x + 3$
$g(x) = -x^2 + 2x + 4$

a) Bestimme die Schnittpunkte der beiden Graphen von g und f.
b) Die Schnittpunkte liegen auf einer Geraden h.
   Bestimme die Geradengleichung von h.

76. Ein Motorradfahrer fährt mit der konstanten Geschwindigkeit 15 $\frac{m}{s}$ an einem parkenden Auto vorbei. In diesem Moment beschleunigt das Auto aus der Ruhe. Die zurückgelegte Strecke s des Motorrads wird mit folgender Gleichung beschrieben:

$$s_{Mo} = 15\,\frac{m}{s} \cdot t$$

Die Geschwindigkeit des Autos kann folgendermaßen ausgedrückt werden:

$$s_{Au} = 4\,\frac{m}{s^2} \cdot t^2$$

Nach welcher Strecke sind das Auto und das Motorrad gleichauf?

✶ **77.** Gegeben ist die Funktion mit der Gleichung $y = x^2 + x - 3$.
Bestimme die Geradengleichung der Geraden, die den Graphen der Funktion an der Stelle $x = -1$ berührt.

4 Lineare Gleichungssysteme mit drei Unbekannten

Anja hat einen Handyvertrag ohne Grundgebühr. Sie möchte gerne herausfinden, wie viel eine gesendete SMS, eine telefonierte Minute und jeweils 10 KB Datentransfer kosten. Dazu betrachtet sie ihre Rechnung, in der der Gesamtbetrag und die jeweilige Anzahl der drei Posten aufgeführt sind. Wie kann sie die einzelnen Kosten nun herausfinden?

Hier liegt ein Problem von **drei Gleichungen mit drei Unbekannten** vor. Das Problem kann auf das Lösen von Gleichungssystemen mit zwei Unbekannten zurückgeführt werden.

Vorgehensweise:
1. Löse eine der drei Gleichungen nach einer Variablen auf.
2. Ersetze in den beiden anderen Gleichungen diese Variable durch den Term aus Schritt 1.
3. Löse das entstandene Gleichungssystem mit zwei Unbekannten.
4. Bestimme die dritte Variable durch Einsetzen der Lösungen in die Gleichung aus Schritt 1.

Wie auch bei den Gleichungssystemen mit zwei Gleichungen und zwei Unbekannten gilt für die Lösungsmenge Folgendes:

Ein Gleichungssystem mit drei Gleichungen und drei Unbekannten hat entweder
a) **genau eine** Lösung,
b) **keine** Lösung oder
c) **unendlich viele** Lösungen.

Beispiele

1. Anja stellt bei der Betrachtung ihrer Rechnungen fest: Im Monat Mai zahlte sie für 25 SMS, 65 Minuten telefonieren und 350 KB Download 12,00 €. Im Juni betrug die Rechnung 11,60 € (38 SMS, 48 Minuten, 260 KB) und im Juli zahlte sie 8,92 € (20 SMS, 39 Minuten, 720 KB). Bestimme die Kosten für eine SMS, für eine Minute telefonieren und für 10 KB Herunterladen von Daten.

Lösung:
Zuerst werden die gegebenen Größen in Form einer Tabelle verdeutlicht:

	SMS	telefonieren	Download	Betrag
Mai	25	65 min	350 KB	1 200 ct
Juni	38	48 min	260 KB	1 160 ct
Juli	20	39 min	720 KB	892 ct

Die gesuchten Kosten werden mit Platzhaltern bezeichnet:
x: Kosten pro SMS in Cent
y: Kosten pro Minute telefonieren in Cent
z: Kosten pro 10 KB Datentransfer in Cent

Das führt zu folgenden Gleichungen:
Mai: $25 \cdot x + 65 \cdot y + 35 \cdot z = 1\,200$
Juni: $38 \cdot x + 48 \cdot y + 26 \cdot z = 1\,160$
Juli: $20 \cdot x + 39 \cdot y + 72 \cdot z = 892$

x, y und z sind Maßzahlen und müssen im Ergebnis mit der Einheit Cent versehen werden.

Das Lösen dieses Gleichungssystems (drei Gleichungen mit drei Unbekannten) führt man auf das bereits bekannte Lösen von zwei Gleichungen mit zwei Unbekannten zurück. Hierzu wird eine der drei Gleichungen nach einer Unbekannten aufgelöst und in die beiden anderen Gleichungen eingesetzt:

(1) $25x + 65y + 35z = 1\,200$ Die Gleichungen werden zur Beschrei-
(2) $38x + 48y + 26z = 1\,160$ bung der Vorgänge immer durchnum-
(3) $20x + 39y + 72z = 892$ meriert.

Löse (1) nach x auf: Auflösen nach einer Variablen
$25x + 65y + 35z = 1\,200$ $|-65y - 35z$
$25x = 1\,200 - 65y - 35z$ $|:25$
$\mathbf{x = 48 - 2{,}6y - 1{,}4z}$ (*)

Setze x in (2) und (3) ein: Einsetzen des Terms in die anderen
                                    Gleichungen

(2) $38 \cdot (\mathbf{48 - 2{,}6y - 1{,}4z}) + 48y + 26z = 1\,160$
$1\,824 - 98{,}8y - 53{,}2z + 48y + 26z = 1\,160$
$1\,824 - 50{,}8y - 27{,}2z = 1\,160$ $|-1\,824$
(2') $-50{,}8y - 27{,}2z = -664$

(3) $20 \cdot (\mathbf{48 - 2{,}6y - 1{,}4z}) + 39y + 72z = 892$
$960 - 52y - 28z + 39y + 72z = 892$
$960 - 13y + 44z = 892$ $|-960$
(3') $-13y + 44z = -68$

Das Gleichungssystem wurde auf zwei Gleichungen mit zwei Unbekannten zurückgeführt:
(2') $-50{,}8y - 27{,}2z = -664$ Lösen des neuen Gleichungssystems
(3') $-13y + 44z = -68$

Es wird (2') nach z aufgelöst und das Ergebnis in (3') eingesetzt:
(2') $-50{,}8y - 27{,}2z = -664$ $| +50{,}8y$
$\quad\quad\quad -27{,}2z = -664 + 50{,}8y$ $| : (-27{,}2)$
$$z \approx 24{,}41 - 1{,}87y \quad (**)$$

Die Ergebnisse der Divisionen werden dabei gerundet.
z in (3') $-13y + 44 \cdot (24{,}41 - 1{,}87y) = -68$
$\quad\quad\quad -13y + 1\,074{,}04 - 82{,}28y = -68$
$\quad\quad\quad\quad 1\,074{,}04 - 95{,}28y = -68$ $| -1\,074{,}04$
$\quad\quad\quad\quad\quad -95{,}28y = -1\,142{,}04$ $| : (-95{,}28)$
$$y \approx 12$$

y = 12 in (**) $z \approx 24{,}41 - 1{,}87 \cdot 12$
$\quad\quad\quad\quad z \approx 24{,}41 - 22{,}44$
$$z \approx 2$$

y = 12 und **z = 2** in (*):   Bestimmen der dritten Variablen
$x = 48 - 2{,}6y - 1{,}4z$
$x = 48 - 2{,}6 \cdot 12 - 1{,}4 \cdot 2$
$x = 48 - 31{,}2 - 2{,}8$
x = 14

Zur Überprüfung werden die Ergebnisse in die ursprünglichen Gleichungen eingesetzt:
$25 \cdot 14 + 65 \cdot 12 + 35 \cdot 2 = 1\,200$ ✓
$38 \cdot 14 + 48 \cdot 12 + 26 \cdot 2 = 1\,160$ ✓
$20 \cdot 14 + 39 \cdot 12 + 72 \cdot 2 = 892$ ✓

Die Gleichungen sind erfüllt, die Rechnung ist damit richtig.

Die Kosten für Anjas Handyvertrag sind:
Kosten pro SMS   14 Cent
Kosten pro Minute telefonieren   12 Cent
Kosten pro 10 KB Datentransfer   2 Cent

2. Sind die folgenden Gleichungssysteme eindeutig lösbar?

   a) (1) $x - 2y + z = 3$
      (2) $3x - 6y + 3z = 2$
      (3) $-x + 2y - z = -1$

   b) (1) $x - 2y + 3z = 1$
      (2) $-2x - y - z = -2$
      (3) $-2x - 3y + z = -2$

Lösung:

a) (1) $\quad x - 2y + z = 3 \qquad |+2y \qquad$ Auflösen nach einer Variablen
$\qquad\quad x + z = 3 + 2y \qquad |-z$
$\qquad\quad x = 3 + 2y - z$

(2) $\quad 3 \cdot (3 + 2y - z) - 6y + 3z = 2 \qquad$ Einsetzen des Terms in die
$\qquad\quad 9 + 6y - 3z - 6y + 3z = 2 \qquad$ anderen Gleichungen
$\qquad\qquad\qquad\qquad\quad 9 = 2\ \text{↯}$

Die Gleichung liefert eine falsche Aussage, das Gleichungssystem ist nicht lösbar.
Es gibt keine Lösung!

b) (1) $\quad x - 2y + 3z = 1 \qquad |+2y \qquad$ Auflösen nach einer Variablen
$\qquad\quad x + 3z = 1 + 2y \qquad |-3z$
$\qquad\quad x = 1 + 2y - 3z$

(2) $\quad -2 \cdot (1 + 2y - 3z) - y - z = -2 \qquad$ Einsetzen des Terms in die
$\qquad\quad -2 - 4y + 6z - y - z = -2 \qquad$ anderen Gleichungen
$\qquad\qquad\quad -2 - 5y + 5z = -2 \qquad |+2$
$\qquad\qquad\qquad -5y + 5z = 0 \qquad |:5$
(2') $\qquad\qquad\qquad\ -y + z = 0$

(3) $\quad -2 \cdot (1 + 2y - 3z) - 3y + z = -2$
$\qquad\quad -2 - 4y + 6z - 3y + z = -2$
$\qquad\qquad\quad -2 - 7y + 7z = -2 \qquad |+2$
$\qquad\qquad\qquad -7y + 7z = 0 \qquad |:7$
(3') $\qquad\qquad\qquad\ -y + z = 0$

Die Gleichungen sind identisch und liefern den Zusammenhang $y = z$. Das ist die einzige Forderung an diese beiden Variablen.
y und z sind daher frei wählbar.
Es gibt unendlich viele Lösungen!

3. Bestimme den Funktionsterm der Parabel, auf der die Punkte A(1|1), B(−1|9) und C(2|6) liegen.

Lösung:
Alle drei Punkte sind Elemente des Graphen und müssen damit die Funktionsgleichung erfüllen.
Die allgemeine Funktionsgleichung einer Parabel lautet:
$y = ax^2 + bx + c$ mit a, b, c ∈ ℝ; a ≠ 0
Punkt A: $\quad 1 = a + b + c \qquad (1)$
Punkt B: $\quad 9 = a - b + c \qquad (2)$
Punkt C: $\quad 6 = 4a + 2b + c \qquad (3)$

Das ist ein Gleichungssystem mit drei Gleichungen und den drei Unbekannten a, b und c.

(1) $\quad 1 = a + b + c \qquad |-b \qquad$ Auflösen nach einer Variablen
$\quad\quad 1 - b = a + c \qquad |-c$
$\quad\quad 1 - b - c = a \qquad (*)$

(2) $\quad 9 = \mathbf{1-b-c} - b + c \qquad\qquad$ Einsetzen des Terms in die anderen Gleichungen
$\quad\quad 9 = 1 - 2b \qquad |-1$
$\quad\quad 8 = -2b \qquad |:(-2)$

(2') $\mathbf{-4 = b}$

(3) $\quad 6 = 4 \cdot (\mathbf{1-b-c}) + 2b + c$
$\quad\quad 6 = 4 - 4b - 4c + 2b + c$
$\quad\quad 6 = 4 - 2b - 3c \qquad |-4$

(3') $\quad 2 = -2b - 3c$

(2') $\quad b = -4 \qquad\qquad\qquad\qquad$ Lösen des neuen Gleichungssystems
(3') $\quad 2 = -2b - 3c$

Setze $\mathbf{b = -4}$ in (3') ein:
$\quad 2 = -2 \cdot (\mathbf{-4}) - 3c$
$\quad 2 = 8 - 3c \qquad |-8$
$\quad -6 = -3c \qquad |:(-3)$
$\quad \mathbf{c = 2}$

Setze $\mathbf{b = -4}$ und $\mathbf{c = 2}$ in (*) ein: $\qquad$ Bestimmen der dritten Variablen
$\quad a = 1 - b - c$
$\quad a = 1 - (\mathbf{-4}) - \mathbf{2}$
$\quad a = 1 + 4 - 2$
$\quad \mathbf{a = 3}$

Die Funktionsgleichung für die gesuchte Parabel lautet:
$y = 3x^2 - 4x + 2$

Zur Probe werden die Punkte A, B und C in die Funktionsgleichung eingesetzt und überprüft, ob diese erfüllt ist:

A: $\quad 1 = \mathbf{3} \cdot 1^2 - \mathbf{4} \cdot 1 + \mathbf{2} \qquad$ ✓
B: $\quad 9 = \mathbf{3} \cdot (-1)^2 - \mathbf{4} \cdot (-1) + \mathbf{2} \qquad$ ✓
C: $\quad 6 = \mathbf{3} \cdot 2^2 - \mathbf{4} \cdot 2 + \mathbf{2} \qquad$ ✓

Alle drei Gleichungen sind erfüllt. Das Ergebnis ist die gesuchte Parabelgleichung.

Aufgaben

78. Löse die folgenden Gleichungssysteme mit drei Gleichungen und drei Unbekannten und mache anschließend die Probe.

a) $x + y + z = 4$
$y - 2z = 5$
$5z = 6$

b) $x - y + z = 3$
$y - z = 4$
$2y + 4z = -3$

c) $x - y - z = 2$
$2x - 3y + 4z = 4$
$x + 2y + 8z = 6$

d) $2x + 2y = 3$
$x + y - z = -2$
$2y - 5z = 4$

e) $x - y = z$
$x + y = 3$
$x + z = 2y - 1$

f) $x + 2y - z = 5$
$3x + 6y + 3z = 2$
$-2x - 4y - 5 = 0$

g) $a - b + c = 1$
$-a - b - c = -4$
$a + c = 3$

h) $2x + y - 3z = 1$
$x + 3y - 9z = -2$
$-3x - 2y + 6z = 3$

i) $\frac{1}{2}x + \frac{1}{3}y - \frac{1}{5}z = -\frac{2}{5}$
$\frac{3}{2}x + y - \frac{2}{5}z = 1$
$\frac{1}{3}x + \frac{2}{3}y - z = \frac{1}{3}$

j) $\frac{1}{3}x + \frac{2}{5}y - 3 = 0$
$\frac{3}{5}x - \frac{1}{2}z = 2$
$\frac{3}{4}y = \frac{4}{3}z$

79. Eine Parabel wird durch folgende Funktionsgleichung beschrieben:
$y = ax^2 + bx + c$ (a, b, c ∈ ℝ; a ≠ 0)
Bestimme die Parameter a, b und c so, dass die Punkte A, B und C auf dem Graphen liegen.

a) A(2|9)
B(−1|6)
C(1|2)

b) A(1|3)
B(3|−7)
C(−2|−12)

c) A(−1|8)
B(1|−2)
C(−2|25)

d) A(−2|−3)
B(2|−7)
C(1|−3)

e) A(0|−1)
$B\left(-1 \middle| -1\frac{1}{6}\right)$
$C\left(3 \middle| 3\frac{1}{2}\right)$

f) $A\left(1 \middle| -\frac{23}{60}\right)$
$B\left(5 \middle| -7\frac{43}{60}\right)$
$C\left(3 \middle| -2\frac{13}{20}\right)$

g) Wende das Verfahren auf die Punkte A(1|−2), B(−3|10) und C(2|−5) an. Zeige damit, dass durch diese Punkte keine Parabel festgelegt ist und veranschauliche dein Ergebnis.

80. Löse die folgenden Zahlenrätsel.
a) Die Quersumme einer dreistelligen natürlichen Zahl ist 9. Addiert man die Einerziffer mit der Hunderterziffer, erhält man 6, subtrahiert man die Zehnerziffer von der Hunderterziffer, ergibt der Differenzwert −1. Bestimme die gesuchte Zahl.
b) Gesucht sind drei Zahlen. Addiert man diese paarweise, erhält man als Ergebnis 2, 4 und 32.
Bestimme die gesuchten Zahlen.

81. Felix, Robert und Stefan sitzen im Café „Wunschtraum". Felix genießt einen Eiskaffee und ein Stück Kuchen, Robert isst zwei Stück Kuchen und trinkt einen Cappuccino und Stefan trinkt zwei Cappuccino, einen Eiskaffee und isst einen Kuchen. Felix bezahlt 6,10 €, Robert 7,20 € und Stefan 11,30 €. Berechne daraus den Preis für einen Cappuccino, einen Eiskaffee und ein Stück Kuchen.

82. David ist doppelt so alt wie Jakob. David ist 8 Jahre älter als Leon. Alle zusammen sind 77 Jahre alt.
Wie alt sind die Personen?

83. Setze die angegebenen Punkte in die allgemeine Scheitelpunktform $y = a \cdot (x + c)^2 + d$ ein und bestimme damit a, c und d.
Gib abschließend den Scheitelpunkt an.

a) P(1|1), Q(2|3) und R(−1|3)
b) P(1|0), Q(−1|8) und R(2|5)
c) P(1|−1), Q(−1|5) und R(−3|11)
d) P(2|7,5), Q(−3|7,5) und R(0,5|−3)

84. Die Summe aller Seitenlängen a, b und c des Dreiecks ABC ist 12 cm.
Außerdem gelten folgenden Gleichungen:
$a^2 + b^2 = c^2$
$5 \cdot (b - a) = c$
a) Berechne die Seitenlängen des beschriebenen Dreiecks.
b) Beschreibe die Art des Dreiecks mit einer kurzen Begründung.

Zusammengesetzte Zufallsexperimente

1 Mehrstufiges Zufallsexperiment

Wirft man eine Münze, ist vorher nicht klar, ob die Münze ihr Wappen oder ihre Zahl zeigt. Zur Beschreibung des Münzwurfes wählt man zuerst passende Zufallsvariablen:
W: Die Münze zeigt Wappen.
Z: Die Münze zeigt Zahl.
Wirft man die Münze beispielsweise dreimal hintereinander, so erhält man ein mehrstufiges Zufallsexperiment.

> Ein **Zufallsexperiment** beschreibt einen Versuchsaufbau mit ungewissem Ausgang. Führt man ein Zufallsexperiment öfter nacheinander aus, so erhält man ein **mehrstufiges Zufallsexperiment**, das aus mehreren Teilexperimenten besteht.

Der „dreimalige Münzwurf" ist ein mehrstufiges Zufallsexperiment und wird anhand eines Baumdiagramms verdeutlicht:

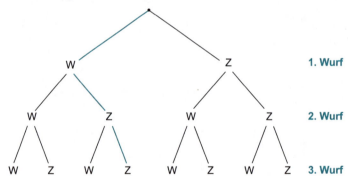

Jeder **Pfad** in dem Baumdiagramm entspricht einem möglichen Ergebnis. Markiert ist der Pfad, der das Ergebnis **(W; Z; Z)** darstellt. Alle möglichen Pfade, d. h. alle Ergebnisse, werden in Form einer **Ergebnismenge** in Mengenschreibweise aufgeschrieben:
$\Omega = \{$(W; W; W); (W; W; Z); (W; Z; W); (W; Z; Z); (Z; W; W); (Z; W; Z); (Z; Z; W); (Z; Z; Z)$\}$

Beispiele

1. In einem Säckchen sind sechs Legosteine: zwei rote, zwei weiße und zwei gelbe. Es werden nacheinander drei Legosteine herausgezogen und daraus wird ein Turm gebaut. Ermittle die Anzahl der verschiedenen Türme mithilfe eines geeigneten Baumdiagramms und formuliere dein Ergebnis in einer Ergebnismenge.

Lösung:
R: roter Stein gezogen
W: weißer Stein gezogen
G: gelber Stein gezogen

Zufallsvariablen definieren

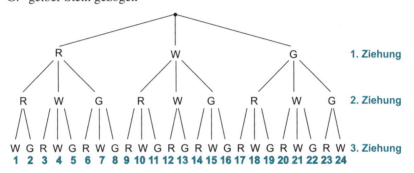

Achtung: Die Legosteine werden nicht mehr zurückgelegt, d. h., nach zwei gleichen Farben kann diese Farbe nicht mehr gezogen werden.

Jeder Pfad im Baumdiagramm steht für ein Tupel in der Ergebnismenge:
$\Omega = \{$(R; R; W); (R; R; G); (R; W; R); (R; W; W); (R; W; G);
(R; G; R); (R; G; W); (R; G; G);
(W; R; R); (W; R; W); (W; R; G); (W; W; R); (W; W; G);
(W; G; R); (W; G; W); (W; G; G)
(G; R; R); (G; R; W); (G; R; G); (G; W; R); (G; W; W);
(G; W; G); (G; G; R); (G; G; W)$\}$

Es existieren **24 Pfade** und damit **24** verschiedene Möglichkeiten, diesen Legoturm zu bauen.

2. Bei Fußballwetten gibt es für ein Spiel drei Möglichkeiten:
„1": Die Heimmannschaft gewinnt.
„2": Die Gastmannschaft gewinnt.
„0": Das Spiel geht unentschieden aus.
Wie viele Möglichkeiten gibt es, drei vorgegebene Spiele zu tippen?
Ermittle die Ergebnismenge mit Unterstützung von Baumdiagrammen.
Bestimme die Mächtigkeit der Ergebnismenge.

Lösung:
„1", „2" und „0" aus der Aufgabenstellung werden als Zufallsvariablen übernommen.

Zufallsvariablen definieren

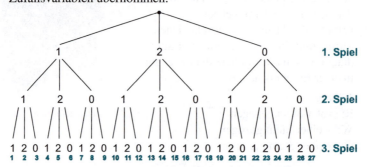

Jeder Pfad ist wieder ein Element aus der Ergebnismenge:
Ω = {(1; 1; 1); (1; 1; 2); (1; 1; 0); (1; 2; 1); (1; 2; 2); (1; 2; 0); (1; 0; 1); (1; 0; 2); (1; 0; 0);
(2; 1; 1); (2; 1; 2); (2; 1; 0); (2; 2; 1); (2; 2; 2); (2; 2; 0); (2; 0; 1); (2; 0; 2); (2; 0; 0);
(0; 1; 1); (0; 1; 2); (0; 1; 0); (0; 2; 1); (0; 2; 2); (0; 2; 0); (0; 0; 1); (0; 0; 2); (0; 0; 0)}

Insgesamt gibt es **27** Pfade. Die Ergebnismenge besteht daher aus 27 Elementen. Dies entspricht auch der Mächtigkeit $|\Omega|$ der Ergebnismenge:
$|\Omega| = 27$

Aufgaben

85. Um das Spiel „Mensch ärgere dich nicht" beginnen zu dürfen, muss man eine 6 würfeln. Man hat dafür drei Versuche.
Untersuche mithilfe von Baumdiagrammen die Anzahl der Möglichkeiten folgender Ereignisse:

a) A: Im zweiten Versuch wird die erste 6 gewürfelt.

b) B: Im dritten Versuch wird die erste 6 gewürfelt.

c) C: Es werden bei drei Versuchen nur gerade Zahlen gewürfelt.

d) D: Es werden bei drei Versuchen nur Primzahlen gewürfelt.

e) E: Nach drei Versuchen ist die Gesamtsumme der erzielten Zahlen 11, wobei nur ungerade Zahlen gewürfelt werden.

f) F: In keinem der drei Versuche schafft man eine größere Zahl als 3. Die Summe aller drei erreichten Werte sei gerade.

86. Bei einem Fußballturnier nehmen vier Mannschaften teil: FC Trifftnix, TSV Kicker, FC Toll und 1. FC Fair. Die Mannschaften werden dabei in einer Tabelle von Platz 1 bis Platz 4 sortiert. Entwickle ein passendes Baumdiagramm und beantworte damit die folgenden Fragen:

a) Wie viele Möglichkeiten gibt es, die vier Mannschaften in einer Tabelle anzuordnen?

b) FC Trifftnix wird sicher letzter.
Wie viele Möglichkeiten der Anordnung in einer Tabelle gibt es nun?

c) TSV Kicker und 1. FC Fair belegen die ersten beiden Plätze, die genaue Reihenfolge ist jedoch nicht bekannt.
Wie viele Möglichkeiten gibt es, die vier Mannschaften anzuordnen?

87. In einer Urne sind drei gelbe, eine blaue und zwei weiße Kugeln. Es werden drei Kugeln
a) mit Zurücklegen
b) ohne Zurücklegen
nacheinander gezogen.
Ermittle mithilfe zweier passender Baumdiagramme für beide Fälle die Ergebnismengen und deren Mächtigkeiten.

88. Ein Würfel wird zweimal hintereinander gewürfelt. Die Augensumme wird addiert.

a) Zeichne ein geeignetes Baumdiagramm zu dem Zufallsexperiment. Welche möglichen Augensummen gibt es?

b) Warum ist es wahrscheinlicher, die Augensumme 7 als die Augensumme 11 zu würfeln?

c) Fasse zusammen, welche Augensummen gleich wahrscheinlich sind.

2 Produktregel oder 1. Pfadregel

Auf dem Jahrmarkt gibt es zwei verschiedene Losstände. „Berts Glückshaus" hat die Trefferwahrscheinlichkeit 40 %, in „Adams Haus des Glücks" beträgt diese 55 %. Barbara nimmt an jedem dieser Losstände ein Los.
Wie groß ist die Wahrscheinlichkeit, zwei Treffer zu ziehen?
Um ein solches Problem zu lösen, bietet sich das folgende Vorgehen an:
1. Definiere die Zufallsgrößen sinnvoll.
2. Zeichne ein geeignetes Baumdiagramm.
3. Kennzeichne den Pfad, nach dessen Wahrscheinlichkeit gesucht ist.
4. Multipliziere die Einzelwahrscheinlichkeiten entlang dieses Pfades.

> **Produktregel oder 1. Pfadregel**
> In einem mehrstufigen Zufallsexperiment ist die Wahrscheinlichkeit für ein Ergebnis gleich dem Produkt der Wahrscheinlichkeiten längs seines Pfades.

Beispiele

1. Ermittle die Wahrscheinlichkeit für den Fall aus dem Einführungsbeispiel, sowohl bei Adam als auch bei Bert einen Treffer zu ziehen.

   Lösung:
   Sinnvolle Definition der Zufallsvariablen:
   T_A: Treffer bei „Adams Haus des Glücks"
   T_B: Treffer bei „Berts Glückshaus"
   $\overline{T_A}$ und $\overline{T_B}$ seien die entsprechenden Nieten.
   Zeichnung eines geeigneten Baumdiagramms:

   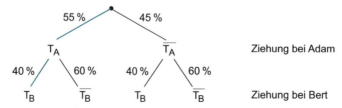

Entlang der Pfade werden die Wahrscheinlichkeiten notiert. In 55 % der Ziehungen erhält man bei „Adams Haus des Glücks" einen Gewinn. Ausgehend von diesem Ereignis erhält man von 40 % aller „Adam-Gewinne" aus einen Gewinn in Berts Glückshaus.

Anwendung der 1. Pfadregel:
$P(T_A \cap T_B) = 0{,}55 \cdot 0{,}40$
$ = 0{,}22 = 22\ \%$

$T_A \cap T_B$: Die beiden Trefferereignisse treten ein.

Der Baum kann auch umgekehrt gezeichnet werden, da es in der Aufgabenstellung keine Rolle spielt, ob zuerst bei Adam oder bei Bert gezogen wird.
$P(T_B \cap T_A) = 0{,}40 \cdot 0{,}55$
$ = 0{,}22 = 22\ \%$

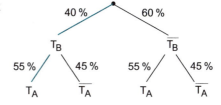

2. Beim Spiel „Mensch ärgere dich nicht" darf man erst beim Würfeln einer 6 mitspielen.
Wie groß ist die Wahrscheinlichkeit, genau beim dritten Versuch die erste 6 zu würfeln?

Lösung:
Sinnvolle Definition der Zufallsvariablen:
6: Augenzahl 6 gewürfelt
$\overline{6}$: Augenzahl 1, 2, 3, 4 oder 5 gewürfelt

Zeichnung eines geeigneten Baumdiagramms:

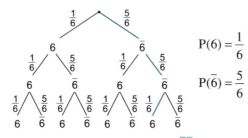

$P(6) = \dfrac{1}{6}$

$P(\overline{6}) = \dfrac{5}{6}$

Pfad des gesuchten Ereignisses $\{\overline{66}6\}$.

Anwendung der 1. Pfadregel:
Die Einzelwahrscheinlichkeiten entlang des markierten Pfades werden multipliziert:

$P(\overline{66}6) = \dfrac{5}{6} \cdot \dfrac{5}{6} \cdot \dfrac{1}{6} = \dfrac{25}{216} \approx 11{,}57\ \%$

Zusammengesetzte Zufallsexperimente

3. In einer Urne befinden sich 3 rote und 5 schwarze Kugeln. Es wird ohne Zurücklegen gezogen.
Wie groß ist die Wahrscheinlichkeit, zwei rote Kugeln zu ziehen?

Lösung:
Da ohne Zurücklegen gezogen wird, verändert sich nach dem ersten Versuch das Verhältnis von roten und schwarzen Kugeln und damit ändern sich auch die Einzelwahrscheinlichkeiten.

Sinnvolle Definition der Zufallsvariablen:
R: Eine rote Kugel wird gezogen.
S: Eine schwarze Kugel wird gezogen.

Zeichnung eines geeigneten Baumdiagramms:

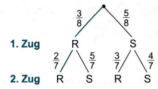

Bestimmung der Wahrscheinlichkeiten entlang des Pfades RR:

1. Zug: 3 rote / 8 Kugeln $\}$ $P(R) = \dfrac{3}{8}$ Eine rote Kugel wird gezogen und nicht zurückgelegt.

2. Zug: 2 rote / 7 Kugeln $\}$ $P(R) = \dfrac{2}{7}$

Anwendung der 1. Pfadregel:
Die Einzelwahrscheinlichkeiten entlang des markierten Pfades werden multipliziert:

$$P(RR) = \dfrac{3}{8} \cdot \dfrac{2}{7} = \dfrac{6}{56} \approx 10,71\,\%$$

Aufgaben

89. Eine faire Münze ($P(Zahl) = P(Kopf) = \frac{1}{2}$) wird dreimal geworfen.
Berechne die Wahrscheinlichkeiten für folgende Ereignisse:
a) Es wird genau dreimal Zahl geworfen.
b) Nur beim zweiten Wurf erscheint Kopf.
c) Nur beim ersten und zweiten Wurf erscheint Zahl.
d) Zahl; Kopf; Kopf
e) Es wird genau dreimal Kopf geworfen.

90. Ein Kartenspiel besteht aus 32 Karten, bei dem es jede Spielkarte in jeder der vier Farben gibt. Insgesamt gibt es 8 Karten von jeder Farbe. Es werden pro Spieler zwei Karten ohne Zurücklegen verteilt.
Bestimme die Wahrscheinlichkeiten für folgende Ereignisse:
Ein Spieler erhält

a) zwei Asse,

b) zuerst das Herz Ass und dann das Pik Ass,

c) zwei Karten mit der Farbe Herz,

d) zuerst den Herz König und dann eine zweite Karte mit Herz,

e) zuerst ein Ass (nicht Herz) und als zweite eine beliebige Herz-Karte.

91. Ein Würfel wird fünfmal geworfen.
Wie groß ist die Wahrscheinlichkeit

a) nur 1er zu würfeln,

b) keine 6 zu würfeln,

c) 1 – 1 – 3 – 6 – 6 zu würfeln,

d) keine 1 und keine 6 zu würfeln,

e) nur im letzten Versuch eine 6 zu würfeln?

92. Erfahrungsgemäß trifft Bernhard mit der Wahrscheinlichkeit 35 % den Mittelpunkt der Dartscheibe. Bernhard wirft dreimal. Mit welcher Wahrscheinlichkeit trifft Bernhard

a) dreimal hintereinander die Mitte,

b) nur im dritten Versuch die Mitte,

c) keinmal die Mitte?

93. In einem Stoffsack sind 5 Legosteine, davon sind 2 rot (r), 2 grün (g) und einer blau (b). Vier Legosteine werden nacheinander ohne Zurücklegen gezogen und in der entstandenen Reihenfolge in einen Legoturm eingebaut. Ermittle die Wahrscheinlichkeiten für die folgenden Farbreihenfolgen:

a) r – r – g – g

b) r – g – r – b

c) g – g – r – b

d) b – r – r – g

e) b – g – g – r

f) Wie verändern sich die Wahrscheinlichkeiten aus den Teilaufgaben a–e, falls man den fünften Legostein noch dazu nimmt?

3 Summenregel oder 2. Pfadregel

Beim Würfelspiel „Mäxchen" werden zwei Würfel gleichzeitig geworfen. Aus den beiden Zahlen wird eine größtmögliche zweistellige Zahl gebildet. Größer als „65" sind alle Pasche (11, 22, …, 66) in aufsteigender Reihenfolge. „21" wird als „Mäxchen" bezeichnet und gewinnt gegen alle anderen Kombinationen.
Ziel des Spiels ist es, bei seinem Wurf die Zahl des Vorgängers zu überbieten.
Um nun die Wahrscheinlichkeit dafür zu bestimmen, eine höhere Zahl als der Vorgänger zu würfeln, benötigt man

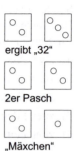

ergibt „32"

2er Pasch

„Mäxchen"

neben der 1. Pfadregel noch eine andere. Da meistens mehr als eine Zahl möglich ist, um zu gewinnen, setzt sich die Wahrscheinlichkeit aus mehreren Pfaden zusammen. In diesem Fall werden die Wahrscheinlichkeiten der entsprechenden Pfade addiert.

> **Summenregel oder 2. Pfadregel**
> In einem mehrstufigen Zufallsexperiment ist die Wahrscheinlichkeit für ein Ereignis gleich der Summe der Wahrscheinlichkeiten der Pfade, die zu dem Ereignis gehören.

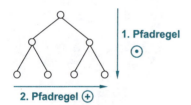

Beispiele

1. Mit welcher Wahrscheinlichkeit gewinnt man bei „Mäxchen", falls der Vorgänger 64 gewürfelt hat?

   Lösung:

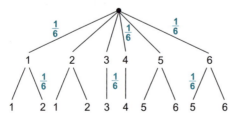

Passender Ausschnitt aus dem Baumdiagramm.
Jeder Ast entspricht der Wahrscheinlichkeit $\frac{1}{6}$.

Man gewinnt mit folgenden Kombinationen:

66 12 65
55 21 56
44
33
22
11

Jede mögliche Kombination hat nach der 1. Pfadregel die Wahrscheinlichkeit $\frac{1}{36}$.

Die Wahrscheinlichkeit eines Ereignisses ist gleich der Summe der Wahrscheinlichkeiten der Einzelergebnisse:

P(„Gewinn") = P(66) + P(55) + ... + P(11) + P(12) + P(21) + P(56) + P(65)

$$= \frac{1}{36} + \frac{1}{36} + \ldots + \frac{1}{36} + \frac{1}{36} + \frac{1}{36} + \frac{1}{36} = 10 \cdot \frac{1}{36} = \frac{10}{36} = \frac{5}{18}$$

≈ 27,8 %

2. Mit einer Wahrscheinlichkeit von 87 % trifft ein Schütze ins Schwarze.
Wie groß ist die Wahrscheinlichkeit, dass er bei drei Schüssen mindestens zweimal trifft?

Lösung:
Sinnvolle Definition der Zufallsvariablen:
T: Treffer
$\overline{T}$: keine Treffer

Zeichnung eines geeigneten Baumdiagramms:
Die farbig markierten Pfade entsprechen der Forderung von mindestens zwei Treffern.

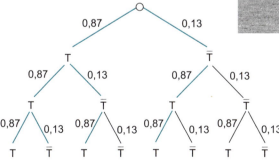

Anwendung der beiden Pfadregeln:
Die Wahrscheinlichkeiten längs der farbigen Pfade werden multipliziert:
P(TTT) = 0,87 · 0,87 · 0,87 = $0,87^3$
P(TT$\overline{T}$) = 0,87 · 0,87 · 0,13 = $0,87^2$ · 0,13
P(T$\overline{T}$T) = 0,87 · 0,13 · 0,87 = $0,87^2$ · 0,13
P($\overline{T}$TT) = 0,13 · 0,87 · 0,87 = $0,87^2$ · 0,13
P(„mindestens zwei Treffer") =
P(TTT) + P(TT$\overline{T}$) + P(T$\overline{T}$T) + P($\overline{T}$TT) =
$0,87^3$ + $0,87^2$ · 0,13 + $0,87^2$ · 0,13 + $0,87^2$ · 0,13 ≈ 0,954
↑ ↑ ↑
2. Pfadregel

Mit der Wahrscheinlichkeit von 95,4 % trifft der Schütze mindestens zweimal.

Aufgaben

94. Eine faire Münze (P(„Zahl") = P(„Kopf") = $\frac{1}{2}$) wird dreimal geworfen.
Berechne die Wahrscheinlichkeiten für folgende Ereignisse:
a) Es erscheint genau zweimal Zahl.
b) Der letzte Wurf ist Kopf.
c) Der erste und der letzte Wurf sind Kopf.
d) Es erscheint genau zweimal Kopf.
e) Es erscheint dreimal Zahl oder dreimal Kopf.

95. Beim Spiel „Mensch ärgere dich nicht" braucht man in höchstens drei Versuchen eine 6, um anfangen zu können.
Bestimme die Wahrscheinlichkeiten der folgenden Ereignisse:
a) Die 6 fällt im dritten Wurf.
b) Die 6 fällt im zweiten Wurf.
c) In drei Versuchen fällt keine 6.
d) Bei der ersten Serie ist eine 6 dabei.
e) In der dritten oder in der zweiten Dreier-Serie würfelt man die erste 6.

96. Bei einem Wettkampf kommen zwei Biathleten gleichzeitig an den Schießstand und schießen abwechselnd. Biathlet Fischer beginnt und trifft immer mit einer Wahrscheinlichkeit von 89 %. Biathlet Grubers Trefferwahrscheinlichkeit beträgt 96 %. Jeder schießt fünfmal.

a) Berechne die Wahrscheinlichkeit, dass Biathlet Gruber mindestens viermal trifft.
b) Berechne die Wahrscheinlichkeit, dass Biathlet Fischer genau dreimal daneben schießt.
c) Mit welcher Wahrscheinlichkeit trifft Fischer viermal und Gruber fünfmal?
d) Mit welcher Wahrscheinlichkeit schießt Biathlet Fischer vor Gruber daneben?

97. In einem Lostopf sind 20 Lose, davon 7 Treffer und 13 Nieten. Hannah zieht 4 Lose ohne Zurücklegen.
Berechne die Wahrscheinlichkeiten folgender Ereignisse:
a) Hannah zieht vier Nieten.
b) Hannah zieht mindestens drei Treffer.
c) Hannah zieht genau drei Nieten.
d) Hannah zieht höchstens einen Treffer.

98. Bei der Ziehung „Lotto am Samstag" werden aus 49 Zahlen 6 ohne Zurücklegen gezogen.
Die ersten vier Zahlen lauten 15, 23, 27 und 29.
Berechne die Wahrscheinlichkeiten für die letzten beiden gezogenen Zahlen:
a) Es werden noch zwei Primzahlen gezogen.
b) Es werden zwei gerade Zahlen gezogen.
c) Es werden eine gerade und eine ungerade Zahl gezogen.
d) Eine gezogene Zahl ist größer als 29, die andere kleiner als 29.
e) Die gezogenen Zahlen sind beide kleiner als 15 oder beide größer als 15.
f) Die ersten vier Zahlen stimmen mit dem Tippschein überein.
   Mit welcher Wahrscheinlichkeit hat man 5 Richtige?

99. Von einem vollständigen Kartenstapel aus 32 Karten wird ohne Zurücklegen abwechselnd von Julia und Laura gezogen. In dem Kartenstapel befinden sich vier Asse. Wer als erster ein Ass zieht, gewinnt.

a) Mit welcher Wahrscheinlichkeit endet das Spiel beim dritten Durchgang?

b) Wie groß ist die Wahrscheinlichkeit, dass höchstens fünfmal gezogen werden muss?

c) Berechne die Wahrscheinlichkeit, dass mindestens achtmal bis zur Entscheidung gezogen werden muss.

✶ d) Bestimme die Wahrscheinlichkeit, dass in den letzten vier Karten alle Asse zu finden sind.

Grundwissen der 5. bis 9. Klasse

Absolute Häufigkeit eines Ereignisses
Tatsächliche Anzahl des Auftretens eines bestimmten Ereignisses bei einem Zufallsexperiment.

Addition/Subtraktion von Brüchen
Bringe die Brüche durch Erweitern auf einen gleichen Nenner (Hauptnenner bzw. kgV der ursprünglichen Nenner). Addiere/Subtrahiere die Zähler und behalte den gemeinsamen Nenner bei.

Addition/Subtraktion von Dezimalbrüchen
Addiere/Subtrahiere die Dezimalen mit den gleichen Stellenwerten. Erweitere bei Bedarf eine Dezimalzahl durch Anhängen von Nullen.

Arithmetisches Mittel
Das arithmetische Mittel gibt den Durchschnitt von Werten an. Zur Berechnung werden alle Werte addiert und danach durch die Anzahl der Werte dividiert.

Asymptoten
Eine Asymptote ist eine Gerade, der sich der Graph einer Funktion annähert, d. h., der Abstand zwischen Graph und Asymptote wird beliebig klein.
Eine **waagrechte Asymptote** ist eine Asymptote parallel zur x-Achse und wird durch die Funktionsgleichung $y = a$ ($a \in \mathbb{Q}$) beschrieben.
Senkrechte Asymptoten sind keine Funktionen. Der Graph nähert sich einer Parallelen zur y-Achse. Den zugehörigen x-Wert nennt man **Polstelle**.

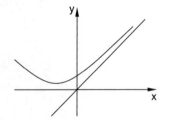

Betragsgleichungen
Der Betrag einer Zahl ist ihr Abstand zum Ursprung, z. B. $|-5| = |5| = 5$
Die Anzahl der Lösungen für Betragsgleichungen der Form $|x| = a$ hängt von der Zahl $a \in \mathbb{Q}$ ab:
$\mathbb{L} = \{-a; a\}$ falls $a > 0$
$\mathbb{L} = \{0\}$ falls $a = 0$
$\mathbb{L} = \{\ \}$ falls $a < 0$

Binomische Formeln
$(a+b)^2 = a^2 + 2ab + b^2$ (1. binomische Formel)
$(a-b)^2 = a^2 - 2ab + b^2$ (2. binomische Formel)
$(a-b) \cdot (a+b) = a^2 - b^2$ (3. binomische Formel)

Brüche
Nenner: Anzahl der gleichen Teile, die ein Ganzes ergeben
Zähler: Anzahl dieser gleichen Teile

$$\text{Bruch} = \frac{\text{Zähler}}{\text{Nenner}}$$

Dezimalbrüche
Dezimalbrüche sind Zahlen in Kommaschreibweise.

Direkte Proportionalität
Falls eine der vier folgenden Eigenschaften erfüllt ist, sind automatisch alle vier Eigenschaften erfüllt:
1. Direkte Proportionalität
2. Quotientengleichheit
3. Der Graph der Zuordnung ist eine Ursprungsgerade.
4. Zuordnungsvorschrift: $x \mapsto y = k \cdot x$, mit k als Proportionalitätsfaktor

Division von Brüchen
Durch einen Bruch wird dividiert, indem man mit dem Kehrbruch multipliziert.

$$\frac{a}{b} : \frac{c}{d} = \frac{a}{b} \cdot \frac{d}{c}$$

Division von Dezimalbrüchen
Man verschiebt das Komma bei Divisor und Dividend um die gleiche Stellenzahl, bis der Divisor eine ganze Zahl ist.
Beim Überschreiten des Dividenden-Kommas wird beim Ergebnis ein Komma gesetzt.

Division von ganzen Zahlen
Dividiere die Beträge der Zahlen und bestimme danach das Vorzeichen des Ergebnisses:

$(-):(-) = (+)$ $\qquad$ $(+):(-) = (-)$
$(-):(+) = (-)$ $\qquad$ $(+):(+) = (+)$

Elementarereignis
Die Ereignismenge enthält nur ein Element.

Empirisches Gesetz der großen Zahlen
Bei einer zunehmenden Anzahl von Versuchen in einem Zufallsexperiment stabilisieren sich die relativen Häufigkeiten. Den stabilen Wert der relativen Häufigkeit eines Ereignisses A bei einem Zufallsexperiment nennt man **Wahrscheinlichkeit** des Ereignisses A, kurz **P(A)**.

Ereignis
Teilmenge der Ergebnismenge

Ergebnis (Wahrscheinlichkeitsrechnung)
Abkürzung: ω
Ausgang eines Zufallsexperiments

Ergebnismenge
Abkürzung: Ω
Menge aller möglichen Ergebnisse

Erweitern
Der Wert eines Bruchs bleibt erhalten, falls Zähler und Nenner mit der gleichen Zahl multipliziert werden.

$\dfrac{a}{b} = \dfrac{a \cdot n}{b \cdot n}$ $\quad a, b, n \in \mathbb{Z}$
$\quad\quad\quad\quad\quad b \neq 0; n \neq 0$

Faktorisieren einer Summe
Kommt in jedem Summanden ein gleicher Faktor vor, so kann man diesen Faktor ausklammern und die Summe als Produkt schreiben.

Fakultät
$n! = n \cdot (n-1) \cdot (n-2) \cdot \ldots \cdot 2 \cdot 1$
„!" steht für Fakultät.

Funktion
Eine Funktion ist eine Zuordnung, bei der jedem x-Wert aus einer Menge genau ein y-Wert aus einer zweiten Menge zugeordnet wird.
Zuordnungsvorschrift: $f: \ x \mapsto y = x + 1$
Funktionsgleichung: $f(x) = x + 1$
Funktionsterm: $x + 1$

Gebrochen-rationale Funktionen
Funktionen, deren Nenner eine Variable enthält, nennt man gebrochen-rationale Funktionen.

Gegenereignis zu E
Abkürzung: $\overline{E}$
$\overline{E}$ enthält alle Elemente aus Ω, die nicht zu E gehören.

Gleichungen
Isoliere zum Lösen von Gleichungen die Variable auf einer Seite des Gleichheitszeichens mithilfe folgender Äquivalenzumformungen:
- Addition/Subtraktion auf beiden Seiten der Gleichung mit denselben Zahlen
- Multiplikation/Division derselben Zahlen ungleich null auf beiden Seiten der Gleichung

Gleitkommadarstellung
$7{,}1 \cdot 10^4 = 71\,000$ bedeutet die Verschiebung der Kommastelle um **4** Stellen nach rechts.

$6{,}3 \cdot 10^{-3} = 0{,}0063$ bedeutet die Verschiebung der Kommastelle um **3** Stellen nach links.

Indirekte Proportionalität
Falls eine der vier folgenden Eigenschaften erfüllt ist, sind automatisch alle vier Eigenschaften erfüllt:
1. Indirekte Proportionalität
2. Produktgleichheit
3. Der Graph der Zuordnung ist eine Hyperbel.
4. Zuordnungsvorschrift: $x \mapsto y = a \cdot \frac{1}{x}$

Intervalle
Eine zusammenhängende Punktmenge auf einem Zahlenstrahl nennt man Intervall.

geschlossenes Intervall:
$\{x \mid a \leq x \leq b\}$; $a, b \in [a; b]$ $[a; b]$

halboffenes Intervall:
$\{x \mid a < x \leq b\}$; $a \notin \,]a; b]$; $b \in \,]a; b]$ $]a; b]$

halboffenes Intervall:
$\{x \mid a \leq x < b\}$; $a \in [a; b[$; $b \notin [a; b[$ $[a; b[$

offenes Intervall:
$\{x \mid a < x < b\}$; $a, b \notin \,]a; b[$ $]a; b[$

kgV (kleinstes gemeinsames Vielfaches)
Das kleinste gemeinsame Element aus den Vielfachenmengen von Zahlen wird kgV genannt.

Koordinatensystem

Zwei sich senkrecht bei den Nullpunkten kreuzende Zahlengeraden ergeben ein Koordinatensystem (KOSY).
Der Nullpunkt wird als Ursprung des Koordinatensystems bezeichnet.
Das Koordinatensystem unterteilt die Zeichenebene in vier Quadranten.

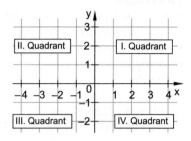

Kürzen

Der Wert eines Bruchs ändert sich nicht, falls Zähler und Nenner durch die gleiche Zahl dividiert werden.

$$\frac{a}{b} = \frac{a:n}{b:n} \qquad a, b, n \in \mathbb{Z} \qquad b \neq 0; n \neq 0$$

Laplace-Experiment

Ein Zufallsexperiment, bei dem jedes mögliche Ergebnis gleich wahrscheinlich ist, heißt Laplace-Experiment.
Berechnung der Wahrscheinlichkeit eines Ereignisses E:

$$P(E) = \frac{\text{Anzahl der Ergebnisse, bei denen E eintritt}}{\text{Anzahl der Elemente von } \Omega} = \frac{|E|}{|\Omega|}$$

Lineare Funktionen

Lineare Funktionen haben die allgemeine Form $x \mapsto y = mx + t$.
Der Graph ist eine Gerade.

$m = \dfrac{\Delta y}{\Delta x}$ Steigung der Geraden

t y-Achsenabschnitt; Schnittpunkt der Geraden mit der y-Achse $(0|t)$

Lineare Gleichungssysteme

Einsetzungsverfahren:
- Löse eine Gleichung nach einer Variablen auf.
- Setze diese Variable in die andere Gleichung ein.
- Löse diese Gleichung nach der nun einzigen Variablen auf.
- Setze den ermittelten Zahlenwert in eine beliebige Gleichung ein und berechne die zweite Variable.

Additionsverfahren:
- Multipliziere die Gleichungen so, dass vor x (oder y) die gleiche Zahl mit unterschiedlichen Vorzeichen steht.
- Addiere die entsprechenden Seiten beider Gleichungen und berechne aus der entstandenen Gleichung eine Unbekannte.
- Setze das Ergebnis in eine der beiden Gleichungen ein und ermittle die zweite Variable.

Lineare Ungleichungen
Bei der Multiplikation oder Division mit einer negativen Zahl muss zusätzlich das Ungleichheitszeichen umgedreht werden. Alle anderen Äquivalenzumformungen für Gleichungen können auch bei Ungleichungen verwendet werden.

Lösungsformel für quadratische Gleichungen („Mitternachtsformel")
Die allgemeine quadratische Gleichung $ax^2 + bx + c = 0$ hat die Lösungen
$$x_{1/2} = \frac{-b \pm \sqrt{b^2 - 4ac}}{2a}.$$
Anzahl der Lösungen ermittelbar durch die Diskriminante $D = b^2 - 4ac$:

D > 0   zwei Lösungen
D = 0   eine Lösung
D < 0   keine Lösung

Mächtigkeit der Ergebnismenge
Abkürzung: $|\Omega|$
Anzahl der Ergebnisse in der Ergebnismenge

Maßstab
Maßstab 1:50 bedeutet, dass 1 cm in der Zeichnung 50 cm in Wirklichkeit entspricht.
Beispiele:
- 4 cm in der Zeichnung: 4 cm · 50 = 200 cm = 2 m   in Wirklichkeit
- 8 m in Wirklichkeit: 8 m : 50 = 800 cm : 50 = 16 cm   in der Zeichnung

Menge der reellen Zahlen
Die Menge $\mathbb{R}$ der reellen Zahlen ist die Menge aller Dezimalbrüche.
Irrationale Zahlen sind unendliche, nicht periodische Dezimalbrüche.
Rationale Zahlen sind endliche oder unendliche periodische Dezimalbrüche.

Multiplikation von Brüchen
Multipliziere Zähler mit Zähler und Nenner mit Nenner.
$$\frac{a}{b} \cdot \frac{c}{d} = \frac{a \cdot c}{b \cdot d}$$

Multiplikation von Dezimalbrüchen
Multipliziere die Dezimalbrüche ohne Rücksicht auf das Komma.
Das Ergebnis hat gleich viele Dezimalstellen wie beide Faktoren zusammen.

Multiplikation von ganzen Zahlen
Multipliziere die Beträge der Zahlen und bestimme danach das Vorzeichen des Ergebnisses:

$(-)\cdot(-) = (+)$ $\quad (+)\cdot(-) = (-)$
$(-)\cdot(+) = (-)$ $\quad (+)\cdot(+) = (+)$

Multiplikation von Summen
Summen als Faktoren werden durch die Anwendung des Distributivgesetzes berechnet:
$(a+b)\cdot(c+d) = a\cdot c + a\cdot d + b\cdot c + b\cdot d$

n-te Wurzel
Die n-te Wurzel aus einer nicht negativen reellen Zahl $a \geq 0$ ist die nicht negative Lösung der Gleichung $x^n = a$.
Schreibweise: $a^{\frac{1}{n}} = \sqrt[n]{a}$; $a^{\frac{m}{n}} = \sqrt[n]{a^m}$

Nullstelle eines Funktionsgraphen
Der Schnittpunkt eines Graphen mit der x-Achse wird Nullstelle genannt: $N(\ldots | 0)$
Zur Bestimmung wird die Funktionsgleichung null gesetzt und nach x aufgelöst.

Öffnung einer Parabel
Der Vorfaktor a in der Funktionsgleichung $y = ax^2 + bx + c$ ist für die Art und Richtung der Parabelöffnung entscheidend.
1. Richtung der Öffnung
   $a > 0$: Parabel ist nach oben geöffnet
   $a < 0$: Parabel ist nach unten geöffnet
2. Form der Öffnung
   $|a| > 1$: Parabel ist enger als die Normalparabel
   $|a| < 1$: Parabel ist weiter als die Normalparabel

1. Pfadregel oder Produktregel
In einem mehrstufigen Zufallsexperiment ist die Wahrscheinlichkeit für ein Ergebnis gleich dem Produkt der Wahrscheinlichkeiten längs seines Pfades.

2. Pfadregel oder Summenregel
In einem mehrstufigen Zufallsexperiment ist die Wahrscheinlichkeit für ein Ereignis gleich der Summe der Wahrscheinlichkeiten der Pfade, die zu dem Ereignis gehören.

Potenz
Kurzschreibweise für Produkte mit gleichen Faktoren

$$a^n = \underbrace{a \cdot a \cdot \ldots \cdot a}_{n \text{ Faktoren}}$$

wobei a die Basis und n der Exponent ist.

Potenzregeln

	Multiplikation	Division	Potenzieren
gleicher Exponent	$a^m \cdot b^m = (ab)^m$	$\dfrac{a^m}{b^m} = \left(\dfrac{a}{b}\right)^m$	
gleiche Basis	$a^m \cdot a^n = a^{m+n}$	$\dfrac{a^m}{a^n} = a^{m-n}$	$(a^m)^n = a^{m \cdot n}$

$a^0 = 1$ für alle $a \in \mathbb{Q} \setminus \{0\}$

$a^{-n} = \dfrac{1}{a^n}$ für alle $n \in \mathbb{N}$ und $a \in \mathbb{Q} \setminus \{0\}$

Primzahlen
Primzahlen sind natürliche Zahlen, die genau zwei verschiedene Teiler haben.

Prozent
„Prozent" bedeutet „je hundert" und wird bei der Berechnung von Anteilen verwendet.
Verschiebt man das Komma einer rationalen Zahl um zwei Stellen nach rechts, so erhält man ihren Wert in Prozent.

$1\% = \dfrac{1}{100}$ $p\% = \dfrac{p}{100}$ (p Prozent)

$1‰ = \dfrac{1}{1\,000}$ $p‰ = \dfrac{p}{1\,000}$ (p Promille)

Prozentrechnung

Prozentwert: $P = G \cdot \dfrac{p}{100}$

Prozentsatz: $p = \dfrac{P}{G} \cdot 100$

Grundwert: $G = \dfrac{P}{p} \cdot 100$

Quadratische Funktion
Zuordnungsvorschrift f: $x \mapsto y = ax^2 + bx + c$ $(a \neq 0)$
Der Graph ist eine Parabel.

Quadratwurzel
$\sqrt{a}$ ist diejenige nicht negative Zahl, deren Quadrat a ergibt ($a \geq 0$):
$\sqrt{a}^2 = a$
Ebenso gilt: $\sqrt{b^2} = |b|$ für alle $b \in \mathbb{R}$

Rechengesetze
Zuerst werden die Klammern berechnet, dann „Hoch" vor „Punkt" vor „Strich".

Kommutativgesetz (K-Gesetz; Vertauschungsgesetz)
$a + b = b + a$ Addition
$a \cdot b = b \cdot a$ Multiplikation

Assoziativgesetz (A-Gesetz; Verbindungsgesetz)
$(a \cdot b) \cdot c = a \cdot (b \cdot c)$ Multiplikation
$(a + b) + c = a + (b + c)$ Addition

Distributivgesetz (D-Gesetz; Verteilungsgesetz)
$a \cdot (b \pm c) = a \cdot b \pm a \cdot c$ Multiplikation
$(a \pm b) : c = a : c \pm b : c$ Division

Rechnen mit Quadratwurzeln
Multiplikationsregel: $\sqrt{a} \cdot \sqrt{b} = \sqrt{ab}$

Divisionsregel: $\dfrac{\sqrt{a}}{\sqrt{b}} = \sqrt{\dfrac{a}{b}}$

Relative Häufigkeit eines Ereignisses
Tritt ein Ereignis k-mal bei n Versuchen auf, so ist $h_n(k) = \dfrac{k}{n}$ (relative Häufigkeit) der Anteil der Treffer (k) an der Gesamtzahl (n) der Versuche.

Scheitelpunkt einer Parabel
Parabelpunkt, der auf der Symmetrieachse der Parabel liegt.
Scheitelform: $f(x) = a \cdot (x + c)^2 + d$
Der Scheitelpunkt ist $S(-c | d)$.

Schnittpunkt zweier Funktionsgraphen
Setze zuerst beide Funktionsterme gleich. Löse die entstandene Gleichung nach x auf und ermittle durch Einsetzen der errechneten Schnittstelle x_s in eine der beiden Funktionsgleichungen den zugehörigen y-Wert y_s.
$S(x_s | y_s)$

Sicheres Ereignis
Das Ereignis tritt bei einem Zufallsexperiment sicher ein (Wahrscheinlichkeit 1).

Unmögliches Ereignis
Keines der erwünschten Ergebnisse kann eintreten (Wahrscheinlichkeit 0).

Verschiebung eines Graphen in x-Richtung
$g(x) = f(x+c)$
Der Graph von g entsteht aus dem Graphen von f durch Verschiebung um c in x-Richtung.
$c < 0$: Verschiebung in positive x-Richtung
$c > 0$: Verschiebung in negative x-Richtung

Verschiebung eines Graphen in y-Richtung
$g(x) = f(x) + c$
Der Graph von g entsteht aus dem Graphen von f durch Verschiebung um c in y-Richtung.
$c > 0$: Verschiebung in positive y-Richtung
$c < 0$: Verschiebung in negative y-Richtung

Zahlenmengen
$\mathbb{N}$: Menge der natürlichen Zahlen $\qquad \mathbb{N} = \{1; 2; 3; \ldots\}$
$\mathbb{N}_0$: Menge der natürlichen Zahlen mit 0 $\qquad \mathbb{N}_0 = \{0; 1; 2; 3; \ldots\}$
$\mathbb{Z}$: Menge der ganzen Zahlen $\qquad \mathbb{Z} = \{\ldots; -3; -2; -1; 0; 1; 2; \ldots\}$
$\mathbb{Q}$: Menge der rationalen Zahlen (Bruchzahlen) $\qquad \frac{1}{2} \in \mathbb{Q}; \quad -5\frac{1}{3} \in \mathbb{Q}$

Zählprinzip
Multipliziert man die Möglichkeiten in den einzelnen Baumdiagramm-Ebenen, so ergibt das Produkt die Gesamtzahl der Pfade (Gesamtzahl aller Möglichkeiten) im geeigneten Baumdiagramm.

Zufallsexperiment
Ein Zufallsexperiment beschreibt einen Versuchsaufbau mit ungewissem Ausgang.

Lösungen

1.
a) $\frac{1}{3} \in \mathbb{Q}$

b) $\{2; 4; 6; ...\} \subset \mathbb{Z}$

c) $\left\{\frac{1}{2}; \frac{1}{3}; \frac{1}{4}; ...\right\} \not\subset \mathbb{N}$

d) $\{1,\overline{1}; 1,\overline{2}; 1,\overline{3}; ...\} \subset \mathbb{Q}$ $\qquad$ $1,\overline{1} = 1\frac{1}{9} = \frac{10}{9} \in \mathbb{Q}$

e) $\{-5; -4; -3; -2\} \subset \mathbb{Z}$

f) $\{0; 1; 2; ...\} \not\subset \mathbb{N}$ $\qquad$ 0 ist kein Element der Menge der natürlichen Zahlen N.

g) $\{5\} \subset \mathbb{Z}$ $\qquad$ $\{5\}$ ist eine Menge. $5 \in \mathbb{Z}; \{5\} \subset \mathbb{Z}$

h) $5 \in \mathbb{Q}$

i) $1\frac{4}{4} \in \mathbb{N}$ $\qquad$ $1\frac{4}{4} = 2$ wegen $\frac{4}{4} = 1$

j) $\left\{\frac{2}{2}; \frac{4}{2}; \frac{6}{2}; \frac{8}{2} ...\right\} \subset \left\{\frac{1}{2}; \frac{2}{2}; \frac{3}{2}; \frac{4}{2}; ...\right\}$

2.
a) $\sqrt{169} = \mathbf{13}$ $\qquad$ b) $\sqrt{25} = \mathbf{5}$

c) $\sqrt{2,25} = \mathbf{1,5}$ $\qquad$ d) $\sqrt{\frac{169}{196}} = \mathbf{\frac{13}{14}}$

e) $\sqrt{\frac{1}{9}} = \mathbf{\frac{1}{3}}$ $\qquad$ f) $\sqrt{6\frac{1}{4}} = \sqrt{\frac{25}{4}} = \frac{5}{2} = \mathbf{2\frac{1}{2}}$

g) $\sqrt{10^6} = \mathbf{10^3}$ $\qquad$ h) $\sqrt{4 \cdot 10^4} = \mathbf{2 \cdot 10^2}$

i) $\sqrt{1,21} = \mathbf{1,1}$ $\qquad$ j) $\sqrt{-9}$ ⚡

k) $\sqrt{(-5)^2} = \sqrt{25} = \mathbf{5}$

l) $-\sqrt{0,0016} = -\sqrt{16 \cdot 10^{-4}} = -4 \cdot 10^{-2} = \mathbf{-0,04}$

3. a) $\sqrt{13} \approx \mathbf{3{,}6056}$ b) $\sqrt{27} \approx \mathbf{5{,}1962}$

c) $\sqrt{16{,}59} \approx \mathbf{4{,}0731}$ d) $\sqrt{12^3} \approx \mathbf{41{,}5692}$

e) $\sqrt{4 \cdot 13} \approx \mathbf{7{,}2111}$ f) $\sqrt{2 \cdot 10^5} \approx \mathbf{447{,}2136}$

g) $\sqrt{17^2 - 3^5} \approx \sqrt{46} \approx \mathbf{6{,}7823}$ h) $\sqrt{0{,}003} \approx \mathbf{0{,}0548}$

4. a) $A = 529\ m^2$
$\quad a = \sqrt{529\ m^2} = \mathbf{23\ m}$
     a ist die Seitenlänge des Quadrats
     $A_{Quadrat} = a^2$
     $a = \sqrt{A_{Quadrat}}$

b) $A = 256\ dm^2$
$\quad a = \sqrt{256\ dm^2} = \mathbf{16\ dm}$

c) $A = 1{,}69\ dm^2$
$\quad a = \sqrt{1{,}69\ dm^2} = \mathbf{1{,}3\ dm}$

d) $A = 0{,}16\ mm^2$
$\quad a = \sqrt{0{,}16\ mm^2} = \mathbf{0{,}4\ mm}$

e) $A = 15^2\ a = 15^2 \cdot 10^2\ m^2$ $1\ a = 100\ m^2 = 10^2\ m^2$
$\quad a = \sqrt{15^2 \cdot 10^2\ m^2} = 15 \cdot 10\ m = \mathbf{150\ m}$

f) $A = 1\ ha = 1 \cdot 10^4\ m^2$ $1\ ha = 100\ a = 100 \cdot 100\ m^2 = 1 \cdot 10^4\ m^2$
$\quad a = \sqrt{1 \cdot 10^4\ m^2} = 1 \cdot 10^2\ m = \mathbf{100\ m}$

g) $A = 0{,}09\ ha = 9\ a = 900\ m^2$
$\quad a = \sqrt{900\ m^2} = \mathbf{30\ m}$

h) $A = 10^4\ km^2$
$\quad a = \sqrt{10^4\ km^2} = 10^2\ km = \mathbf{100\ km}$

5. a) $x^2 = 81$
$\quad x_1 = 9 \quad x_2 = -9$
$\quad \mathbb{L} = \mathbf{\{-9;\ 9\}}$

b) $x^2 - 196 = 0 \qquad |+196$
$\quad x^2 = 196$
$\quad x_1 = 14 \quad x_2 = -14$
$\quad \mathbb{L} = \mathbf{\{-14;\ 14\}}$

c) $x^2 = 0,0049$
$x_1 = 0,07 \quad x_2 = -0,07$
$\mathbb{L} = \{-0,07; 0,07\}$

d) $x^2 + 1 = 0$
$x^2 = -1$
Keine Zahl ergibt quadriert −1.

e) $2x(x+1) = 0$
$2x = 0 \Rightarrow x_1 = 0$
$x + 1 = 0 \Rightarrow x_2 = -1$
$\mathbb{L} = \{-1; 0\}$

f) $(x+1)^2 = 25$
$x_1 + 1 = 5 \quad x_2 + 1 = -5$
$x_1 = 4 \quad x_2 = -6$
$\mathbb{L} = \{-6; 4\}$

g) $2x^2 = 242 \quad |:2$
$x^2 = 121$
$x_1 = 11 \quad x_2 = -11$
$\mathbb{L} = \{-11; 11\}$

h) $2x^2 - 15 = x^2 - 11 \quad |-x^2$
$x^2 - 15 = -11 \quad |+15$
$x^2 = 4$
$x_1 = 2 \quad x_2 = -2$
$\mathbb{L} = \{-2; 2\}$

6. a) $A_{\text{Würfel}} = 0,4056 \, m^2$ Ein Würfel hat 6 Seiten.
$A_{\text{Quadrat}} = 0,4056 \, m^2 : 6 = 0,0676 \, m^2$
$a = \sqrt{0,0676 \, m^2} = \mathbf{0{,}26 \, m}$

b) $A_{\text{Würfel}} = 36,015 \, dm^2$
$A_{\text{Quadrat}} = 36,015 \, dm^2 : 6 = 6,0025 \, dm^2$
$a = \sqrt{6,0025 \, dm^2} = \mathbf{2{,}45 \, dm}$

c) $A_{\text{Würfel}} = 39,3216 \, cm^2$
$A_{\text{Quadrat}} = 39,3216 \, cm^2 : 6 = 6,5536 \, cm^2$
$a = \sqrt{6,5536 \, cm^2} = \mathbf{2{,}56 \, cm}$

d) $A_{\text{Würfel}} = 479,5416 \, mm^2$
$A_{\text{Quadrat}} = 479,5416 \, mm^2 : 6 = 79,9236 \, mm^2$
$a = \sqrt{79,9236 \, mm^2} = \mathbf{8{,}94 \, mm}$

7. Die Endziffern von Quadratzahlen entsprechen den Endziffern der Quadrate aus einstelligen Zahlen.

$1^2 = 1 \quad\quad 4^2 = 16 \quad\quad 7^2 = 49$
$2^2 = 4 \quad\quad 5^2 = 25 \quad\quad 8^2 = 64$
$3^2 = 9 \quad\quad 6^2 = 36 \quad\quad 9^2 = 81$

Mögliche Quadratzahlen haben die Endziffern 1, 4, 5, 6 und 9.
Sicher keine Quadratzahlen sind Zahlen mit den Endziffern 2, 3, 7 und 8.

a) 154 449 $\xrightarrow{9}$ **mögliche** Quadratzahl (393^2)

b) 172 225 $\xrightarrow{5}$ **mögliche** Quadratzahl (415^2)

c) 488 602 $\xrightarrow{2}$ **keine** Quadratzahl

d) 320 357 $\xrightarrow{7}$ **keine** Quadratzahl

e) 128 881 $\xrightarrow{1}$ **mögliche** Quadratzahl (359^2)

f) 543 168 $\xrightarrow{8}$ **keine** Quadratzahl

8. a) $\dfrac{1}{5} = 1:5 = 0,2$ endlicher Dezimalbruch
   ⇒ **rationale Zahl**

   b) $\dfrac{1}{6} = 1:6 = 0,1\overline{6}$ periodischer Dezimalbruch
   ⇒ **rationale Zahl**

   c) $\dfrac{5}{12} = 5:12 = 0,41\overline{6}$ periodischer Dezimalbruch
   ⇒ **rationale Zahl**

   d) $\dfrac{\sqrt{121}}{33} = \dfrac{11}{33} = \dfrac{1}{3} = 1:3 = 0,\overline{3}$ periodischer Dezimalbruch
   ⇒ **rationale Zahl**

   e) $\dfrac{\pi}{5} = 0,62831853\ldots$
   ⇒ **irrationale Zahl**

   f) $\dfrac{\sqrt{\pi}}{2} \cdot \dfrac{3}{\sqrt{\pi}} = \dfrac{3}{2} = 3:2 = 1,5$ endlicher Dezimalbruch
   ⇒ **rationale Zahl**

   g) $\dfrac{\sqrt{2}}{\sqrt{8}} = \dfrac{1}{2} = 1:2 = 0,5$ endlicher Dezimalbruch
   ⇒ **rationale Zahl**

   h) $\dfrac{7}{10} = 7:10 = 0,7$ endlicher Dezimalbruch
   ⇒ **rationale Zahl**

i) $\sqrt{2\frac{7}{9}} = \sqrt{\frac{25}{9}} = \frac{5}{3} = 5:3 = 1,\overline{6}$ periodischer Dezimalbruch

⇒ **rationale Zahl**

j) $\frac{\sqrt{2}}{4} = 0,35355339...$

⇒ **irrationale Zahl**

9. Die Aussage wird mit einem Gegenbeispiel widerlegt:
$\sqrt{2}$ ist irrational. $\sqrt{8}$ ist irrational.
Das Produkt $\sqrt{2} \cdot \sqrt{8} = 4$ ist rational.
Die Aussage ist falsch.

10. a) Behauptung: $\sqrt{7}$ ist eine irrationale Zahl.

$\sqrt{7} = \frac{p}{q}$ $\sqrt{7}$ wird als Bruch geschrieben.

$7 = \frac{p^2}{q^2}$ $|\cdot q^2$

$7q^2 = p^2$ Widerspruch!

Die Anzahl der Primfaktoren auf beiden Seiten des „="-Zeichens ist verschieden. $7q^2$ hat eine ungeradzahlige Anzahl von Primfaktoren in der Zerlegung, p^2 hat eine geradzahlige Anzahl von Primfaktoren.
$\sqrt{7}$ kann man nicht als Bruch schreiben. $\sqrt{7}$ ist eine irrationale Zahl.

b) $225 = 5 \cdot 5 \cdot 3 \cdot 3$ $105 = 3 \cdot 5 \cdot 7$
$\sqrt{225} = 15 = 5 \cdot 3$ $\sqrt{105} = 10,246950...$
    rational   irrational

Für eine rationale Wurzel müssen die **Primfaktoren paarweise vorhanden** sein.

$\sqrt{5 \cdot 7 \cdot 11 \cdot 11}$ ist irrational.

$\sqrt{5 \cdot 5 \cdot 3 \cdot 3 \cdot 7 \cdot 7 \cdot 7 \cdot 7}$ ist rational.

11. a) $\sqrt{23}$

4^2	$< 23 <$	5^2	[4; 5]
16		25	
$4{,}7^2$	$< 23 <$	$4{,}8^2$	[4,7; 4,8]
22,09		23,04	
$4{,}79^2$	$< 23 <$	$4{,}80^2$	[4,79; 4,80]
22,9441		23,04	
$4{,}795^2$	$< 23 <$	$4{,}796^2$	[4,795; 4,796]
22,992025		23,001616	
$4{,}7958^2$	$< 23 <$	$4{,}7959^2$	[4,7958; 4,7959]
22,99969764		23,00065681	

$\sqrt{23} \approx \mathbf{4{,}796}$

b) $\sqrt{32}$

5^2	$< 32 <$	6^2	[5; 6]
25		36	
$5{,}6^2$	$< 32 <$	$5{,}7^2$	[5,6; 5,7]
31,36		32,49	
$5{,}65^2$	$< 32 <$	$5{,}66^2$	[5,65; 5,66]
31,9225		32,0356	
$5{,}656^2$	$< 32 <$	$5{,}657^2$	[5,656; 5,657]
31,990336		32,001649	
$5{,}6568^2$	$< 32 <$	$5{,}6569^2$	[5,6568; 5,6569]
31,99938624		32,00051761	

$\sqrt{32} \approx \mathbf{5{,}657}$

c) $\sqrt{7}$

2^2	$< 7 <$	3^2	[2; 3]
4		9	
$2{,}6^2$	$< 7 <$	$2{,}7^2$	[2,6; 2,7]
6,76		7,29	
$2{,}64^2$	$< 7 <$	$2{,}65^2$	[2,64; 2,65]
6,9696		7,0225	
$2{,}645^2$	$< 7 <$	$2{,}646^2$	[2,645; 2,646]
6,996025		7,001316	
$2{,}6457^2$	$< 7 <$	$2{,}6458^2$	[2,6457; 2,6458]
6,99972849		7,00025764	

$\sqrt{7} \approx \mathbf{2{,}646}$

d) $\sqrt{8}$

$\underset{4}{2^2}\ <8<\ \underset{9}{3^2}$ $\qquad$ [2; 3]

$\underset{7,84}{2{,}8^2}\ <8<\ \underset{8,41}{2{,}9^2}$ $\qquad$ [2,8; 2,9]

$\underset{7,9524}{2{,}82^2}\ <8<\ \underset{8,0089}{2{,}83^2}$ $\qquad$ [2,82; 2,83]

$\underset{7,997584}{2{,}828^2}\ <8<\ \underset{8,003241}{2{,}829^2}$ $\qquad$ [2,828; 2,829]

$\underset{7,99984656}{2{,}8284^2}\ <8<\ \underset{8,00041225}{2{,}8285^2}$ $\qquad$ [2,8284; 2,8285]

$\sqrt{8}\approx \mathbf{2{,}828}$

e) $\sqrt{121}$

$11^2 = 121$

$\sqrt{121} = \mathbf{11}$, die Intervallschachtelung ist hier nicht sinnvoll.

f) $\sqrt{125}$

$\underset{121}{11^2}\ <125<\ \underset{144}{12^2}$ $\qquad$ [11; 12]

$\underset{123,21}{11{,}1^2}\ <125<\ \underset{125,44}{11{,}2^2}$ $\qquad$ [11,1; 11,2]

$\underset{124,9924}{11{,}18^2}\ <125<\ \underset{125,2161}{11{,}19^2}$ $\qquad$ [11,18; 11,19]

$\underset{124,9924}{11{,}180^2}\ <125<\ \underset{125,014761}{11{,}181^2}$ $\qquad$ [11,180; 11,181]

$\underset{124,9991081}{11{,}1803^2}\ <125<\ \underset{125,0013442}{11{,}1804^2}$ $\qquad$ [11,1803; 11,1804]

$\sqrt{125}\approx \mathbf{11{,}180}$

g) $\sqrt{33}$

$\underset{25}{5^2}\ <33<\ \underset{36}{6^2}$ $\qquad$ [5; 6]

$\underset{32,49}{5{,}7^2}\ <33<\ \underset{33,64}{5{,}8^2}$ $\qquad$ [5,7; 5,8]

$\underset{32,9476}{5{,}74^2}\ <33<\ \underset{33,0625}{5{,}75^2}$ $\qquad$ [5,74; 5,75]

$\underset{32,993536}{5{,}744^2}\ <33<\ \underset{33,005025}{5{,}745^2}$ $\qquad$ [5,744; 5,745]

$\underset{32,99928025}{5{,}7445^2}\ <33<\ \underset{33,00042916}{5{,}7446^2}$ $\qquad$ [5,7445; 5,7446]

$\sqrt{33}\approx \mathbf{5{,}745}$

h) $\sqrt{40}$

$\underset{36}{6^2} < 40 < \underset{49}{7^2}$ $\qquad$ [6; 7]

$\underset{36{,}69}{6{,}3^2} < 40 < \underset{40{,}96}{6{,}4^2}$ $\qquad$ [6,3; 6,4]

$\underset{39{,}9424}{6{,}32^2} < 40 < \underset{40{,}0689}{6{,}33^2}$ $\qquad$ [6,32; 6,33]

$\underset{39{,}992976}{6{,}324^2} < 40 < \underset{40{,}005625}{6{,}325^2}$ $\qquad$ [6,324; 6,325]

$\underset{39{,}99930025}{6{,}3245^2} < 40 < \underset{40{,}00056516}{6{,}3246^2}$ $\qquad$ [6,3245; 6,3246]

$\sqrt{40} \approx \mathbf{6{,}325}$

12. a) $a = 5$; $x_0 = 2$

$y_0 = \dfrac{5}{2} = 2{,}5$ $\qquad\qquad\qquad y_0 = \dfrac{a}{x_0}$

$x_1 = \dfrac{2 + 2{,}5}{2} = 2{,}25$ $\qquad\qquad x_1 = \dfrac{x_0 + y_0}{2}$

$y_1 = \dfrac{5}{2{,}25} = 2{,}\overline{2}$ $\qquad\qquad\qquad y_1 = \dfrac{a}{x_1}$

$x_2 = \dfrac{2{,}25 + 2{,}\overline{2}}{2} \approx 2{,}236111$ $\qquad x_2 = \dfrac{x_1 + y_1}{2}$

$y_2 = \dfrac{5}{2{,}236111} \approx 2{,}236025$ $\qquad y_2 = \dfrac{a}{x_2}$

$\sqrt{5} \approx \mathbf{2{,}236}$

b) $a = 6$; $x_0 = 3$

$y_0 = \dfrac{6}{3} = 2$ $\qquad\qquad\qquad y_0 = \dfrac{a}{x_0}$

$x_1 = \dfrac{3 + 2}{2} = 2{,}5$ $\qquad\qquad x_1 = \dfrac{x_0 + y_0}{2}$

$y_1 = \dfrac{6}{2{,}5} = 2{,}4$ $\qquad\qquad\qquad y_1 = \dfrac{a}{x_1}$

$x_2 = \dfrac{2{,}5 + 2{,}4}{2} = 2{,}45$ $\qquad\qquad x_2 = \dfrac{x_1 + y_1}{2}$

$y_2 = \dfrac{6}{2{,}45} \approx 2{,}448980$ $\qquad\qquad y_2 = \dfrac{a}{x_2}$

$$x_3 = \frac{2{,}45 + 2{,}448980}{2} = 2{,}44949 \qquad x_3 = \frac{x_2 + y_2}{2}$$

$$y_3 = \frac{6}{2{,}44949} \approx 2{,}449489 \qquad y_3 = \frac{a}{x_3}$$

$$\sqrt{6} \approx \mathbf{2{,}449}$$

c) $a = 7;\ x_0 = 3$

$$y_0 = \frac{7}{3} = 2{,}\overline{3} \qquad\qquad y_0 = \frac{a}{x_0}$$

$$x_1 = \frac{3 + 2{,}\overline{3}}{2} = 2{,}\overline{6} \qquad x_1 = \frac{x_0 + y_0}{2}$$

$$y_1 = \frac{7}{2{,}\overline{6}} = 2{,}625 \qquad\qquad y_1 = \frac{a}{x_1}$$

$$x_2 = \frac{2{,}\overline{6} + 2{,}625}{2} \approx 2{,}645833 \qquad x_2 = \frac{x_1 + y_1}{2}$$

$$y_2 = \frac{7}{2{,}645833} \approx 2{,}645670 \qquad y_2 = \frac{a}{x_2}$$

$$\sqrt{7} \approx \mathbf{2{,}646}$$

d) $a = 8;\ x_0 = 3$

$$y_0 = \frac{8}{3} = 2{,}\overline{6} \qquad\qquad y_0 = \frac{a}{x_0}$$

$$x_1 = \frac{3 + 2{,}\overline{6}}{2} = 2{,}8\overline{3} \qquad x_1 = \frac{x_0 + y_0}{2}$$

$$y_1 = \frac{8}{2{,}8\overline{3}} \approx 2{,}823529 \qquad y_1 = \frac{a}{x_1}$$

$$x_2 = \frac{2{,}8\overline{3} + 2{,}823529}{2} \approx 2{,}828431 \qquad x_2 = \frac{x_1 + y_1}{2}$$

$$y_2 = \frac{8}{2{,}828431} \approx 2{,}828423 \qquad y_2 = \frac{a}{x_2}$$

$$\sqrt{8} \approx \mathbf{2{,}828}$$

e) $a = 9;\ x_0 = 4$

$$y_0 = \frac{9}{4} = 2{,}25 \qquad\qquad y_0 = \frac{a}{x_0}$$

$$x_1 = \frac{4 + 2{,}25}{2} = 3{,}125 \qquad x_1 = \frac{x_0 + y_0}{2}$$

$$y_1 = \frac{9}{3{,}125} = 2{,}88 \qquad\qquad y_1 = \frac{a}{x_1}$$

$$x_2 = \frac{3{,}125 + 2{,}88}{2} = 3{,}0025 \qquad\qquad x_2 = \frac{x_1 + y_1}{2}$$

$$y_2 = \frac{9}{3{,}0025} \approx 2{,}997502 \qquad\qquad y_2 = \frac{a}{x_2}$$

$$x_3 = \frac{3{,}0025 + 2{,}997502}{2} = 3{,}000001 \qquad\qquad x_3 = \frac{x_2 + y_2}{2}$$

$$y_3 = \frac{9}{3{,}000001} \approx 2{,}999999 \qquad\qquad y_3 = \frac{a}{x_3}$$

$$\sqrt{9} = \mathbf{3{,}000}$$

f) $a = 10;\ x_0 = 4$

$$y_0 = \frac{10}{4} = 2{,}5 \qquad\qquad y_0 = \frac{a}{x_0}$$

$$x_1 = \frac{4 + 2{,}5}{2} = 3{,}25 \qquad\qquad x_1 = \frac{x_0 + y_0}{2}$$

$$y_1 = \frac{10}{3{,}25} \approx 3{,}076923 \qquad\qquad y_1 = \frac{a}{x_1}$$

$$x_2 = \frac{3{,}25 + 3{,}076923}{2} \approx 3{,}163462 \qquad\qquad x_2 = \frac{x_1 + y_1}{2}$$

$$y_2 = \frac{10}{3{,}163462} \approx 3{,}161094 \qquad\qquad y_2 = \frac{a}{x_2}$$

$$x_3 = \frac{3{,}163462 + 3{,}161094}{2} \approx 3{,}162278 \qquad\qquad x_3 = \frac{x_2 + y_2}{2}$$

$$y_3 = \frac{10}{3{,}162278} \approx 3{,}162277 \qquad\qquad y_3 = \frac{a}{x_3}$$

$$\sqrt{10} \approx \mathbf{3{,}162}$$

g) $a = 11;\ x_0 = 4$

$$y_0 = \frac{11}{4} = 2{,}75 \qquad\qquad y_0 = \frac{a}{x_0}$$

$$x_1 = \frac{4 + 2{,}75}{2} = 3{,}375 \qquad\qquad x_1 = \frac{x_0 + y_0}{2}$$

$$y_1 = \frac{11}{3{,}375} \approx 3{,}259259 \qquad\qquad y_1 = \frac{a}{x_1}$$

$$x_2 = \frac{3{,}375 + 3{,}259259}{2} \approx 3{,}317130 \qquad\qquad x_2 = \frac{x_1 + y_1}{2}$$

$$y_2 = \frac{11}{3,317130} \approx 3,316120 \qquad y_2 = \frac{a}{x_2}$$

$$x_3 = \frac{3,317130 + 3,316120}{2} \approx 3,316625 \qquad x_3 = \frac{x_2 + y_2}{2}$$

$$y_3 = \frac{11}{3,316625} \approx 3,316625 \qquad y_3 = \frac{a}{x_3}$$

$\sqrt{11} \approx \mathbf{3{,}317}$

h) $a = 12; \ x_0 = 4$

$$y_0 = \frac{12}{4} = 3 \qquad y_0 = \frac{a}{x_0}$$

$$x_1 = \frac{4+3}{2} = 3,5 \qquad x_1 = \frac{x_0 + y_0}{2}$$

$$y_1 = \frac{12}{3,5} \approx 3,428571 \qquad y_1 = \frac{a}{x_1}$$

$$x_2 = \frac{3,5 + 3,428571}{2} \approx 3,464286 \qquad x_2 = \frac{x_1 + y_1}{2}$$

$$y_2 = \frac{12}{3,464286} \approx 3,463917 \qquad y_2 = \frac{a}{x_2}$$

$\sqrt{12} \approx \mathbf{3{,}464}$

13. a) Das farbige Dreieck hat den Flächeninhalt $18 \text{ cm}^2 : 4 = 4,5 \text{ cm}^2$. Spiegelt man das Dreieck, erhält man ein Quadrat mit dem Flächeninhalt $4,5 \text{ cm}^2 \cdot 2 = 9 \text{ cm}^2$ und der Seitenlänge 3 cm.
Die Diagonale des Quadrats mit der Seitenlänge 3 cm hat die Länge $\sqrt{18}$ cm und ist eine Seite des gesuchten Quadrats mit dem Flächeninhalt 18 cm^2.

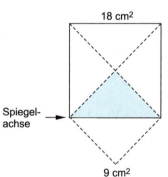

b) i) Heron-Verfahren für $\sqrt{18}$:
$a = 18; \ x_0 = 4$

$$y_0 = \frac{18}{4} = 4,5 \qquad y_0 = \frac{a}{x_0}$$

$$x_1 = \frac{4 + 4,5}{2} = 4,25 \qquad x_1 = \frac{x_0 + y_0}{2}$$

$$y_1 = \frac{18}{4,25} \approx 4,235294 \qquad y_1 = \frac{a}{x_1}$$

$$x_2 = \frac{4{,}25 + 4{,}235294}{2} \approx 4{,}242647 \quad x_2 = \frac{x_1 + y_1}{2}$$

$$y_2 = \frac{18}{4{,}242647} \approx 4{,}242634 \quad y_2 = \frac{a}{x_2}$$

$\sqrt{18} \approx \mathbf{4{,}243}$

ii) Intervallschachtelung für $\sqrt{18}$:

4^2 16	$< 18 <$	5^2 25	$[4; 5]$
$4{,}2^2$ 17,64	$< 18 <$	$4{,}3^2$ 18,49	$[4{,}2; 4{,}3]$
$4{,}24^2$ 17,9776	$< 18 <$	$4{,}25^2$ 18,0625	$[4{,}24; 4{,}25]$
$4{,}242^2$ 17,994564	$< 18 <$	$4{,}243^2$ 18,003049	$[4{,}242; 4{,}243]$
$4{,}2426^2$ 17,99965476	$< 18 <$	$4{,}2427^2$ 18,00050329	$[4{,}2426; 4{,}2427]$

$\sqrt{18} \approx \mathbf{4{,}243}$

14. a) $\sqrt[5]{23} \approx \mathbf{1{,}8722}$ \qquad b) $\sqrt[26]{23} \approx \mathbf{1{,}1282}$

c) $\sqrt[7]{8} \approx \mathbf{1{,}3459}$ \qquad d) $\sqrt[5]{2} \approx \mathbf{1{,}1487}$

e) $\sqrt[2]{16} = \mathbf{4}$ \qquad f) $\sqrt[16]{2} \approx \mathbf{1{,}0443}$

g) $\sqrt[8]{19} \approx \mathbf{1{,}4449}$ \qquad h) $\sqrt[127]{1\,025} \approx \mathbf{1{,}0561}$

15. a) $\sqrt[2]{121} = \sqrt[2]{11^2} = \mathbf{11}$

b)
```
216 | 3
 72 | 3
 24 | 3
  8 | 2
  4 | 2
  2 | 2     216 = 3² · 2³
```
$\sqrt[3]{216} = \sqrt[3]{3^3 \cdot 2^3} = \sqrt[3]{(3 \cdot 2)^3}$
$\phantom{\sqrt[3]{216}} = \mathbf{6}$

c)
```
81 | 3
27 | 3
 9 | 3
 3 | 3     81 = 3⁴
```
$\sqrt[4]{81} = \sqrt[4]{3^4} = \mathbf{3}$

d)
```
32 | 2
16 | 2
 8 | 2
 4 | 2
 2 | 2     32 = 2⁵
```
$\sqrt[5]{32} = \sqrt[5]{2^5} = \mathbf{2}$

e) $\sqrt[6]{1\,000\,000} = \sqrt[6]{10^6} = 10$

f) $\sqrt[3]{1\,000\,000} = \sqrt[3]{10^6} = \sqrt[3]{(10^2)^3} = 10^2 = \mathbf{100}$

g)
```
625 | 5
125 | 5
 25 | 5
  5 | 5
```
$625 = 5^4$

$\sqrt[4]{625} = \sqrt[4]{5^4} = \mathbf{5}$

h)
```
128 | 2
 64 | 2
 32 | 2
 16 | 2
  8 | 2
  4 | 2
  2 | 2
```
$128 = 2^7$

$\sqrt[7]{128} = \sqrt[7]{2^7} = \mathbf{2}$

i)
```
2401 | 7
 343 | 7
  49 | 7
   7 | 7
```
$2\,401 = 7^4$

$\sqrt[4]{2\,401} = \sqrt[4]{7^4} = \mathbf{7}$

j)
```
1024 | 2
 512 | 2
 256 | 2
 128 | 2
  64 | 2
  32 | 2
  16 | 2
   8 | 2
   4 | 2
   2 | 2
```
$1\,024 = 2^{10}$

$\sqrt[10]{1\,024} = \sqrt[10]{2^{10}} = \mathbf{2}$

16. a) $x^4 = 16$ gerader Exponent

$x_1 = \sqrt[4]{16} = 2$

$x_2 = -\sqrt[4]{16} = -2$

$\mathbb{L} = \{-2;\, 2\}$

b) $x^5 = -32$ ungerader Exponent

$x = -\sqrt[5]{32}$

$x = -\sqrt[5]{2^5}$

$x = -2$

$\mathbb{L} = \{-2\}$

c) $x^7 = 234$ ungerader Exponent

$x = \sqrt[7]{234}$

$\mathbb{L} = \{\sqrt[7]{234}\}$

d) $x^9 = -874$ \hspace{2em} ungerader Exponent
$x = -\sqrt[9]{874}$
$\mathbb{L} = \{-\sqrt[9]{874}\}$

e) $x^8 = 978$ \hspace{2em} gerader Exponent
$x_1 = \sqrt[8]{978}$
$x_2 = -\sqrt[8]{978}$
$\mathbb{L} = \{-\sqrt[8]{978}; \sqrt[8]{978}\}$

f) $x^8 = -231$ \hspace{2em} gerader Exponent
Für jede reelle Zahl x ist x^8 nicht negativ: $\mathbb{L} = \{\ \}$

g) $x^{10} = -1\,000$ \hspace{2em} gerader Exponent
Für jede reelle Zahl x ist x^{10} nicht negativ: $\mathbb{L} = \{\ \}$

h) $x^{11} = -988$ \hspace{2em} ungerader Exponent
$x = -\sqrt[11]{988}$
$\mathbb{L} = \{-\sqrt[11]{988}\}$

17. a) $\left.\begin{array}{l} V = 343 \text{ dm}^3 \\ V = a^3 \end{array}\right\} \Rightarrow$ $a^3 = 343 \text{ dm}^3$
$a = \sqrt[3]{343}$ dm
$a = \mathbf{7\ dm}$

b) $\left.\begin{array}{l} V = 729 \text{ cm}^3 \\ V = a^3 \end{array}\right\} \Rightarrow$ $a^3 = 729 \text{ cm}^3$
$a = \sqrt[3]{729}$ cm
$a = \mathbf{9\ cm}$

c) $\left.\begin{array}{l} O = 216 \text{ cm}^2 \\ O = 6 \cdot a^2 \end{array}\right\} \Rightarrow$ $6 \cdot a^2 = 216 \text{ cm}^2$ \hspace{1em} $|:6$
$a^2 = 36 \text{ cm}^2$
$a = \sqrt{36}$ cm
$a = \mathbf{6\ cm}$

d) $\left.\begin{array}{l} O = 294 \text{ mm}^2 \\ O = 6 \cdot a^2 \end{array}\right\} \Rightarrow$ $6 \cdot a^2 = 294 \text{ mm}^2$ \hspace{1em} $|:6$
$a^2 = 49 \text{ mm}^2$
$a = \sqrt{49}$ mm
$a = \mathbf{7\ mm}$

e) $V = 562 \text{ dm}^3$ ⎫ $\Rightarrow$ $a^3 = 562 \text{ dm}^3$
   $V = a^3$ ⎭
   $\qquad\qquad\qquad a = \sqrt[3]{\mathbf{562}} \text{ dm}$

f) $V = 689 \text{ cm}^3$ ⎫ $\Rightarrow$ $a^3 = 689 \text{ cm}^3$
   $V = a^3$ ⎭
   $\qquad\qquad\qquad a = \sqrt[3]{\mathbf{689}} \text{ cm}$

g) $O = 325 \text{ cm}^2$ ⎫ $\Rightarrow$ $6 \cdot a^2 = 325 \text{ cm}^2 \quad |:6$
   $O = 6 \cdot a^2$ ⎭
   $\qquad\qquad\qquad a^2 = 54\frac{1}{6} \text{ cm}^2$
   $\qquad\qquad\qquad a = \sqrt{\mathbf{54\frac{1}{6}}} \text{ cm}$

h) $O = 112 \text{ mm}^2$ ⎫ $\Rightarrow$ $6 \cdot a^2 = 112 \text{ mm}^2 \quad |:6$
   $O = 6 \cdot a^2$ ⎭
   $\qquad\qquad\qquad a^2 = 18\frac{2}{3} \text{ mm}^2$
   $\qquad\qquad\qquad a = \sqrt{\mathbf{18\frac{2}{3}}} \text{ mm}$

18. Anfangsguthaben: 120 €
Laufzeit: 8 Jahre
Auszahlungsbetrag: 177,29 €
$177{,}29 \text{ €} = 120 \text{ €} \cdot x^8 \qquad |:120 \text{ €}$
$\qquad x^8 \approx 1{,}4774$
$\qquad x \approx \sqrt[8]{1{,}4774}$
$\qquad x \approx 1{,}04999$
$\qquad x \approx 104{,}999 \%$

Der Zins betrug etwa **5,0 %**.

19.
a) $5^{\frac{1}{3}} = \sqrt[3]{\mathbf{5}}$
b) $6^{\frac{1}{5}} = \sqrt[5]{\mathbf{6}}$

c) $8^{\frac{2}{3}} = \sqrt[3]{8^2} = \sqrt[3]{\mathbf{64}}$
d) $6^{\frac{7}{3}} = \sqrt[3]{\mathbf{6^7}}$

e) $3{,}1^{0{,}6} = 3{,}1^{\frac{3}{5}} = \sqrt[5]{\mathbf{3{,}1^3}}$
f) $7^{-3{,}1} = 7^{-\frac{31}{10}} = \dfrac{1}{\sqrt[10]{\mathbf{7^{31}}}}$

g) $3^{0{,}\overline{3}} = 3^{\frac{1}{3}} = \sqrt[3]{\mathbf{3}}$
h) $7{,}5^{-1{,}6} = 7{,}5^{-\frac{16}{10}} = 7{,}5^{-\frac{8}{5}} = \dfrac{1}{\sqrt[5]{\mathbf{7{,}5^8}}}$

i) $8{,}3^{9{,}5} = 8{,}3^{\frac{19}{2}} = \sqrt[2]{8{,}3^{19}} = \sqrt{\mathbf{8{,}3^{19}}}$
j) $a^{-1{,}\overline{6}} = a^{-1\frac{2}{3}} = a^{-\frac{5}{3}} = \dfrac{1}{\sqrt[3]{\mathbf{a^5}}}$

20. a) $\sqrt[3]{7} = 7^{\frac{1}{3}}$ b) $\sqrt{3} = \sqrt[2]{3} = 3^{\frac{1}{2}}$

c) $\sqrt[4]{8^5} = 8^{\frac{5}{4}}$ d) $\frac{1}{\sqrt[3]{2}} = 2^{-\frac{1}{3}}$

e) $\frac{1}{\sqrt[7]{5^3}} = 5^{-\frac{3}{7}}$ f) $\sqrt[5]{\frac{1}{3^7}} = \frac{1}{\sqrt[5]{3^7}} = 3^{-\frac{7}{5}}$

21. a) $2^{\frac{1}{2}} \cdot 2^{\frac{3}{4}} = 2^{\frac{1}{2}+\frac{3}{4}} = 2^{\frac{5}{4}} = \sqrt[4]{2^5} = \sqrt[4]{32}$ gleiche Basis, Multiplikation

b) $3^{\frac{1}{4}} : 5^{\frac{1}{4}} = \left(\frac{3}{5}\right)^{\frac{1}{4}} = 0{,}6^{\frac{1}{4}} = \sqrt[4]{0{,}6}$ gleicher Exponent, Division

c) $7^{\frac{2}{3}} \cdot 7^{\frac{1}{3}} = 7^{\frac{2}{3}+\frac{1}{3}} = 7^1 = 7$ gleiche Basis, Multiplikation

d) $y^{\frac{4}{7}} : y^{\frac{2}{3}} = y^{\frac{4}{7}-\frac{2}{3}} = y^{-\frac{2}{21}} = \frac{1}{\sqrt[21]{y^2}}$ gleiche Basis, Division

e) $(3^{\frac{1}{2}})^{-\frac{1}{3}} = 3^{\frac{1}{2} \cdot \left(-\frac{1}{3}\right)} = 3^{-\frac{1}{6}} = \frac{1}{\sqrt[6]{3}}$ Potenzieren einer Potenz

f) $(2^{\frac{5}{6}})^{-\frac{6}{5}} = 2^{\frac{5}{6} \cdot \left(-\frac{6}{5}\right)} = 2^{-1} = \frac{1}{2}$ Potenzieren einer Potenz

g) $\sqrt[3]{\sqrt{5}} = \sqrt[3]{5^{\frac{1}{2}}} = (5^{\frac{1}{2}})^{\frac{1}{3}} = 5^{\frac{1}{2} \cdot \frac{1}{3}} = 5^{\frac{1}{6}} = \sqrt[6]{5}$

h) $\sqrt[4]{\sqrt[6]{5^{20}}} = \sqrt[4]{(5^{20})^{\frac{1}{6}}} = \sqrt[4]{5^{20 \cdot \frac{1}{6}}} = \sqrt[4]{5^{\frac{10}{3}}} = (5^{\frac{10}{3}})^{\frac{1}{4}}$
$= 5^{\frac{10}{3} \cdot \frac{1}{4}} = 5^{\frac{5}{6}} = \sqrt[6]{5^5} = \sqrt[6]{3\,125}$

i) $\sqrt[4]{a} \cdot \sqrt{2a^3} = a^{\frac{1}{4}} \cdot \sqrt{2} \cdot (a^3)^{\frac{1}{2}} = a^{\frac{1}{4}} \cdot a^{\frac{3}{2}} \cdot \sqrt{2}$
$= a^{\frac{1}{4}+\frac{3}{2}} \cdot \sqrt{2} = a^{\frac{7}{4}} \cdot \sqrt{2} = \sqrt[4]{a^7} \cdot \sqrt{2}$

j) $\sqrt{\frac{7}{x}} \cdot \sqrt[4]{x^3} = \sqrt{7} \cdot x^{-\frac{1}{2}} \cdot x^{\frac{3}{4}} = \sqrt{7} \cdot x^{-\frac{1}{2}+\frac{3}{4}} = \sqrt{7} \cdot x^{\frac{1}{4}} = \sqrt{7} \cdot \sqrt[4]{x}$

k) $\sqrt[7]{3} \cdot \sqrt[5]{\frac{1}{3}} = 3^{\frac{1}{7}} \cdot 3^{-\frac{1}{5}} = 3^{\frac{1}{7}-\frac{1}{5}} = 3^{-\frac{2}{35}} = \frac{1}{\sqrt[35]{3^2}} = \frac{1}{\sqrt[35]{9}}$

l) $\sqrt[7]{\left((3^4)^{\frac{1}{2}}\right)^{\frac{1}{3}}} = \sqrt[7]{(3^{4\cdot\frac{1}{2}})^{\frac{1}{3}}} = \sqrt[7]{(3^2)^{\frac{1}{3}}} = \sqrt[7]{3^{\frac{2}{3}}} = (3^{\frac{2}{3}})^{\frac{1}{7}} = 3^{\frac{2}{3}\cdot\frac{1}{7}}$
$= 3^{\frac{2}{21}} = \sqrt[21]{3^2} = \mathbf{\sqrt[21]{9}}$

m) $\sqrt[3]{a^2 \sqrt[4]{a^3 \sqrt[5]{a^4}}} = \sqrt[3]{a^2 \sqrt[4]{a^3 \cdot a^{\frac{4}{5}}}} = \sqrt[3]{a^2 \sqrt[4]{a^{3\frac{4}{5}}}} = \sqrt[3]{a^2 \cdot (a^{3\frac{4}{5}})^{\frac{1}{4}}}$
$= \sqrt[3]{a^2 \cdot a^{3\frac{4}{5}\cdot\frac{1}{4}}} = \sqrt[3]{a^2 \cdot a^{\frac{19}{5}\cdot\frac{1}{4}}} = \sqrt[3]{a^2 \cdot a^{\frac{19}{20}}} = \sqrt[3]{a^{2\frac{19}{20}}}$
$= (a^{2\frac{19}{20}})^{\frac{1}{3}} = a^{2\frac{19}{20}\cdot\frac{1}{3}} = a^{\frac{59}{20}\cdot\frac{1}{3}} = a^{\frac{59}{60}} = \mathbf{\sqrt[60]{a^{59}}}$

n) $\sqrt{\dfrac{\sqrt{3a}}{\sqrt[3]{27a^4}}} = \sqrt{\dfrac{\sqrt{3}\cdot a^{\frac{1}{2}}}{\sqrt[3]{27}\cdot(a^4)^{\frac{1}{3}}}} = \sqrt{\dfrac{3^{\frac{1}{2}}\cdot a^{\frac{1}{2}}}{3\cdot a^{\frac{4}{3}}}} = \sqrt{3^{\frac{1}{2}-1}\cdot a^{\frac{1}{2}-\frac{4}{3}}}$
$= \sqrt{3^{-\frac{1}{2}}\cdot a^{-\frac{5}{6}}} = (3^{-\frac{1}{2}}\cdot a^{-\frac{5}{6}})^{\frac{1}{2}} = 3^{-\frac{1}{2}\cdot\frac{1}{2}}\cdot a^{-\frac{5}{6}\cdot\frac{1}{2}}$
$= 3^{-\frac{1}{4}}\cdot a^{-\frac{5}{12}} = \mathbf{\dfrac{1}{\sqrt[4]{3}}\cdot\dfrac{1}{\sqrt[12]{a^5}}}$

22. a) $\sqrt[3]{\sqrt[5]{2}} = \sqrt[3]{2^{\frac{1}{5}}} = (2^{\frac{1}{5}})^{\frac{1}{3}} = 2^{\frac{1}{5}\cdot\frac{1}{3}} = \mathbf{2^{\frac{1}{15}}}$ **(S)**

b) $\sqrt[3]{2^5} = (2^5)^{\frac{1}{3}} = 2^{5\cdot\frac{1}{3}} = \mathbf{2^{\frac{5}{3}}}$ **(U)**

c) $\sqrt[5]{2^3} = (2^3)^{\frac{1}{5}} = 2^{3\cdot\frac{1}{5}} = \mathbf{2^{\frac{3}{5}}}$ **(P)**

d) $2^{\frac{1}{5}}\cdot\sqrt[3]{2} = 2^{\frac{1}{5}}\cdot 2^{\frac{1}{3}} = 2^{\frac{1}{5}+\frac{1}{3}} = \mathbf{2^{\frac{8}{15}}}$ **(E)**

e) $2^{\frac{1}{3}}:2^{\frac{1}{5}} = 2^{\frac{1}{3}-\frac{1}{5}} = \mathbf{2^{\frac{2}{15}}}$ **(R)**

f) $2^{\frac{1}{5}}\cdot 2^3 = 2^{\frac{1}{5}+3} = \mathbf{2^{3\frac{1}{5}}}$ **(M)**

g) $2^{\frac{1}{3}}\cdot 2^5 = 2^{\frac{1}{3}+5} = \mathbf{2^{5\frac{1}{3}}}$ **(A)**

h) $2^3\cdot 2^5 = 2^{3+5} = \mathbf{2^8}$ **(T)**

i) $(2^3)^5 = 2^{3\cdot 5} = \mathbf{2^{15}}$ **(H)**

j) $2^{\frac{1}{5}}:2^3 = 2^{\frac{1}{5}-3} = 2^{-2\frac{4}{5}} = \mathbf{\dfrac{1}{2^{2\frac{4}{5}}}}$ **(E)**

Lösungswort: **SUPER MATHE**

23. a) $\sqrt{12} = \sqrt{4 \cdot 3} = \sqrt{4} \cdot \sqrt{3} = \mathbf{2\sqrt{3}}$

b) $\sqrt{63} = \sqrt{9 \cdot 7} = \sqrt{9} \cdot \sqrt{7} = \mathbf{3\sqrt{7}}$

c) $\sqrt{1008} = \sqrt{2 \cdot 2 \cdot 2 \cdot 2 \cdot 3 \cdot 3 \cdot 7} = \sqrt{2 \cdot 2 \cdot 2 \cdot 2} \cdot \sqrt{3 \cdot 3} \cdot \sqrt{7} = 2 \cdot 2 \cdot 3 \cdot \sqrt{7} = \mathbf{12\sqrt{7}}$

d) $\sqrt{854} = \sqrt{\mathbf{2 \cdot 7 \cdot 61}}$ \qquad In der Primfaktorzerlegung kommt keine Primzahl mehrfach vor. Es kann nicht teilweise radiziert werden.

e) $\sqrt{8{,}1} = \sqrt{81 \cdot 0{,}1} = \sqrt{81} \cdot \sqrt{0{,}1} = \mathbf{9\sqrt{0{,}1}}$

f) $\sqrt{0{,}45} = \sqrt{45 \cdot 0{,}01} = \sqrt{9 \cdot 5 \cdot 0{,}01} = \sqrt{9} \cdot \sqrt{0{,}01} \cdot \sqrt{5} = 3 \cdot 0{,}1 \cdot \sqrt{5} = \mathbf{0{,}3\sqrt{5}}$

g) $\sqrt{29{,}40} = \sqrt{294 \cdot 0{,}1} = \sqrt{7 \cdot 7 \cdot 2 \cdot 3 \cdot 0{,}1} = \sqrt{7 \cdot 7} \cdot \sqrt{2 \cdot 3 \cdot 0{,}1} = \mathbf{7\sqrt{0{,}6}}$

h) $\sqrt{3u^2} = \sqrt{3} \cdot \sqrt{u^2} = \mathbf{\sqrt{3} \cdot |u|}$ \qquad Das Vorzeichen von u bleibt offen. Der Betrag muss stehen bleiben.

i) $\sqrt{4w^2} = \sqrt{4} \cdot \sqrt{w^2} = \mathbf{2 \cdot |w|}$ \qquad Das Vorzeichen von w bleibt offen. Der Betrag muss stehen bleiben.

j) $\sqrt{32x^2} = \sqrt{16 \cdot x^2 \cdot 2} = \sqrt{16} \cdot \sqrt{x^2} \cdot \sqrt{2} = \mathbf{4 \cdot |x| \cdot \sqrt{2}}$

k) $\sqrt{27u^6} = \sqrt{9 \cdot u^6 \cdot 3} = \sqrt{9} \cdot \sqrt{u^6} \cdot \sqrt{3}$
$= 3 \cdot |u^3| \cdot \sqrt{3} = \mathbf{3\sqrt{3} \cdot |u|^3}$ \qquad Der ungerade Exponent führt bei einem negativen u zu einem negativen u^3. Der Betrag muss stehen bleiben.

l) $\sqrt{x^3 y^3} = \sqrt{x^2 \cdot y^2 \cdot x \cdot y} = \sqrt{x^2} \cdot \sqrt{y^2} \cdot \sqrt{xy} = \mathbf{|x| \cdot |y| \cdot \sqrt{xy}}$

m) $\sqrt{225u^3} = \sqrt{5 \cdot 5 \cdot 3 \cdot 3 \cdot u^3} = \sqrt{5 \cdot 5 \cdot 3 \cdot 3} \cdot \sqrt{u^3}$
$= 5 \cdot 3 \cdot \sqrt{u^2 \cdot u} = 15 \cdot \sqrt{u^2} \cdot \sqrt{u} = \mathbf{15 \cdot |u| \cdot \sqrt{u}}$

n) $\sqrt{a^2 \cdot b^3 \cdot c^4} = \sqrt{a \cdot a \cdot b \cdot b \cdot b \cdot c \cdot c \cdot c \cdot c}$
$= \sqrt{a \cdot a} \cdot \sqrt{b \cdot b} \cdot \sqrt{b} \cdot \sqrt{c \cdot c \cdot c \cdot c}$
$= |a| \cdot |b| \cdot \sqrt{b} \cdot |c^2|$
$= \mathbf{|a| \cdot |b| \cdot c^2 \cdot \sqrt{b}}$ \qquad c^2 ist nie negativ.

24. a) $\sqrt{3x}$
$3x \geq 0 \quad |:3$
$x \geq 0$

Der Radikand ist für $\mathbf{x \geq 0}$ nicht negativ und damit definiert.

b) $\sqrt{2x-1}$

$2x - 1 \geq 0 \quad |+1$
$2x \geq 1 \quad |:2$
$x \geq \dfrac{1}{2}$

Der Radikand ist für $x \geq \dfrac{1}{2}$ nicht negativ und damit definiert.

c) $\sqrt{-2x}$

$-2x \geq 0 \quad |:(-2)$ Division durch eine negative Zahl verändert
$x \leq 0$ das Ungleichungszeichen.

Der Radikand ist für $x \leq 0$ nicht negativ und damit definiert.

d) $\sqrt{2x^2}$

$2x^2 \geq 0$

Diese Ungleichung ist für alle $x \in \mathbb{R}$ erfüllt. Setzt man z. B. $x = -5$ ein, erhält man mit $2 \cdot (-5)^2 = 2 \cdot 25 = 50$ eine positive Zahl. Das Minuszeichen wird „wegquadriert".
Der Term $\sqrt{2x^2}$ ist für alle $x \in \mathbb{R}$ erfüllt.

e) $\sqrt{-x^2}$

$-x^2 \geq 0 \quad |\cdot(-1)$ Multiplikation mit einer negativen Zahl
$x^2 \leq 0$ verändert das Ungleichheitszeichen.

Quadriert man eine negative Zahl, ist das Ergebnis positiv. Diese Ungleichung ist deshalb nur für $x = 0$ erfüllt.
Der Term $\sqrt{-x^2}$ ist nur für $x = 0$ definiert.

f) $\sqrt{x^2 + \sqrt{2}}$

$x^2 + \sqrt{2} \geq 0 \quad |-\sqrt{2}$
$x^2 \geq -\sqrt{2}$

Jedes Quadrat einer reellen Zahl ist größer oder gleich null. Die letzte Ungleichung ist deshalb immer erfüllt.
Der Term $\sqrt{x^2 + \sqrt{2}}$ ist für alle $x \in \mathbb{R}$ nicht negativ und damit definiert.

g) $\sqrt{\dfrac{1}{8}x^3 - 1}$

$\dfrac{1}{8}x^3 - 1 \geq 0 \quad |+1$
$\dfrac{1}{8}x^3 \geq 1 \quad |\cdot 8$
$x^3 \geq 8$
$x \geq 2$

Der Term $\sqrt{\dfrac{1}{8}x^3 - 1}$ ist für $x \geq 2$ nicht negativ und damit definiert.

h) $\sqrt{\frac{1}{3}x - \frac{1}{2}}$

$$\frac{1}{3}x - \frac{1}{2} \geq 0 \quad \Big| + \frac{1}{2}$$

$$\frac{1}{3}x \geq \frac{1}{2} \quad \Big| \cdot 3$$

$$x \geq \frac{3}{2}$$

Der Radikand ist für $x \geq \frac{3}{2}$ nicht negativ und damit definiert.

i) $\sqrt{x \cdot (x+1)}$

$x \cdot (x+1) \geq 0$

1. Fall: $x \cdot (x+1) = 0$
Ein Produkt ist gleich null, falls einer der beiden Faktoren null ist:
$x = 0$ oder $x = -1$

2. Fall: $x \cdot (x+1) > 0$
Ein Produkt ist größer als null, falls beide Faktoren größer als null oder beide Faktoren kleiner als null sind.

i) $x > 0$
     $x + 1 > 0 \Rightarrow x > -1$ **Beides ist für $x > 0$ erfüllt.**

ii) $x < 0$
     $x + 1 < 0 \Rightarrow x < -1$ **Beides ist für $x < -1$ erfüllt.**

Der Radikand ist für $x \leq -1$ und $x \geq 0$ nicht negativ und damit definiert.

j) $\sqrt{x^2 - 2}$

$$x^2 - 2 \geq 0$$
$$x^2 \geq 2 \quad |+2$$
$$x \geq \sqrt{2}$$
$$x \leq -\sqrt{2}$$

Der Radikand ist für $x \leq -\sqrt{2}$ und $x \geq \sqrt{2}$ nicht negativ und damit definiert.

k) $\sqrt{(x-1) \cdot (x+2)}$

$(x-1) \cdot (x+2) \geq 0$

1. Fall: $(x-1) \cdot (x+2) = 0$
Ein Produkt ist gleich null, falls einer der beiden Faktoren null ist:
$x = 1$ oder $x = -2$

2. Fall: $(x-1) \cdot (x+2) > 0$
Ein Produkt ist größer als null, falls beide Faktoren größer als null oder beide Faktoren kleiner als null sind.

i) $x-1 > 0 \Rightarrow x > 1$
   $x+2 > 0 \Rightarrow x > -2$

   Beides ist für x > 1 erfüllt.

ii) $x-1 < 0 \Rightarrow x < 1$
    $x+2 < 0 \Rightarrow x < -2$

    Beides ist für x < -2 erfüllt.

Der Radikand ist für **x ≤ -2** und **x ≥ 1** nicht negativ und damit definiert.

l) $\sqrt{\dfrac{x-1}{x+1}}$

$\dfrac{x-1}{x+1} \geq 0$

1. Fall: $\dfrac{x-1}{x+1} = 0$

Ein Quotient ist null, falls der Zähler null ist. Der Nenner muss dabei ungleich null sein.
$x - 1 = 0$
   $x = 1$ (Der Nenner ist ungleich null.)

2. Fall: $\dfrac{x-1}{x+1} > 0$

Ein Quotient ist größer als null, falls Zähler und Nenner größer als null oder Zähler und Nenner kleiner als null sind.

i) $x-1 > 0 \Rightarrow x > 1$
   $x+1 > 0 \Rightarrow x > -1$

   Beides ist für x > 1 erfüllt.

ii) $x-1 < 0 \Rightarrow x < 1$
    $x+1 < 0 \Rightarrow x < -1$

    Beides ist für x < -1 erfüllt.

Der Radikand ist für **x < -1** und **x ≥ 1** nicht negativ und damit definiert.

25. a) Behauptung: $\sqrt{a+b} = \sqrt{a} + \sqrt{b}$
Setze $a = 4$ und $b = 9$ ein:

$\sqrt{4+9} = \sqrt{4} + \sqrt{9}$
$\sqrt{13} = 2 + 3$
$\sqrt{13} = 5$

Findet man zwei Zahlen, die eingesetzt keine wahre Aussage liefern, so ist die Behauptung widerlegt.

Das ist eine falsche Aussage. Die Annahme $\sqrt{a+b} = \sqrt{a} + \sqrt{b}$ ist damit widerlegt.

b) Behauptung: $\sqrt{a-b} = \sqrt{a} - \sqrt{b}$
Setze a = 25 und b = 9 ein:
$\sqrt{25-9} = \sqrt{25} - \sqrt{9}$
$\sqrt{16} = 5 - 3$
$4 = 2$ ↯

Das ist eine falsche Aussage. Die Annahme $\sqrt{a-b} = \sqrt{a} - \sqrt{b}$ ist damit widerlegt.

c) Behauptung: Der Quotient zweier irrationaler Zahlen ist wieder irrational.
$\sqrt{2}$ und $\sqrt{8}$ sind zwei irrationale Zahlen.
Der Quotient $\sqrt{8} : \sqrt{2} = \sqrt{8:2} = \sqrt{4} = 2$ ist eine natürliche und damit eine rationale Zahl. Die Behauptung ist widerlegt.

26. a) $\sqrt{(-5)^2} = |-5| = \mathbf{5}$ $\qquad$ $\sqrt{a^2} = |a|$

b) $\sqrt{(-3a)^2} = |-3a| = \mathbf{3 \cdot |a|}$ $\qquad$ a < 0 ist möglich. Der Betrag bleibt deshalb stehen.

c) $\sqrt{\dfrac{1}{a^4}} = \sqrt{\left(\dfrac{1}{a^2}\right)^2} = \left|\dfrac{1}{a^2}\right| = \mathbf{\dfrac{1}{a^2}}$ $\qquad$ a^2 ist nicht negativ.

d) $\sqrt{10^{-8}} = \sqrt{\dfrac{1}{10^8}} = \sqrt{\left(\dfrac{1}{10^4}\right)^2} = \mathbf{\dfrac{1}{10^4}}$

e) $\sqrt{25u^2} = \sqrt{25} \cdot \sqrt{u^2} = \mathbf{5 \cdot |u|}$ $\qquad$ u < 0 ist möglich. Der Betrag bleibt deshalb stehen.

f) $\sqrt{(-10^2)^3} = \sqrt{-10^6}$ ↯ nicht definiert!
$-10^6 = -1\,000\,000 < 0$ ist als Radikand ungeeignet.

g) $\sqrt{16x^4y^2} = \sqrt{(4x^2y)^2} = |4x^2y|$ $\qquad$ x^2 und 4 sind nicht negativ.
$\qquad\qquad\quad = \mathbf{4x^2 \cdot |y|}$ $\qquad$ y < 0 ist möglich. Der Betrag bleibt stehen.

h) $\sqrt{(8+a)^2} = \mathbf{|8+a|}$

i) $\sqrt{16x^2}^3 = \sqrt{(4x)^2}^3 = |4x|^3$ $\qquad$ x kann auch negativ sein. Der Exponent 3
$\qquad\qquad\;\; = 4^3 \cdot |x|^3 = \mathbf{64 \cdot |x|^3}$ $\qquad$ erhält das negative Vorzeichen.

j) $\sqrt{x^3} \cdot \sqrt{x}$

Dieser Term ist nur für $x \geq 0$ definiert.

$\sqrt{x^3} \cdot \sqrt{x} = \sqrt{x^3 \cdot x} = \sqrt{x^4} = |x^2| = x^2$ für $x \geq 0$.

In x^2 könnte man negative Zahlen einsetzen, dies gilt jedoch nicht für den Ausgangsterm.

k) $\sqrt{(x+2)^2} = |x+2|$

l) $\sqrt{(x-1) \cdot (x+1) + 1} = \sqrt{x^2 - 1 + 1}$ $(x-1) \cdot (x+1) = x^2 - x + x - 1^2$
$= \sqrt{x^2} = |x|$ $ = x^2 - 1$

m) $\dfrac{\sqrt{27a^3}}{\sqrt{2a}}$

Dieser Term ist nur für $a > 0$ definiert. $a = 0$ muss wegen des Nenners ausgeschlossen werden.

$\dfrac{\sqrt{27a^3}}{\sqrt{2a}} = \sqrt{\dfrac{27a^3}{2a}} = \sqrt{\dfrac{9 \cdot 3}{2} \cdot a^2} = \sqrt{9} \cdot \sqrt{\dfrac{3}{2}} \cdot \sqrt{a^2}$

$= 3 \cdot \sqrt{\dfrac{3}{2}} \cdot |a| \underset{a > 0}{=} 3a\sqrt{\dfrac{3}{2}}$ für $a > 0$

In $3 \cdot \sqrt{\dfrac{3}{2}} \cdot |a|$ könnte man für a negative Zahlen und die Null einsetzen, dies gilt jedoch nicht für den Ausgangsterm.

n) $\dfrac{\sqrt{8} \cdot \sqrt{u^2}}{\sqrt{2u^2}}$

Das quadratische u ist für alle $u \in \mathbb{R}$ nicht negativ. $u = 0$ darf wegen des Nenners nicht eingesetzt werden.

$\dfrac{\sqrt{8} \cdot \sqrt{u^2}}{\sqrt{2u^2}} = \sqrt{\dfrac{8 \cdot u^2}{2 \cdot u^2}} = \sqrt{4} = 2$

für alle $u \in \mathbb{R} \setminus \{0\}$

o) $\dfrac{\sqrt{18} \cdot u}{\sqrt{2u^2}}$

Wegen des Nenners darf man $u = 0$ nicht einsetzen.

$\dfrac{\sqrt{18} \cdot u}{\sqrt{2u^2}} = \dfrac{\sqrt{2 \cdot 9} \cdot u}{\sqrt{2} \cdot \sqrt{u^2}} = \dfrac{\sqrt{2} \cdot 3 \cdot u}{\sqrt{2} \cdot |u|} = 3 \cdot \dfrac{u}{|u|}$

für alle $u \in \mathbb{R} \setminus \{0\}$

Ohne Fallunterscheidung kann man $\frac{u}{|u|}$ nicht kürzen:

1. Fall: $u > 0$: $3 \cdot \frac{u}{|u|} = 3 \cdot \frac{u}{u} = 3$

2. Fall: $u < 0$: $3 \cdot \frac{u}{|u|} = 3 \cdot \frac{u}{-u} = -3$

p) $\dfrac{\sqrt{\frac{1}{2}s} \cdot \sqrt{\frac{1}{2}}}{\sqrt{s}}$

s darf als Radikand nicht negativ und als Nenner nicht null sein: $s > 0$

$$\frac{\sqrt{\frac{1}{2}s} \cdot \sqrt{\frac{1}{2}}}{\sqrt{s}} = \frac{\sqrt{\frac{1}{2}} \cdot \sqrt{s} \cdot \sqrt{\frac{1}{2}}}{\sqrt{s}} = \frac{\sqrt{\frac{1}{2}} \cdot \sqrt{\frac{1}{2}}}{1} = \frac{1}{2}$$

für alle $s \in \mathbb{R}^+$

27. a) $a \cdot b$ ist der Flächeninhalt eines Rechtecks mit den Seitenlängen a und b. $\sqrt{a \cdot b}$ ist die Seitenlänge eines Quadrats mit dem Flächeninhalt $a \cdot b$. Man macht aus einem Rechteck mit zwei verschiedenen Seitenlängen (a und b) ein flächengleiches Quadrat mit einer Seitenlänge ($\sqrt{a \cdot b}$).

b) Beispiel: $a = 3$ und $b = 12$

arithmetisches Mittel: $\dfrac{3 + 12}{2} = 7{,}5$

geometrisches Mittel: $\sqrt{3 \cdot 12} = \sqrt{36} = 6$

$7{,}5 > 6$

Egal welche Zahlenkombinationen man einsetzt, das geometrische Mittel ist nie größer als das arithmetische Mittel:

$\dfrac{a + b}{2} \geq \sqrt{a \cdot b}$

c) $\dfrac{a + b}{2} = \sqrt{a \cdot b}$ Es werden beide Seiten der Gleichung quadriert.

$\dfrac{(a + b) \cdot (a + b)}{2 \cdot 2} = \sqrt{a \cdot b} \cdot \sqrt{a \cdot b}$

$\dfrac{a^2 + ab + ba + b^2}{4} = a \cdot b \quad | \cdot 4$

$a^2 + 2ab + b^2 = 4ab \quad | -4ab$

$a^2 - 2ab + b^2 = 0 \qquad a^2 - 2ab + b^2 = (a - b)^2$

$(a - b)^2 = 0$

Das gilt nur für $a = b$.

Das arithmetische und das geometrische Mittel sind nur für **a = b** gleich.

28. a) Periodenlänge:
Der Pendelvorgang weist eine Regelmäßigkeit auf. Die kürzeste Zeitdauer, bis sich ein bestimmter Zustand in der Bewegung wiederholt, heißt Periodenlänge. Ein Zustand wird durch Ort und Geschwindigkeit (Betrag und Richtung) definiert.

Massenunabhängigkeit:
Die Formel für die Periodenlänge ist unabhängig von der Masse m des Pendelkörpers. Man erhält dieselbe Periodenlänge, egal ob 1 kg oder 5 kg am Ende des Fadens pendeln.

b) $\ell = 67$ m; $g = 9{,}81 \frac{m}{s^2}$

$$T = 2\pi\sqrt{\frac{\ell}{g}} = 2\pi \cdot \sqrt{\frac{67 \text{ m}}{9{,}81 \frac{m}{s^2}}} = 2\pi \cdot \sqrt{\frac{67 \text{ m} \cdot s^2}{9{,}81 \text{ m}}} \approx 16{,}4 \text{ s}$$

Die Periodenlänge des Foucault-Pendels im Pantheon beträgt **16,4 s**.

c) $T = 1$ s; $g = 9{,}81 \frac{m}{s^2}$

Die Gleichung $T = 2\pi\sqrt{\frac{\ell}{g}}$ muss nach der gesuchten Größe ℓ aufgelöst werden.

$$T = 2\pi\sqrt{\frac{\ell}{g}} \quad | \text{quadrieren}$$

$$T^2 = 4\pi^2 \frac{\ell}{g} \quad | \cdot g$$

$$T^2 \cdot g = 4\pi^2 \cdot \ell \quad | : (4\pi^2)$$

$$\ell = \frac{T^2 \cdot g}{4\pi^2}$$

Setze $T = 1$ s und $g = 9{,}81 \frac{m}{s^2}$ in die Gleichung für ℓ ein:

$$\ell = \frac{(1 \text{ s})^2 \cdot 9{,}81 \frac{m}{s^2}}{4\pi^2} \approx 25 \text{ cm}$$

Bei einer Pendellänge von **25 cm** hat man die Periodenlänge 1 s.

29. a) $(u+v)^2 =$
$\mathbf{u^2 + 2uv + v^2}$

    1. binomische Formel
    $(a+b)^2 = a^2 + 2ab + b^2$
    Zuordnung: $a \leftrightarrow u$; $b \leftrightarrow v$

b) $(3+x)^2 =$
$3^2 + 2 \cdot 3 \cdot x + x^2 =$
$\mathbf{9 + 6x + x^2}$

    1. binomische Formel
    $(a+b)^2 = a^2 + 2ab + b^2$
    Zuordnung: $a \leftrightarrow 3$; $b \leftrightarrow x$

c) $(\sqrt{2}+s)^2 =$
$\sqrt{2}^2 + 2\cdot\sqrt{2}\cdot s + s^2 =$
$\mathbf{2 + 2\sqrt{2}\,s + s^2}$

1. binomische Formel
$(a+b)^2 = a^2 + 2ab + b^2$
Zuordnung: $a \leftrightarrow \sqrt{2}$; $b \leftrightarrow s$

d) $(\sqrt{3}+\sqrt{t})^2 =$
$\sqrt{3}^2 + 2\cdot\sqrt{3}\cdot\sqrt{t} + \sqrt{t}^2 =$
$\mathbf{3 + 2\sqrt{3t} + t}$

1. binomische Formel
$(a+b)^2 = a^2 + 2ab + b^2$
Zuordnung: $a \leftrightarrow \sqrt{3}$; $b \leftrightarrow \sqrt{t}$

e) $(u-v)^2 =$
$\mathbf{u^2 - 2uv + v^2}$

2. binomische Formel
$(a-b)^2 = a^2 - 2ab + b^2$
Zuordnung: $a \leftrightarrow u$; $b \leftrightarrow v$

f) $(y-3)^2 =$
$y^2 - 2\cdot y\cdot 3 + 3^2 =$
$\mathbf{y^2 - 6y + 9}$

2. binomische Formel
$(a-b)^2 = a^2 - 2ab + b^2$
Zuordnung: $a \leftrightarrow y$; $b \leftrightarrow 3$

g) $(\sqrt{y}-2)^2 =$
$\sqrt{y}^2 - 2\cdot\sqrt{y}\cdot 2 + 2^2 =$
$\mathbf{y - 4\sqrt{y} + 4}$

2. binomische Formel
$(a-b)^2 = a^2 - 2ab + b^2$
Zuordnung: $a \leftrightarrow \sqrt{y}$; $b \leftrightarrow 2$

h) $(\sqrt{z}-\sqrt{z^3})^2 =$
$\sqrt{z}^2 - 2\cdot\sqrt{z}\cdot\sqrt{z^3} + \sqrt{z^3}^2 =$
$z - 2\cdot\sqrt{z^4} + z^3 =$
$\mathbf{z - 2z^2 + z^3}$

2. binomische Formel
$(a-b)^2 = a^2 - 2ab + b^2$
Zuordnung: $a \leftrightarrow \sqrt{z}$; $b \leftrightarrow \sqrt{z^3}$

i) $(-a-b)^2 =$
$((-a)+(-b))^2 =$
$(-a)^2 + 2\cdot(-a)\cdot(-b) + (-b)^2 =$
$\mathbf{a^2 + 2ab + b^2}$

1. binomische Formel
$(a+b)^2 = a^2 + 2ab + b^2$
Zuordnung: $a \leftrightarrow -a$; $b \leftrightarrow -b$

j) $(-2x-3y)^2 =$
$((-2x)+(-3y))^2 =$
$(-2x)^2 + 2\cdot(-2x)\cdot(-3y) + (-3y)^2 =$
$\mathbf{4x^2 + 12xy + 9y^2}$

1. binomische Formel
$(a+b)^2 = a^2 + 2ab + b^2$
Zuordnung: $a \leftrightarrow -2x$; $b \leftrightarrow -3y$

k) $(-\sqrt{2}x+\sqrt{3})^2 =$
$(-\sqrt{2}x)^2 + 2\cdot(-\sqrt{2}x)\cdot\sqrt{3} + \sqrt{3}^2 =$
$2x^2 - 2\cdot\sqrt{2}\cdot\sqrt{3}\cdot x + 3 =$
$\mathbf{2x^2 - 2\sqrt{6}x + 3}$

1. binomische Formel
$(a+b)^2 = a^2 + 2ab + b^2$
Zuordnung: $a \leftrightarrow -\sqrt{2}x$; $b \leftrightarrow \sqrt{3}$

l) $(-7x^3 - \sqrt{3}y^5)^2 =$
$((-7x^3) + (-\sqrt{3}y^5))^2 =$
$(-7x^3)^2 + 2 \cdot (-7x^3) \cdot (-\sqrt{3}y^5) + (-\sqrt{3}y^5)^2 =$
$49x^6 - 14x^3 \cdot (-\sqrt{3}y^5) + 3y^{10} =$
$\mathbf{49x^6 + 14\sqrt{3}x^3y^5 + 3y^{10}}$

1. binomische Formel
$(a+b)^2 = a^2 + 2ab + b^2$
Zuordnung: $a \leftrightarrow -7x^3$
$b \leftrightarrow -\sqrt{3}y^5$

m) $(x-y) \cdot (x+y) =$
$\mathbf{x^2 - y^2}$

3. binomische Formel
$(a-b) \cdot (a+b) = a^2 - b^2$
Zuordnung: $a \leftrightarrow x$; $b \leftrightarrow y$

n) $(\sqrt{3}x - \sqrt{2}y) \cdot (\sqrt{3}x + \sqrt{2}y) =$
$(\sqrt{3}x)^2 - (\sqrt{2}y)^2 =$
$\mathbf{3x^2 - 2y^2}$

3. binomische Formel
$(a-b) \cdot (a+b) = a^2 - b^2$
Zuordnung: $a \leftrightarrow \sqrt{3}x$; $b \leftrightarrow \sqrt{2}y$

o) $(2s - 3t) \cdot (3t - 2s) =$
$-(-2s + 3t) \cdot (3t - 2s) =$
$-(3t - 2s) \cdot (3t - 2s) =$
$-((3t)^2 - 2 \cdot 3t \cdot 2s + (2s)^2) =$
$-(9t^2 - 12ts + 4s^2) =$
$\mathbf{-9t^2 + 12ts - 4s^2}$

2. binomische Formel
$(a-b)^2 = a^2 - 2ab + b^2$
Zuordnung: $a \leftrightarrow 3t$; $b \leftrightarrow 2s$

p) $(3\sqrt{5} - 5\sqrt{3}) \cdot (3\sqrt{5} + 5\sqrt{3}) =$
$(3\sqrt{5})^2 - (5\sqrt{3})^2 =$
$9 \cdot 5 - 25 \cdot 3 =$
$45 - 75 =$
$\mathbf{-30}$

3. binomische Formel
$(a-b) \cdot (a+b) = a^2 - b^2$
Zuordnung: $a \leftrightarrow 3\sqrt{5}$; $b \leftrightarrow 5\sqrt{3}$

30. a) $64x^2 + 16xy + y^2 =$
$(8x)^2 + 2 \cdot 8x \cdot y + y^2 =$
$\mathbf{(8x+y)^2}$

1. binomische Formel
$(a+b)^2 = a^2 + 2ab + b^2$
Zuordnung: $a \leftrightarrow 8x$; $b \leftrightarrow y$

b) $2a^2 + 4ab + 2b^2 =$
$2 \cdot (a^2 + 2ab + b^2) =$
$\mathbf{2 \cdot (a+b)^2}$

1. binomische Formel
$(a+b)^2 = a^2 + 2ab + b^2$
Zuordnung: $a \leftrightarrow a$; $b \leftrightarrow b$

c) $2y^2 - 2\sqrt{2}y + 1 =$
$(\sqrt{2}y)^2 - 2 \cdot \sqrt{2} \cdot y \cdot 1 + 1^2 =$
$\mathbf{(\sqrt{2}y - 1)^2}$

2. binomische Formel
$(a-b)^2 = a^2 - 2ab + b^2$
Zuordnung: $a \leftrightarrow \sqrt{2}y$; $b \leftrightarrow 1$

d) $36s^2 - 24st + 4t^2 =$
$(6s)^2 - 2 \cdot 6s \cdot 2t + (2t)^2 =$
$\mathbf{(6s - 2t)^2}$

2. binomische Formel
$(a-b)^2 = a^2 - 2ab + b^2$
Zuordnung: $a \leftrightarrow 6s$; $b \leftrightarrow 2t$

e) $3x^2 - 2\sqrt{6}xy + 2y^2 =$
   $(\sqrt{3}x)^2 - 2\cdot\sqrt{3}x\cdot\sqrt{2}y + (\sqrt{2}y)^2 =$
   $\mathbf{(\sqrt{3}x - \sqrt{2}y)^2}$

   2. binomische Formel
   $(a-b)^2 = a^2 - 2ab + b^2$
   Zuordnung: $a \leftrightarrow \sqrt{3}x;\ b \leftrightarrow \sqrt{2}y$

f) $4x^2 - 9y^2 =$
   $(2x)^2 - (3y)^2 =$
   $\mathbf{(2x-3y)\cdot(2x+3y)}$

   3. binomische Formel
   $a^2 - b^2 = (a-b)\cdot(a+b)$
   Zuordnung: $a \leftrightarrow 2x;\ b \leftrightarrow 3y$

g) $-7a^2 + 3y^2 =$
   $3y^2 - 7a^2 =$
   $(\sqrt{3}y)^2 - (\sqrt{7}a)^2 =$
   $\mathbf{(\sqrt{3}y - \sqrt{7}a)\cdot(\sqrt{3}y + \sqrt{7}a)}$

   3. binomische Formel
   $a^2 - b^2 = (a-b)\cdot(a+b)$
   Zuordnung: $a \leftrightarrow \sqrt{3}y;\ b \leftrightarrow \sqrt{7}a$

h) $x^2c^2 + 2x^2cy + x^2y^2 =$
   $(xc)^2 + 2\cdot xc\cdot xy + (xy)^2 =$
   $\mathbf{(xc + xy)^2}$

   1. binomische Formel
   $(a+b)^2 = a^2 + 2ab + b^2$
   Zuordnung: $a \leftrightarrow xc;\ b \leftrightarrow xy$

i) $16m^2 - 48mn + 36n^2 =$
   $(4m)^2 - 2\cdot 4m\cdot 6n + (6n)^2 =$
   $\mathbf{(4m - 6n)^2}$

   2. binomische Formel
   $(a-b)^2 = a^2 - 2ab + b^2$
   Zuordnung: $a \leftrightarrow 4m;\ b \leftrightarrow 6n$

j) $-48u^2 + 2\cdot 4\sqrt{3}u\cdot 7v - 49v^2 =$
   $-(48u^2 - 2\cdot 4\sqrt{3}u\cdot 7v + 49v^2) =$
   $-((4\sqrt{3}u)^2 - 2\cdot 4\sqrt{3}u\cdot 7v + (7v)^2) =$
   $\mathbf{-(4\sqrt{3}u - 7v)^2}$

   2. binomische Formel
   $(a-b)^2 = a^2 - 2ab + b^2$
   $\sqrt{48} = \sqrt{16\cdot 3} = 4\sqrt{3}$
   Zuordnung: $a \leftrightarrow 4\sqrt{3}u;\ b \leftrightarrow 7v$

31. a) $(a-b)^2 = (a-b)\cdot(a-b)$
   $= a\cdot a - a\cdot b - b\cdot a + b\cdot b$
   $= a^2 - ab - ab + b^2$
   $= \mathbf{a^2 - 2ab + b^2}$

   b) $(a-b)\cdot(a+b) =$
   $a\cdot a + a\cdot b - b\cdot a - b\cdot b =$
   $a^2 + ab - ab - b^2 =$
   $\mathbf{a^2 - b^2}$

32. Veranschaulichung der 2. binomischen Formel: $a^2 - 2ab + b^2 = (a-b)^2$

Das gesamte Quadrat hat den Flächeninhalt a^2. Um den Flächeninhalt des Quadrats mit den Seitenlängen $a-b$ zu berechnen, muss man von a^2 die überschüssigen Flächen abziehen:
$(a-b)^2 = a^2 - ab - ab + b^2$
Zieht man zweimal $a\cdot b$ ab, hat man die Quadratfläche b^2 doppelt abgezogen und muss diese noch einmal dazu addieren.

33. a) $y^2 + \text{🐙} + 4b^2 =$
$y^2 + \text{🐙} + (2b)^2 =$
$y^2 + \mathbf{2 \cdot y \cdot 2b} + (2b)^2 =$
$y^2 + \mathbf{4yb} + 4b^2$

1. binomische Formel
$(a+b)^2 = a^2 + 2ab + b^2$
Zuordnung: $a \leftrightarrow y;\ b \leftrightarrow 2b$

b) $2t^2 + 4t + \text{🐙} =$
$2 \cdot (t^2 + 2t + \text{🐙}) =$
$2 \cdot (t^2 + 2t + \mathbf{1}) =$
$2t^2 + 4t + \mathbf{2}$

1. binomische Formel
$(a+b)^2 = a^2 + 2ab + b^2$
Zuordnung: $a \leftrightarrow t;\ b \leftrightarrow 1$

c) $\text{🐙} - 48ac + 9c^2 =$
$\text{🐙} - 2 \cdot 8a \cdot 3c + (3c)^2 =$
$\mathbf{(8a)^2} - 2 \cdot 8a \cdot 3c + (3c)^2 =$
$\mathbf{64a^2} - 48ac + 9c^2$

2. binomische Formel
$(a-b)^2 = a^2 - 2ab + b^2$
Zuordnung: $a \leftrightarrow 8a;\ b \leftrightarrow 3c$

d) $x^2y^2 + \text{🐙} + a^2c^2 =$
$(xy)^2 + \text{🐙} + (ac)^2 =$
$(xy)^2 + \mathbf{2 \cdot xy \cdot ac} + (ac)^2 =$
$x^2y^2 + \mathbf{2acxy} + a^2c^2$

1. binomische Formel
$(a+b)^2 = a^2 + 2ab + b^2$
Zuordnung: $a \leftrightarrow xy;\ b \leftrightarrow ac$

e) $x + 2\sqrt{xy} + \text{🐙} =$
$(\sqrt{x})^2 + 2 \cdot \sqrt{x} \cdot \sqrt{y} + \text{🐙} =$
$\sqrt{x}^2 + 2\sqrt{x}\sqrt{y} + \mathbf{\sqrt{y}^2} =$
$x + 2\sqrt{xy} + \mathbf{y}$

1. binomische Formel
$(a+b)^2 = a^2 + 2ab + b^2$
Zuordnung: $a \leftrightarrow \sqrt{x};\ b \leftrightarrow \sqrt{y}$

f) $\text{🐙} - \frac{1}{9}rs + \frac{1}{36}s^2 =$
$\text{🐙} - 2 \cdot \frac{1}{18}rs + \left(\frac{1}{6}s\right)^2 =$
$\text{🐙} - 2 \cdot \frac{1}{3}r \cdot \frac{1}{6}s + \left(\frac{1}{6}s\right)^2 =$
$\mathbf{\left(\frac{1}{3}r\right)^2} - 2 \cdot \frac{1}{3}r \cdot \frac{1}{6}s + \left(\frac{1}{6}s\right)^2 =$
$\mathbf{\frac{1}{9}r^2} - \frac{1}{9}rs + \frac{1}{36}s^2$

2. binomische Formel
$(a-b)^2 = a^2 - 2ab + b^2$
Zuordnung: $a \leftrightarrow \frac{1}{3}r;\ b \leftrightarrow \frac{1}{6}s$

g) $x^8 - 2x^4y^2$ 🌀 $=$
$x^8 - 2x^4y^2 +$ 🌀 $=$
$(x^4)^2 - 2 \cdot x^4 \cdot y^2 +$ 🌀 $=$ 2. binomische Formel
$(x^4)^2 - 2x^4y^2 + \mathbf{(y^2)^2} =$ $(a-b)^2 = a^2 - 2ab + b^2$
$x^8 - 2x^4y^2 + \mathbf{y^4}$ Zuordnung: $a \leftrightarrow x^4;\ b \leftrightarrow y^2$

h) $u +$ 🌀 $+ v =$
$\sqrt{u}^2 +$ 🌀 $+ \sqrt{v}^2 =$ 1. binomische Formel
$\sqrt{u}^2 + \mathbf{2 \cdot \sqrt{u} \cdot \sqrt{v}} + \sqrt{v}^2 =$ $(a+b)^2 = a^2 + 2ab + b^2$
$u + \mathbf{2\sqrt{uv}} + v$ Zuordnung: $a \leftrightarrow \sqrt{u};\ b \leftrightarrow \sqrt{v}$

i) $x^4y^2 - 2x^3y^3 +$ 🌀 $=$ 2. binomische Formel
$(x^2y)^2 - 2 \cdot x^2y \cdot xy^2 +$ 🌀 $=$ $(a-b)^2 = a^2 - 2ab + b^2$
$(x^2y)^2 - 2 \cdot x^2y \cdot xy^2 + \mathbf{(xy^2)^2} =$ Zuordnung: $a \leftrightarrow x^2y;\ b \leftrightarrow xy^2$
$x^4y^2 - 2x^3y^3 + \mathbf{x^2y^4}$

j) $\dfrac{3}{4}k^2$ 🌀 $+ \dfrac{3}{25}\ell^2 =$ 1. und 2. binomische Formel sind möglich

1. Fall: 1. binomische Formel
$\qquad (a+b)^2 = a^2 + 2ab + b^2$
$\qquad\qquad\qquad\qquad\qquad\uparrow$
$\dfrac{3}{4}k^2 +$ 🌀 $+ \dfrac{3}{25}\ell^2 =$

$3 \cdot \left(\dfrac{1}{4}k^2 +\ $🌀$\ + \dfrac{1}{25}\ell^2 \right) =$

$3 \cdot \left(\left(\dfrac{1}{2}k\right)^2 +\ $🌀$\ + \left(\dfrac{1}{5}\ell\right)^2 \right) =$ Zuordnung: $a \leftrightarrow \dfrac{1}{2}k;\ b \leftrightarrow \dfrac{1}{5}\ell$

$3 \cdot \left(\left(\dfrac{1}{2}k\right)^2 + \mathbf{2 \cdot \dfrac{1}{2}k \cdot \dfrac{1}{5}\ell} + \left(\dfrac{1}{5}\ell\right)^2 \right) =$

$3 \cdot \left(\dfrac{1}{4}k^2 + \mathbf{\dfrac{1}{5}k\ell} + \dfrac{1}{25}\ell^2 \right) =$

$\dfrac{3}{4}k^2 + \mathbf{\dfrac{3}{5}k\ell} + \dfrac{3}{25}\ell^2$

2. Fall: 2. binomische Formel
$$(a-b)^2 = a^2 - 2ab + b^2$$
$$\frac{3}{4}k^2 - \text{\textcolor{gray}{\rule{1em}{1em}}} + \frac{3}{25}\ell^2 =$$

Die Rechnung ist identisch zum 1. Fall

$$\frac{3}{4}k^2 - \frac{3}{5}k\ell + \frac{3}{25}\ell^2$$

34. a) $\dfrac{1}{\sqrt{5}} = \dfrac{1 \cdot \sqrt{5}}{\sqrt{5} \cdot \sqrt{5}} = \dfrac{\sqrt{5}}{5}$

b) $\dfrac{7}{\sqrt{6}} = \dfrac{7 \cdot \sqrt{6}}{\sqrt{6} \cdot \sqrt{6}} = \dfrac{7\sqrt{6}}{6}$

c) $\dfrac{\sqrt{3}}{\sqrt{2}} = \dfrac{\sqrt{3} \cdot \sqrt{2}}{\sqrt{2} \cdot \sqrt{2}} = \dfrac{\sqrt{6}}{2}$

d) $\dfrac{3}{4\sqrt{5}} = \dfrac{3 \cdot \sqrt{5}}{4\sqrt{5} \cdot \sqrt{5}} = \dfrac{3\sqrt{5}}{20}$

e) $\dfrac{\sqrt{2} - \sqrt{3}}{2\sqrt{5}} = \dfrac{(\sqrt{2} - \sqrt{3}) \cdot \sqrt{5}}{2\sqrt{5} \cdot \sqrt{5}} = \dfrac{\sqrt{2} \cdot \sqrt{5} - \sqrt{3} \cdot \sqrt{5}}{2 \cdot 5} = \dfrac{\sqrt{10} - \sqrt{15}}{10}$

f) $\dfrac{1}{1 + \sqrt{2}} = \dfrac{1 \cdot (1 - \sqrt{2})}{(1 + \sqrt{2}) \cdot (1 - \sqrt{2})} = \dfrac{1 - \sqrt{2}}{1^2 - \sqrt{2}^2} = \dfrac{1 - \sqrt{2}}{-1} = -1 + \sqrt{2}$

g) $\dfrac{1}{\sqrt{12} + \sqrt{3}} = \dfrac{1 \cdot (\sqrt{12} - \sqrt{3})}{(\sqrt{12} + \sqrt{3}) \cdot (\sqrt{12} - \sqrt{3})} = \dfrac{\sqrt{12} - \sqrt{3}}{\sqrt{12}^2 - \sqrt{3}^2} = \dfrac{\sqrt{12} - \sqrt{3}}{9}$

h) $\dfrac{\sqrt{3} + \sqrt{2}}{\sqrt{2} - \sqrt{3}} = \dfrac{(\sqrt{3} + \sqrt{2}) \cdot (\sqrt{2} + \sqrt{3})}{(\sqrt{2} - \sqrt{3}) \cdot (\sqrt{2} + \sqrt{3})} = \dfrac{(\sqrt{2} + \sqrt{3})^2}{\sqrt{2}^2 - \sqrt{3}^2} = \dfrac{(\sqrt{2} + \sqrt{3})^2}{-1}$

$= -(\sqrt{2}^2 + 2 \cdot \sqrt{2} \cdot \sqrt{3} + \sqrt{3}^2) = -2 - 2\sqrt{6} - 3 = -5 - 2\sqrt{6}$

i) $\dfrac{\frac{1}{2}\sqrt{3}}{\frac{1}{3}\sqrt{2} - \frac{1}{2}\sqrt{3}} = \dfrac{\frac{1}{2}\sqrt{3} \cdot \left(\frac{1}{3}\sqrt{2} + \frac{1}{2}\sqrt{3}\right)}{\left(\frac{1}{3}\sqrt{2} - \frac{1}{2}\sqrt{3}\right) \cdot \left(\frac{1}{3}\sqrt{2} + \frac{1}{2}\sqrt{3}\right)} = \dfrac{\frac{1}{6} \cdot \sqrt{3} \cdot \sqrt{2} + \frac{1}{4} \cdot \sqrt{3} \cdot \sqrt{3}}{\left(\frac{1}{3}\sqrt{2}\right)^2 - \left(\frac{1}{2}\sqrt{3}\right)^2}$

$= \dfrac{\frac{1}{6}\sqrt{6} + \frac{3}{4}}{\frac{1}{9} \cdot 2 - \frac{1}{4} \cdot 3} = \dfrac{\frac{1}{6}\sqrt{6} + \frac{3}{4}}{\frac{2}{9} - \frac{3}{4}} = \dfrac{\frac{1}{6}\sqrt{6} + \frac{3}{4}}{-\frac{19}{36}}$

$= \dfrac{1}{6}\sqrt{6} \cdot \left(-\dfrac{36}{19}\right) + \dfrac{3}{4} \cdot \left(-\dfrac{36}{19}\right) = -\dfrac{6}{19}\sqrt{6} - 1\dfrac{8}{19}$

j) $\dfrac{\sqrt{2}+\sqrt{5}}{\sqrt{2}\cdot\sqrt{5}} = \dfrac{(\sqrt{2}+\sqrt{5})\cdot\sqrt{2}\cdot\sqrt{5}}{\sqrt{2}\cdot\sqrt{5}\cdot\sqrt{2}\cdot\sqrt{5}} = \dfrac{\sqrt{2}^2\sqrt{5}+\sqrt{2}\cdot\sqrt{5}^2}{\sqrt{2}^2\cdot\sqrt{5}^2}$

$= \dfrac{2\cdot\sqrt{5}+5\cdot\sqrt{2}}{2\cdot 5} = \dfrac{2\sqrt{5}}{10}+\dfrac{5\cdot\sqrt{2}}{10} = \dfrac{\sqrt{5}}{5}+\dfrac{\sqrt{2}}{2}$

k) $\dfrac{1-\sqrt{3}}{\sqrt{3}+1} = \dfrac{(1-\sqrt{3})\cdot(\sqrt{3}-1)}{(\sqrt{3}+1)\cdot(\sqrt{3}-1)} = \dfrac{-(\sqrt{3}-1)\cdot(\sqrt{3}-1)}{\sqrt{3}^2-1^2} = \dfrac{-(\sqrt{3}-1)^2}{3-1}$

$= \dfrac{-(\sqrt{3}^2-2\sqrt{3}+1^2)}{2} = -\dfrac{1}{2}\cdot(3-2\sqrt{3}+1) = -\dfrac{1}{2}\cdot(4-2\sqrt{3})$

$= -2+\sqrt{3}$

l) $\dfrac{\sqrt{3}\cdot\sqrt{\tfrac{1}{2}}}{\sqrt{3}+\sqrt{\tfrac{1}{2}}} = \dfrac{\sqrt{3}\cdot\sqrt{\tfrac{1}{2}}\cdot\left(\sqrt{3}-\sqrt{\tfrac{1}{2}}\right)}{\left(\sqrt{3}+\sqrt{\tfrac{1}{2}}\right)\cdot\left(\sqrt{3}-\sqrt{\tfrac{1}{2}}\right)} = \dfrac{\sqrt{3}^2\cdot\sqrt{\tfrac{1}{2}}-\sqrt{3}\cdot\sqrt{\tfrac{1}{2}}^2}{\sqrt{3}^2-\sqrt{\tfrac{1}{2}}^2}$

$= \dfrac{3\sqrt{\tfrac{1}{2}}-\tfrac{1}{2}\sqrt{3}}{3-\tfrac{1}{2}} = \dfrac{3\sqrt{\tfrac{1}{2}}-\tfrac{1}{2}\sqrt{3}}{\tfrac{5}{2}} = \dfrac{2}{5}\cdot 3\sqrt{\tfrac{1}{2}}-\dfrac{2}{5}\cdot\dfrac{1}{2}\sqrt{3}$

$= \dfrac{6}{5}\sqrt{\dfrac{1}{2}}-\dfrac{1}{5}\sqrt{3}$

35. a) $\dfrac{\sqrt{y}}{\sqrt{x}} = \dfrac{\sqrt{y}\cdot\sqrt{x}}{\sqrt{x}\cdot\sqrt{x}} = \dfrac{\sqrt{yx}}{x}$

b) $\dfrac{1-s}{\sqrt{rs}} = \dfrac{(1-s)\cdot\sqrt{rs}}{\sqrt{rs}\cdot\sqrt{rs}} = \dfrac{(1-s)\sqrt{rs}}{rs}$

c) $\dfrac{\sqrt{a}}{\sqrt{a}+\sqrt{b}} = \dfrac{\sqrt{a}\cdot(\sqrt{a}-\sqrt{b})}{(\sqrt{a}+\sqrt{b})\cdot(\sqrt{a}-\sqrt{b})} = \dfrac{\sqrt{a}^2-\sqrt{a}\cdot\sqrt{b}}{\sqrt{a}^2-\sqrt{b}^2} = \dfrac{a-\sqrt{ab}}{a-b}$

d) $\dfrac{x-3}{x+\sqrt{7}} = \dfrac{(x-3)\cdot(x-\sqrt{7})}{(x+\sqrt{7})\cdot(x-\sqrt{7})} = \dfrac{x^2-3x-\sqrt{7}x+3\sqrt{7}}{x^2-\sqrt{7}^2}$

$= \dfrac{x^2-x\cdot(3+\sqrt{7})+3\sqrt{7}}{x^2-7}$

e) $\dfrac{x+y}{\sqrt{x^2+y^2}} = \dfrac{(x+y)\cdot\sqrt{x^2+y^2}}{\sqrt{x^2+y^2}\cdot\sqrt{x^2+y^2}} = \dfrac{(x+y)\sqrt{x^2+y^2}}{x^2+y^2}$

f) $\dfrac{2}{2\sqrt{x}-3\sqrt{y}} = \dfrac{2\cdot(2\sqrt{x}+3\sqrt{y})}{(2\sqrt{x}-3\sqrt{y})\cdot(2\sqrt{x}+3\sqrt{y})} = \dfrac{4\sqrt{x}+6\sqrt{y}}{(2\sqrt{x})^2-(3\sqrt{y})^2}$

$= \dfrac{4\sqrt{x}+6\sqrt{y}}{4x-3y}$

g) $\dfrac{1}{1-\sqrt{x}} = \dfrac{1\cdot(1+\sqrt{x})}{(1-\sqrt{x})\cdot(1+\sqrt{x})} = \dfrac{1+\sqrt{x}}{1^2-\sqrt{x}^2} = \dfrac{\mathbf{1+\sqrt{x}}}{\mathbf{1-x}}$

h) $\dfrac{1+\sqrt{x}}{1-\sqrt{x}} = \dfrac{(1+\sqrt{x})\cdot(1+\sqrt{x})}{(1-\sqrt{x})\cdot(1+\sqrt{x})} = \dfrac{(1+\sqrt{x})^2}{1^2-\sqrt{x}^2} = \dfrac{\mathbf{(1+\sqrt{x})^2}}{\mathbf{1-x}}$

i) $\dfrac{\sqrt{x}-\sqrt{y}}{(\sqrt{x}+\sqrt{y})^2} = \dfrac{\sqrt{x}-\sqrt{y}}{(\sqrt{x}+\sqrt{y})\cdot(\sqrt{x}+\sqrt{y})}$

$= \dfrac{(\sqrt{x}-\sqrt{y})\cdot(\sqrt{x}-\sqrt{y})\cdot(\sqrt{x}-\sqrt{y})}{(\sqrt{x}+\sqrt{y})\cdot(\sqrt{x}-\sqrt{y})\cdot(\sqrt{x}+\sqrt{y})\cdot(\sqrt{x}-\sqrt{y})}$

$= \dfrac{(\sqrt{x}-\sqrt{y})^3}{(\sqrt{x}^2-\sqrt{y}^2)\cdot(\sqrt{x}^2-\sqrt{y}^2)} = \dfrac{(\sqrt{x}-\sqrt{y})^3}{(x-y)\cdot(x-y)}$

$= \dfrac{\mathbf{(\sqrt{x}-\sqrt{y})^3}}{\mathbf{(x-y)^2}}$

j) $\dfrac{x-\sqrt{6}}{\frac{1}{2}\sqrt{x}-3} = \dfrac{(x-\sqrt{6})\cdot\left(\frac{1}{2}\sqrt{x}+3\right)}{\left(\frac{1}{2}\sqrt{x}-3\right)\cdot\left(\frac{1}{2}\sqrt{x}+3\right)} = \dfrac{(x-\sqrt{6})\cdot\left(\frac{1}{2}\sqrt{x}+3\right)}{\left(\frac{1}{2}\sqrt{x}\right)^2-3^2}$

$= \dfrac{\mathbf{(x-\sqrt{6})\cdot\left(\frac{1}{2}\sqrt{x}+3\right)}}{\mathbf{\frac{1}{4}x-9}}$

36. a) $\dfrac{x^2+2xy+y^2}{x+y} = \dfrac{(x+y)^2}{x+y} = \dfrac{(x+y)\cdot(x+y)}{x+y} = \dfrac{x+y}{1} = \mathbf{x+y}$

b) $\dfrac{a^2-16}{a-4} = \dfrac{a^2-4^2}{a-4} = \dfrac{(a-4)\cdot(a+4)}{a-4} = \dfrac{a+4}{1} = \mathbf{a+4}$

c) $\dfrac{a^2-6ab+9b^2}{3a-9b} = \dfrac{a^2-2\cdot a\cdot 3b+(3b)^2}{3\cdot(a-3b)} = \dfrac{(a-3b)^2}{3\cdot(a-3b)} = \dfrac{(a-3b)\cdot(a-3b)}{3\cdot(a-3b)}$

$= \dfrac{\mathbf{a-3b}}{\mathbf{3}}$

d) $\dfrac{4-b}{2+\sqrt{b}} = \dfrac{2^2-\sqrt{b}^2}{2+\sqrt{b}} = \dfrac{(2-\sqrt{b})\cdot(2+\sqrt{b})}{2+\sqrt{b}} = \dfrac{2-\sqrt{b}}{1} = \mathbf{2-\sqrt{b}}$

e) $\dfrac{4x-3y}{2\sqrt{x}+\sqrt{3}\sqrt{y}} = \dfrac{(2\sqrt{x})^2-\sqrt{3y}^2}{2\sqrt{x}+\sqrt{3y}} = \dfrac{(2\sqrt{x}-\sqrt{3y})\cdot(2\sqrt{x}+\sqrt{3y})}{2\sqrt{x}+\sqrt{3y}}$

$= \dfrac{2\sqrt{x}-\sqrt{3y}}{1} = \mathbf{2\sqrt{x}-\sqrt{3y}}$

f) $\dfrac{169-x}{13-\sqrt{x}} = \dfrac{13^2-\sqrt{x}^2}{13-\sqrt{x}} = \dfrac{(13-\sqrt{x})\cdot(13+\sqrt{x})}{13-\sqrt{x}} = \dfrac{13+\sqrt{x}}{1} = \mathbf{13+\sqrt{x}}$

g) $\dfrac{(x-y)^2}{(y-x)^2} = \dfrac{(x-y)^2}{(y-x)\cdot(y-x)} = \dfrac{(x-y)^2}{-(x-y)\cdot(-1)\cdot(x-y)}$

$= \dfrac{(x-y)^2}{\underbrace{-(-1)}_{+1}\cdot(x-y)\cdot(x-y)} = \dfrac{(x-y)^2}{(x-y)^2} = \mathbf{1}$

h) $\dfrac{(-r-s)^2}{r^2-s^2} = \dfrac{(-r-s)\cdot(-r-s)}{(r+s)\cdot(r-s)} = \dfrac{-(r+s)\cdot(-r-s)}{(r+s)\cdot(r-s)} = \dfrac{-(-r-s)}{r-s} = \dfrac{\mathbf{r+s}}{\mathbf{r-s}}$

i) $\dfrac{x^2+8x+16}{x^2-16} = \dfrac{x^2+2\cdot 4\cdot x+4^2}{x^2-4^2} = \dfrac{(x+4)^2}{(x-4)\cdot(x+4)} = \dfrac{(x+4)\cdot(x+4)}{(x-4)\cdot(x+4)}$

$= \dfrac{\mathbf{x+4}}{\mathbf{x-4}}$

j) $\dfrac{4x^6+4x^3y^4+y^8}{x^3+\tfrac{1}{2}y^4} = \dfrac{(2x^3)^2+2\cdot 2x^3\cdot y^4+(y^4)^2}{\tfrac{1}{2}\cdot(2x^3+y^4)} = \dfrac{(2x^3+y^4)^2}{\tfrac{1}{2}\cdot(2x^3+y^4)}$

$= \dfrac{(2x^3+y^4)\cdot(2x^3+y^4)}{\tfrac{1}{2}\cdot(2x^3+y^4)} = \dfrac{2x^3+y^4}{\tfrac{1}{2}}$

$= 2\cdot(2x^3+y^4) = \mathbf{4x^3+2y^4}$

k) $\dfrac{x^4-1}{x^2y^3-y^3x^4} = \dfrac{(x^2)^2-1^2}{x^2y^3\cdot(1-x^2)} = \dfrac{(x^2-1)\cdot(x^2+1)}{x^2y^3\cdot(1-x^2)}$

$= \dfrac{-(1-x^2)\cdot(x^2+1)}{x^2y^3\cdot(1-x^2)} = -\dfrac{x^2+1}{x^2y^3}$

l) $\dfrac{(x-3y)^2}{(3y-x)^2} = \dfrac{(x-3y)\cdot(x-3y)}{(3y-x)\cdot(3y-x)} = \dfrac{-(3y-x)\cdot(x-3y)}{(3y-x)\cdot(3y-x)} = -\dfrac{x-3y}{3y-x}$

$= -\dfrac{-(3y-x)}{3y-x} = \dfrac{3y-x}{3y-x} = 1$

37. a) $f(x) = x^2 + 2x - 3;\ [-4;\ 2]$

Wertetabelle:

x	−4	−3	−2	−1	0	1	2
y	5	0	−3	−4	−3	0	5

Herausgelesen aus dem Graphen:
S(−1|−4); N₁(−3|0); N₂(1|0)

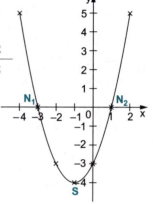

b) $f(x) = x^2 - x - 2;\ [-2;\ 3]$

Wertetabelle:

x	−2	−1	0	1	2	3
y	4	0	−2	−2	0	4

Herausgelesen aus dem Graphen:

$S\left(\dfrac{1}{2}\bigg|-2\dfrac{1}{4}\right);\ N_1(-1|0);\ N_2(2|0)$

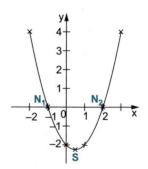

c) $f(x) = -x^2 + 4x - 3;\ [0;\ 4]$

Wertetabelle:

x	0	1	2	3	4
y	−3	0	1	0	−3

Herausgelesen aus dem Graphen:
S(2|1); N₁(1|0); N₂(3|0)

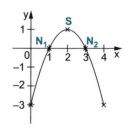

d) $f(x) = -x^2 + 5x - 6;\quad [1;\,4]$

Wertetabelle:

x	1	2	3	4	2,5
y	−2	0	0	−2	0,25

Herausgelesen aus dem Graphen:
S(2,5 | 0,25); N₁(2 | 0); N₂(3 | 0)

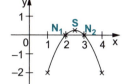

e) $f(x) = 0{,}2x^2 + 0{,}2x - 0{,}15;\quad [-2;\,1]$

Wertetabelle:

x	−2	−1	0	1	0,5	−0,5
y	0,25	−0,15	−0,15	0,25	0	−0,2

Herausgelesen aus dem Graphen:
S(−0,5 | −0,2);
N₁(−1,5 | 0); N₂(0,5 | 0)

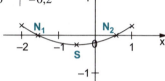

f) $f(x) = \dfrac{1}{3}x^2 - \dfrac{4}{3};\quad [-3;\,3]$

Wertetabelle:

x	−3	−2	−1	0	1	2	3
y	$1\tfrac{2}{3}$	0	−1	$-\tfrac{4}{3}$	−1	0	$1\tfrac{2}{3}$

Herausgelesen aus dem Graphen:
$\mathbf{S\!\left(0\,\Big|\,-\dfrac{4}{3}\right)}$; **N₁(−2 | 0); N₂(2 | 0)**

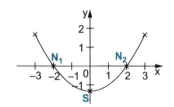

g) $f(x) = -\dfrac{1}{4}x^2 + \dfrac{1}{4};\quad [-2;\,2]$

Wertetabelle:

x	−2	−1	0	1	2
y	$-\tfrac{3}{4}$	0	$\tfrac{1}{4}$	0	$-\tfrac{3}{4}$

Herausgelesen aus dem Graphen:
$\mathbf{S\!\left(0\,\Big|\,\dfrac{1}{4}\right)}$; **N₁(−1 | 0); N₂(1 | 0)**

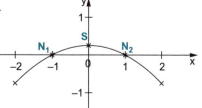

h) $f(x) = -\frac{1}{6}x^2 + \frac{1}{2}x - \frac{5}{24}$; [0; 3]

Wertetabelle:

x	0	0,5	1	1,5	2	2,5	3
y	$-\frac{5}{24}$	0	$\frac{1}{8}$	$\frac{1}{6}$	$\frac{1}{8}$	0	$-\frac{5}{24}$

Herausgelesen aus dem Graphen:

$S\left(1,5 \mid \frac{1}{6}\right)$; $N_1(0,5 \mid 0)$; $N_2(2,5 \mid 0)$

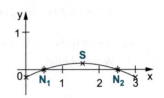

38. a) $f(x) = -3x^2 + 5x - 2$
$= -3x^2 + 5x + (-2)$

Dies ist eine quadratische Funktion mit a = –3, b = 5 und c = –2.

b) $f(x) = -1,5 + 15,3x - \frac{1}{2}x^2$ Sortieren nach Exponenten von x

$= -\frac{1}{2}x^2 + 15,3x - 1,5$

$= -\frac{1}{2}x^2 + \mathbf{15,3}x + (\mathbf{-1,5})$

Dies ist eine quadratische Funktion mit a = $-\frac{1}{2}$, b = 15,3 und c = –1,5.

c) $f(x) = (2x-3) \cdot (1-x)$ Ausmultiplizieren
$= 2x - 2x^2 - 3 + 3x$ Sortieren nach Exponenten von x
$= -2x^2 + 5x - 3$
$= \mathbf{-2}x^2 + \mathbf{5}x + (\mathbf{-3})$

Dies ist eine quadratische Funktion mit a = –2, b = 5 und c = –3.

d) $f(x) = 7x - \frac{1}{3} + 2x^2 - \frac{1}{6} - \frac{1}{3}x$ Sortieren nach Exponenten von x

$= 2x^2 + 7x - \frac{1}{3}x - \frac{1}{3} - \frac{1}{6}$

$= 2x^2 + 6\frac{2}{3}x - \frac{1}{2}$

$= \mathbf{2}x^2 + \mathbf{6\frac{2}{3}}x + \left(\mathbf{-\frac{1}{2}}\right)$

Dies ist eine quadratische Funktion mit a = 2, b = $6\frac{2}{3}$ und c = $-\frac{1}{2}$.

e) $f(x) = \left(-\frac{1}{2}x - 1\right) \cdot \frac{1}{3}x + 7$ Ausmultiplizieren

$= -\frac{1}{2}x \cdot \frac{1}{3}x - 1 \cdot \frac{1}{3}x + 7$

$= -\frac{1}{6}x^2 - \frac{1}{3}x + 7$

$= \mathbf{-\frac{1}{6}} \cdot x^2 + \left(\mathbf{-\frac{1}{3}}\right) \cdot x + \mathbf{7}$

Es handelt sich um eine quadratische Funktion mit $a = -\frac{1}{6}$, $b = -\frac{1}{3}$ und $c = 7$.

f) $f(x) = (2x+1) \cdot \left(x - \frac{1}{2}\right) - 2x^2$ Ausmultiplizieren

$= 2x^2 - 2x \cdot \frac{1}{2} + x - \frac{1}{2} - 2x^2$

$= -\frac{1}{2}$

Die Funktion ist eine konstante und deshalb **nicht quadratisch**.

g) $f(x) = \dfrac{\left(2 - \frac{1}{3}x\right) \cdot \left(\frac{1}{x} + x\right)}{3}$ Ausmultiplizieren

$= \frac{1}{3} \cdot \left[\frac{2}{x} + 2x - \frac{1}{3}\frac{x}{x} - \frac{1}{3}x \cdot x\right]$

$= \frac{1}{3} \cdot \left[\frac{2}{x} + 2x - \frac{1}{3} - \frac{1}{3}x^2\right]$ Sortieren nach Exponenten von x

$= \frac{1}{3} \cdot \left[-\frac{1}{3}x^2 + 2x - \frac{1}{3} + \frac{2}{x}\right]$

$= -\frac{1}{9}x^2 + \frac{2}{3}x - \frac{1}{9} + \frac{2}{3} \cdot \frac{1}{x}$

Die Funktion ist wegen des Summanden $\frac{2}{3} \cdot \frac{1}{x}$ **nicht quadratisch**.

h) $f(x) = \dfrac{(x+3) \cdot (x-2) \cdot (x+1)}{(x+1)}$ Für $x = -1$ hat der Nenner den Wert null. $x = -1$ darf deshalb nicht eingesetzt werden. $(x+1)$ wird gekürzt.

$= (x+3) \cdot (x-2)$

$= x^2 - 2x + 3x - 6$

$= x^2 + x - 6$

$= \mathbf{1} \cdot x^2 + \mathbf{1} \cdot x + (\mathbf{-6})$

Es handelt sich für $x \neq 1$ um eine quadratische Funktion mit $a = 1$, $b = 1$ und $c = -6$.

39. a) $f(x) = x^2 - 25 \quad \Rightarrow \quad c = -25$

Der Graph ist eine um 25 Längeneinheiten in negative y-Richtung verschobene Normalparabel:

Scheitelpunkt **S(0|–25)** $\qquad$ S(0|c) mit c = –25

$y = x^2 - 25$ $\qquad\qquad\qquad$ Nullstellen durch y = 0
$0 = x^2 - 25 \quad |+25$
$25 = x^2$
$x_1 = 5 \quad x_2 = -5$

Die beiden Schnittpunkte mit der x-Achse lauten **$N_1(5|0)$** und **$N_2(-5|0)$**.

b) $f(x) = x^2 - 1 \quad \Rightarrow \quad c = -1$

Der Graph ist eine um eine Längeneinheit in negative y-Richtung verschobene Normalparabel:

Scheitelpunkt **S(0|–1)** $\qquad$ S(0|c) mit c = –1

$y = x^2 - 1$ $\qquad\qquad\qquad$ Nullstellen durch y = 0
$0 = x^2 - 1 \quad |+1$
$1 = x^2$
$x_1 = 1 \quad x_2 = -1$

Die beiden Schnittpunkte mit der x-Achse lauten **$N_1(1|0)$** und **$N_2(-1|0)$**.

c) $f(x) = x^2 + 9 \quad \Rightarrow \quad c = 9$

Der Graph ist eine um 9 Längeneinheiten in positive y-Richtung verschobene Normalparabel:

Scheitelpunkt **S(0|9)** $\qquad$ S(0|c) mit c = 9

$y = x^2 + 9$ $\qquad\qquad\qquad$ Nullstellen durch y = 0
$0 = x^2 + 9 \quad |-9$
$-9 = x^2$

Es existiert keine Nullstelle. Der Scheitelpunkt der verschobenen Normalparabel ist oberhalb der x-Achse.

d) $f(x) = x^2 + 18 \quad \Rightarrow \quad c = 18$

Der Graph ist eine um 18 Längeneinheiten in positive y-Richtung verschobene Normalparabel:

Scheitelpunkt **S(0|18)** $\qquad$ S(0|c) mit c = 18

$y = x^2 + 18$ $\qquad\qquad\qquad$ Nullstellen durch y = 0
$0 = x^2 + 18 \quad |-18$
$-18 = x^2$

Es existiert keine Nullstelle. Der Scheitelpunkt der verschobenen Normalparabel ist oberhalb der x-Achse.

e) $f(x) = x^2 - 8 \Rightarrow c = -8$

Der Graph ist eine um 8 Längeneinheiten in negative y-Richtung verschobene Normalparabel:

Scheitelpunkt **S(0|–8)** $\quad$ S(0|c) mit c = –8

$y = x^2 - 8$
$0 = x^2 - 8 \quad |+8$
$8 = x^2$
$x_1 = \sqrt{8} = 2\sqrt{2} \quad x_2 = -2\sqrt{2}$ $\quad \sqrt{8} = \sqrt{4 \cdot 2} = \sqrt{4} \cdot \sqrt{2} = 2 \cdot \sqrt{2}$

Nullstellen durch y = 0

Die beiden Schnittpunkte mit der x-Achse lauten **$N_1(2\sqrt{2}\,|\,0)$** und **$N_2(-2\sqrt{2}\,|\,0)$**.

f) $f(x) = x^2 - 3 \Rightarrow c = -3$

Der Graph ist eine um 3 Längeneinheiten in negative y-Richtung verschobene Normalparabel:

Scheitelpunkt **S(0|–3)** $\quad$ S(0|c) mit c = –3

$y = x^2 - 3$
$0 = x^2 - 3 \quad |+3$
$3 = x^2$
$x_1 = \sqrt{3} \quad x_2 = -\sqrt{3}$

Nullstellen durch y = 0

Die beiden Schnittpunkte mit der x-Achse lauten **$N_1(\sqrt{3}\,|\,0)$** und **$N_2(-\sqrt{3}\,|\,0)$**.

g) $f(x) = (x - \sqrt{2}) \cdot (x + \sqrt{2})$ $\quad$ 3. binomische Formel
$f(x) = x^2 - \sqrt{2}^2$ $\quad (a-b) \cdot (a+b) = a^2 - b^2$
$f(x) = x^2 - 2 \quad \Rightarrow c = -2$ $\quad$ Zuordnung: $a \leftrightarrow x;\ b \leftrightarrow \sqrt{2}$

Der Graph ist eine um 2 Längeneinheiten in negative y-Richtung verschobene Normalparabel:

Scheitelpunkt **S(0|–2)** $\quad$ S(0|c) mit c = –2

$y = x^2 - 2$
$0 = x^2 - 2 \quad |+2$
$2 = x^2$
$x_1 = \sqrt{2} \quad x_2 = -\sqrt{2}$

Nullstellen durch y = 0

Die beiden Schnittpunkte mit der x-Achse lauten **$N_1(\sqrt{2}\,|\,0)$** und **$N_2(-\sqrt{2}\,|\,0)$**.

h) $f(x) = \left(\dfrac{1}{2}x - 2\right) \cdot (x+4) \cdot 2$ Ausmultiplizieren

$f(x) = \left[\dfrac{1}{2}x^2 + \dfrac{1}{2}x \cdot 4 - 2x - 2 \cdot 4\right] \cdot 2$

$f(x) = \left[\dfrac{1}{2}x^2 + 2x - 2x - 8\right] \cdot 2$

$f(x) = \left[\dfrac{1}{2}x^2 - 8\right] \cdot 2$

$f(x) = x^2 - 16 \quad \Rightarrow \quad c = -16$

Der Graph ist eine um 16 Längeneinheiten in negative y-Richtung verschobene Normalparabel:

Scheitelpunkt **S(0|−16)**   S(0|c) mit c = −16

$y = x^2 - 16$ Nullstellen durch y = 0
$0 = x^2 - 16 \quad |+16$
$16 = x^2$
$x_1 = 4 \qquad x_2 = -4$

Die beiden Schnittpunkte mit der x-Achse lauten **$N_1(4|0)$** und **$N_2(-4|0)$**.

40. a) P(0|5)

Einsetzen von x = 0 und y = 5 in $y = x^2 + c$ liefert:

Zur Bestimmung der Funktionsgleichung setzt man den Punkt P in die allgemeine Funktionsgleichung $y = x^2 + c$ ein.

$5 = 0^2 + c$
$5 = c$
$y = x^2 + 5$

Der Graph ist eine um 5 Längeneinheiten in positive y-Richtung verschobene Normalparabel:

Scheitelpunkt **S(0|5)**   S(0|c) mit c = 5

$y = x^2 + 5$ Nullstellen durch y = 0
$0 = x^2 + 5 \quad |-5$
$-5 = x^2$

Es existiert keine Nullstelle. Der Scheitelpunkt der verschobenen Normalparabel ist oberhalb der x-Achse.

b) P(0|−2)

Einsetzen von x = 0 und y = −2 in $y = x^2 + c$ liefert:

$-2 = 0^2 + c$
$-2 = c$
$y = x^2 - 2$

Der Graph ist eine um 2 Längeneinheiten in negative y-Richtung verschobene Normalparabel:

Scheitelpunkt **S(0|–2)** $\quad$ S(0|c) mit c = –2

$y = x^2 - 2$ $\qquad\qquad\qquad$ Nullstellen durch y = 0
$0 = x^2 - 2 \quad |+2$
$2 = x^2$
$x_1 = \sqrt{2} \qquad x_2 = -\sqrt{2}$

Die beiden Schnittpunkte mit der x-Achse lauten $\mathbf{N_1(\sqrt{2}\,|\,0)}$ und $\mathbf{N_2(-\sqrt{2}\,|\,0)}$.

c) P(1|3)

Einsetzen von x = 1 und y = 3 in $y = x^2 + c$ liefert:

$3 = 1^2 + c$
$3 = 1 + c \quad |-1$
$2 = c$
$\mathbf{y = x^2 + 2}$

Der Graph ist eine um 2 Längeneinheiten in positive y-Richtung verschobene Normalparabel:

Scheitelpunkt **S(0|2)** $\quad$ S(0|c) mit c = 2

$y = x^2 + 2$ $\qquad\qquad\qquad$ Nullstellen durch y = 0
$0 = x^2 + 2 \quad |-2$
$-2 = x^2$ ↯

Es existiert keine Nullstelle. Der Scheitelpunkt der verschobenen Normalparabel ist oberhalb der x-Achse.

d) P(2|4)

Einsetzen von x = 2 und y = 4 in $y = x^2 + c$ liefert:

$4 = 2^2 + c$
$4 = 4 + c \quad |-4$
$0 = c$
$\mathbf{y = x^2}$

Der Graph ist die Normalparabel.
Scheitelpunkt **S(0|0)**
Es existiert eine Nullstelle. Der Graph berührt mit seinem Scheitel die x-Achse.

e) P(–2|–3)

Einsetzen von x = –2 und y = –3 in $y = x^2 + c$ liefert:

$-3 = (-2)^2 + c$
$-3 = 4 + c \quad |-4$
$-7 = c$
$\mathbf{y = x^2 - 7}$

Der Graph ist eine um 7 Längeneinheiten in negative y-Richtung verschobene Normalparabel:

Scheitelpunkt **S(0|−7)** $\qquad$ S(0|c) mit c = −7

$y = x^2 - 7$ $\qquad\qquad$ Nullstellen durch y = 0
$0 = x^2 - 7 \quad |+7$
$7 = x^2$
$x_1 = \sqrt{7} \qquad x_2 = -\sqrt{7}$

Die beiden Schnittpunkte mit der x-Achse lauten **$N_1(\sqrt{7}\,|\,0)$** und **$N_2(-\sqrt{7}\,|\,0)$**.

f) P(6|8)

Einsetzen von x = 6 und y = 8 in $y = x^2 + c$ liefert:

$8 = 6^2 + c$
$8 = 36 + c \quad |-36$
$-28 = c$
$y = x^2 - 28$

Der Graph ist eine um 28 Längeneinheiten in negative y-Richtung verschobene Normalparabel:

Scheitelpunkt **S(0|−28)** $\qquad$ S(0|c) mit c = −28

$y = x^2 - 28$ $\qquad\qquad$ Nullstellen durch y = 0
$0 = x^2 - 28 \quad |+28$
$28 = x^2$
$x_1 = 2\sqrt{7} \qquad x_2 = -2\sqrt{7}$ $\qquad \sqrt{28} = \sqrt{4\cdot 7} = \sqrt{4}\cdot\sqrt{7} = 2\cdot\sqrt{7}$

Die beiden Schnittpunkte mit der x-Achse lauten **$N_1(2\sqrt{7}\,|\,0)$** und **$N_2(-2\sqrt{7}\,|\,0)$**.

41. a) $x^2 - 5 > 0$
$y = x^2 - 5$

Der Graph ist eine um 5 Längeneinheiten nach unten verschobene Normalparabel:

$0 = x^2 - 5 \quad |+5$
$5 = x^2$
$x_1 = \sqrt{5} \qquad x_2 = -\sqrt{5}$ (Nullstellen)

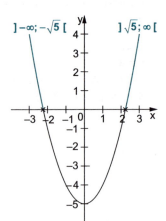

$x^2 - 5 > 0$ für $x \in \,]-\infty;-\sqrt{5}\,[\ \cup\ ]\sqrt{5};\infty\,[$ oder
$\qquad\qquad\qquad x \in \mathbb{R} \setminus [-\sqrt{5};\sqrt{5}]$

b) $x^2 - 2 \leq 0$
$y = x^2 - 2$

Der Graph ist eine um 2 Längeneinheiten nach unten verschobene Normalparabel:
$0 = x^2 - 2 \quad |+2$
$2 = x^2$
$x_1 = \sqrt{2} \quad x_2 = -\sqrt{2}$ (Nullstellen)

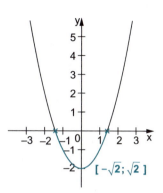

$x^2 - 2 \leq 0$ für $x \in [-\sqrt{2}; \sqrt{2}]$

Das Intervall ist wegen der möglichen Gleichheit geschlossen.

c) $x^2 \leq 3$
$x^2 - 3 \leq 0$
$y = x^2 - 3$

Der Graph ist eine um 3 Längeneinheiten nach unten verschobene Normalparabel:
$0 = x^2 - 3 \quad |+3$
$3 = x^2$
$x_1 = \sqrt{3} \quad x_2 = -\sqrt{3}$ (Nullstellen)

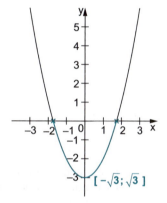

$x^2 \leq 3$ für $x \in [-\sqrt{3}; \sqrt{3}]$

Das Intervall ist wegen der möglichen Gleichheit geschlossen.

d) $-x^2 > -2 \quad |+x^2$
$0 > x^2 - 2$
$y = x^2 - 2$

Der Graph ist eine um 2 Längeneinheiten nach unten verschobene Normalparabel:
$0 = x^2 - 2 \quad |+2$
$2 = x^2$
$x_1 = \sqrt{2} \quad x_2 = -\sqrt{2}$ (Nullstellen)
$-x^2 > -2$ für $x \in \,]-\sqrt{2}; \sqrt{2}[$

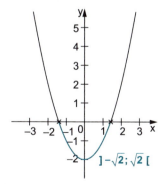

e) $2 \cdot (x-2) \cdot \left(\frac{1}{2}x+1\right) < 0$ 3. binomische Formel
$(a-b) \cdot (a+b) = a^2 - b^2$
Zuordnung: $a \leftrightarrow x$; $b \leftrightarrow 2$

$(x-2) \cdot 2 \cdot \left(\frac{1}{2}x+1\right) < 0$

$(x-2) \cdot (x+2) < 0$

$x^2 - 4 < 0$

$y = x^2 - 4$

Der Graph ist eine um 4 Längeneinheiten nach unten verschobene Normalparabel:
$0 = x^2 - 4 \quad |+4$
$4 = x^2$
$x_1 = 2 \quad x_2 = -2$ (Nullstellen)

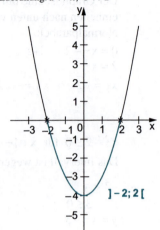

$]-2; 2[$

$2 \cdot (x-2) \cdot \left(\frac{1}{2}x+1\right) < 0$ für $x \in \,]-2; 2[$

f) $(x+1) \cdot (x-1) \leq 0$ 3. binomische Formel
$(a-b) \cdot (a+b) = a^2 - b^2$
Zuordnung: $a \leftrightarrow x$; $b \leftrightarrow 1$

$x^2 - 1 \leq 0$

$y = x^2 - 1$

Der Graph ist eine um eine Längeneinheit nach unten verschobene Normalparabel:
$0 = x^2 - 1 \quad |+1$
$1 = x^2$
$x_1 = 1 \quad x_2 = -1$ (Nullstellen)

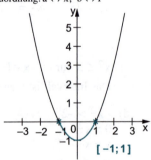

$[-1; 1]$

$(x+1) \cdot (x-1) \leq 0$ für $x \in [-1; 1]$

Das Intervall ist wegen der möglichen Gleichheit geschlossen.

g) $(x-2)^2 \leq -4x$
$x^2 - 4x + 4 \leq -4x \quad |+4x$
$x^2 + 4 \leq 0$

2. binomische Formel
$(a-b)^2 = a^2 - 2ab + b^2$
Zuordnung: $a \leftrightarrow x;\ b \leftrightarrow 2$

$y = x^2 + 4$

Der Graph ist eine um 4 Längeneinheiten nach oben verschobene Normalparabel:
$0 = x^2 + 4 \quad |-4$
$-4 = x^2$

Die Parabel hat keine Nullstelle.
$(x-2)^2 \leq -4x$ kann nicht erfüllt werden.
Der Scheitel der verschobenen Normalparabel ist oberhalb der x-Achse.

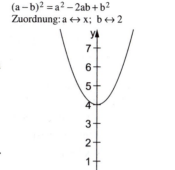

h) $(-x-1) \cdot (-x+1) \geq 0$
$(-x)^2 - 1^2 \geq 0$
$x^2 - 1 \geq 0$

3. binomische Formel
$(a-b) \cdot (a+b) = a^2 - b^2$
Zuordnung: $a \leftrightarrow -x;\ b \leftrightarrow 1$

$y = x^2 - 1$

Der Graph ist eine um eine Längeneinheit nach unten verschobene Normalparabel:
$0 = x^2 - 1 \quad |+1$
$1 = x^2$
$x_1 = 1 \qquad x_2 = -1$ (Nullstellen)

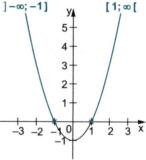

$(-x-1) \cdot (-x+1) \geq 0$ für $x \in]-\infty; -1] \cup [1; \infty[$ oder
$x \in \mathbb{R} \setminus]-1; 1[$

42. a) Der Graph ist eine in negative x-Richtung verschobene Normalparabel mit der allgemeinen Abbildungsvorschrift $f: x \mapsto (x+c)^2$. Der Scheitel liegt auf der x-Achse:
Scheitelpunkt $S(-4|0) \Rightarrow c = 4$
$f: x \mapsto (x+4)^2$

b) Der Graph ist eine in negative x-Richtung verschobene Normalparabel mit der allgemeinen Abbildungsvorschrift $f: x \mapsto (x+c)^2$. Der Scheitel liegt auf der x-Achse:
Scheitelpunkt $S(-3|0) \Rightarrow c = 3$
$f: x \mapsto (x+3)^2$

c) Diese Normalparabel wurde um 4,5 Längeneinheiten in negative y-Richtung verschoben. Die allgemeine Abbildungsvorschrift lautet $f: x \mapsto x^2 + d$. Der Scheitel liegt auf der y-Achse:
Scheitelpunkt $S(0|-4,5) \Rightarrow d = -4,5$
$f: x \mapsto x^2 - 4,5$

d) Diese Normalparabel wurde um eine Längeneinheit in negative y-Richtung verschoben. Die allgemeine Abbildungsvorschrift lautet $f: x \mapsto x^2 + d$. Der Scheitel liegt auf der y-Achse:
Scheitelpunkt $S(0|-1) \Rightarrow d = -1$
$f: x \mapsto x^2 - 1$

e) Der Graph ist eine in positive x-Richtung verschobene Normalparabel mit der allgemeinen Abbildungsvorschrift $f: x \mapsto (x+c)^2$. Der Scheitel liegt auf der x-Achse:
Scheitelpunkt $S(3|0) \Rightarrow c = -3$
$f: x \mapsto (x-3)^2$

f) Der Graph ist eine in positive x-Richtung verschobene Normalparabel mit der allgemeinen Abbildungsvorschrift $f: x \mapsto (x+c)^2$. Der Scheitel liegt auf der x-Achse:
Scheitelpunkt $S(5|0) \Rightarrow c = -5$
$f: x \mapsto (x-5)^2$

43. a) $f(x) = (x-1)^2$
$f(x) = (x+c)^2 \Rightarrow c = -1$

Wegen $S(-c|0)$ ist der Scheitelpunkt $S(1|0)$.
Die Normalparabel ist **um 1 in positive x-Richtung** verschoben.

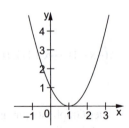

b) $f(x) = (x+4)^2$
$f(x) = (x+c)^2 \Rightarrow c = 4$
Scheitelpunkt $S(-4|0)$
Die Normalparabel ist **um 4 in negative x-Richtung** verschoben.

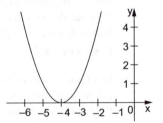

c) $f(x) = x^2 + 4$
$f(x) = x^2 + d \Rightarrow d = 4$
Scheitelpunkt S(0|4)
Die Normalparabel ist **um 4 in positive y-Richtung** verschoben.

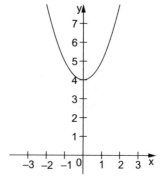

d) $f(x) = x^2 - 3$
$f(x) = x^2 + d \Rightarrow d = -3$
Scheitelpunkt S(0|−3)
Die Normalparabel ist **um 3 in negative y-Richtung** verschoben.

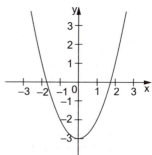

e) $f(x) = x^2 - 6x + 9$
$f(x) = x^2 - 2 \cdot 3 \cdot x + 9$
$f(x) = x^2 - 2 \cdot 3 \cdot x + 3^2$
$f(x) = (x - 3)^2$
$f(x) = (x + c)^2 \Rightarrow c = -3$

Scheitelpunkt S(3|0)
Die Normalparabel ist **um 3 in positive x-Richtung** verschoben.

2. binomische Formel
$(a - b)^2 = a^2 - 2ab + b^2$
Zuordnung: $a \leftrightarrow x$; $b \leftrightarrow 3$

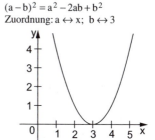

f) $f(x) = (x-1,5) \cdot (x+1,5)$
$f(x) = x^2 - 1,5^2$
$f(x) = x^2 - 2,25$
$f(x) = x^2 + d \Rightarrow d = -2,25$
Scheitelpunkt S(0|−2,25)
Die Normalparabel ist **um 2,25 in negative y-Richtung** verschoben.

3. binomische Formel
$(a-b) \cdot (a+b) = a^2 - b^2$
Zuordnung: $a \leftrightarrow x;\ b \leftrightarrow 1,5$

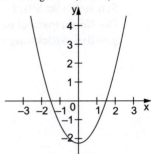

g) $f(x) = (x-2)^2 + 4x$
$f(x) = x^2 - 2 \cdot 2 \cdot x + 2^2 + 4x$
$f(x) = x^2 - 4x + 4 + 4x$
$f(x) = x^2 + 4$
$f(x) = x^2 + d \Rightarrow d = 4$
Scheitelpunkt S(0|4)
Die Normalparabel ist **um 4 in positive y-Richtung** verschoben.

2. binomische Formel
$(a-b)^2 = a^2 - 2ab + b^2$
Zuordnung: $a \leftrightarrow x;\ b \leftrightarrow 2$

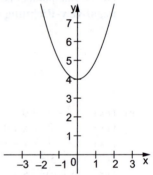

h) $f(x) = (x-5) \cdot (x+5) + 30$
$f(x) = x^2 - 25 + 30$
$f(x) = x^2 + 5$
$f(x) = x^2 + d \Rightarrow d = 5$
Scheitelpunkt S(0|5)
Die Normalparabel ist **um 5 in positive y-Richtung** verschoben.

3. binomische Formel
$(a-b) \cdot (a+b) = a^2 - b^2$
Zuordnung: $a \leftrightarrow x;\ b \leftrightarrow 5$

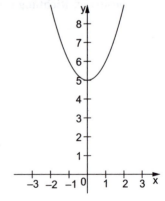

44. a) Scheitelpunkt $S(3|0)$ — Scheitel auf der x-Achse
$f(x) = (x+c)^2$
$S(-c|0) \Rightarrow c = -3$
$\mathbf{f(x) = (x-3)^2}$

b) Scheitelpunkt $S(-1,5|0)$ — Scheitel auf der x-Achse
$f(x) = (x+c)^2$
$S(-c|0) \Rightarrow c = 1,5$
$\mathbf{f(x) = (x+1,5)^2}$

c) Scheitelpunkt $S(0|2)$ — Scheitel auf der y-Achse
$f(x) = x^2 + d$
$S(0|d) \Rightarrow d = 2$
$\mathbf{f(x) = x^2 + 2}$

d) Scheitelpunkt $S(-\sqrt{3}|0)$ — Scheitel auf der x-Achse
$f(x) = (x+c)^2$
$S(-c|0) \Rightarrow c = \sqrt{3}$
$\mathbf{f(x) = (x+\sqrt{3})^2}$

e) Scheitelpunkt $S(0|0)$ — Scheitel im Ursprung
Das ist der Scheitel der unverschobenen Normalparabel:
$\mathbf{f(x) = x^2}$

f) Scheitelpunkt $S(2|0)$ — Scheitel auf der x-Achse
$f(x) = (x+c)^2$
$S(-c|0) \Rightarrow c = -2$
$\mathbf{f(x) = (x-2)^2}$

g) Scheitelpunkt $S(0|-2,5)$ — Scheitel auf der y-Achse
$f(x) = x^2 + d$
$S(0|d) \Rightarrow d = -2,5$
$\mathbf{f(x) = x^2 - 2,5}$

h) Scheitelpunkt $S(-3|0)$ — Scheitel auf der x-Achse
$f(x) = (x+c)^2$
$S(-c|0) \Rightarrow c = 3$
$\mathbf{f(x) = (x+3)^2}$

45. a) $f(x) = x^2 + 4x + 4$ Faktorisierung des „gemischten Summanden"
$f(x) = x^2 + 2 \cdot 2 \cdot x + 4$
$f(x) = x^2 + 2 \cdot 2 \cdot x + 2^2$ Überprüfung auf Existenz einer binomischen Formel
f(x) = (x + 2)²

Die Normalparabel muss **um 2 in negative x-Richtung** verschoben werden.

b) $f(x) = x^2 - 3x + 2{,}25$ Faktorisierung des „gemischten Summanden"

$f(x) = x^2 - 2 \cdot \dfrac{3}{2} \cdot x + 2{,}25$

$f(x) = x^2 - 2 \cdot \dfrac{3}{2} \cdot x + \dfrac{9}{4}$

$f(x) = x^2 - 2 \cdot \dfrac{3}{2} \cdot x + \left(\dfrac{3}{2}\right)^2$ Überprüfung auf Existenz einer binomischen Formel

$$\mathbf{f(x) = \left(x - \dfrac{3}{2}\right)^2}$$

Die Normalparabel muss **um $\dfrac{3}{2}$ in positive x-Richtung** verschoben werden.

c) $f(x) = 196 + 28x + x^2$
$f(x) = x^2 + 28x + 196$
$f(x) = x^2 + 2 \cdot 14 \cdot x + 196$ Faktorisierung des „gemischten Summanden"
$f(x) = x^2 + 2 \cdot 14 \cdot x + 14^2$ Überprüfung auf Existenz einer binomischen Formel
f(x) = (x + 14)²

Die Normalparabel muss **um 14 in negative x-Richtung** verschoben werden.

d) $f(x) = 169 + 26x - x^2$
$f(x) = \underset{\uparrow}{-}x^2 + 26x + 169$

Das negative Vorzeichen verhindert die Anwendung einer binomischen Formel. Der Scheitel der Parabel liegt nicht auf der x-Achse.

e) $f(x) = 12x + 36 + x^2$
$f(x) = x^2 + 12x + 36$
$f(x) = x^2 + 2 \cdot 6 \cdot x + 36$ Faktorisierung des „gemischten Summanden"
$f(x) = x^2 + 2 \cdot 6 \cdot x + 6^2$ Überprüfung auf Existenz einer binomischen Formel
f(x) = (x + 6)²

Die Normalparabel muss **um 6 in negative x-Richtung** verschoben werden.

f) $f(x) = 5{,}76 + 48x + x^2$
$f(x) = x^2 + 48x + 5{,}76$
$f(x) = x^2 + 2 \cdot 24 \cdot x + 5{,}76$ Faktorisierung des „gemischten Summanden"

Der Summand 5,76 verhindert die Anwendung einer binomischen Formel. Der Scheitel der Parabel liegt nicht auf der x-Achse.

g) $f(x) = -9 + 6x + x^2$
$f(x) = x^2 + 6x \underset{\uparrow}{-} 9$

Das negative Rechenzeichen verhindert die Anwendung einer binomischen Formel. Der Scheitel der Parabel liegt nicht auf der x-Achse.

h) $f(x) = -49 - 14x - x^2$
$f(x) = -x^2 - 14x - 49$ Faktorisierung des „gemischten Summanden"
$f(x) = -(x^2 + 14x + 49)$
$f(x) = -(x^2 + 2 \cdot 7 \cdot x + 49)$
$f(x) = -(x^2 + 2 \cdot 7 \cdot x + 7^2)$ Überprüfung auf Existenz einer binomischen Formel
$\mathbf{f(x) = -(x+7)^2}$

Die Normalparabel muss **um 7 in negative x-Richtung** verschoben werden. Das negative Vorzeichen sorgt für die Spiegelung der verschobenen Normalparabel an der x-Achse.

46. a) $S(1\,|\,2)$ 1: Verschiebung in x-Richtung: $c = -1$
               2: Verschiebung in y-Richtung: $d = 2$

Scheitelpunktform: $y = (x+c)^2 + d$
$y = (x + (-1))^2 + 2$ 2. binomische Formel
$y = (x - 1)^2 + 2$ $(a - b)^2 = a^2 - 2ab + b^2$
$y = x^2 - 2 \cdot x \cdot 1 + 1^2 + 2$ Zuordnung: $a \leftrightarrow x$; $b \leftrightarrow 1$
$\mathbf{y = x^2 - 2x + 3}$

b) $S(3{,}5\,|\,4)$ 3,5: Verschiebung in x-Richtung: $c = -3{,}5$
               4:   Verschiebung in y-Richtung: $d = 4$

Scheitelpunktform: $y = (x+c)^2 + d$
$y = (x + (-3{,}5))^2 + 4$ 2. binomische Formel
$y = (x - 3{,}5)^2 + 4$ $(a - b)^2 = a^2 - 2ab + b^2$
$y = x^2 - 2 \cdot x \cdot 3{,}5 + 3{,}5^2 + 4$ Zuordnung: $x \leftrightarrow a$; $3{,}5 \leftrightarrow b$
$\mathbf{y = x^2 - 7x + 16{,}25}$

c) S(−4 | 1,5)
- −4: Verschiebung in x-Richtung: c = 4
- 1,5: Verschiebung in y-Richtung: d = 1,5

Scheitelpunktform:　　　　　　　　　　　　$y = (x+c)^2 + d$
$y = (x+4)^2 + 1,5$　　　　　　　　　　　1. binomische Formel
$y = x^2 + 2 \cdot x \cdot 4 + 4^2 + 1,5$　　　　　$(a+b)^2 = a^2 + 2ab + b^2$
$y = x^2 + 8x + 17,5$　　　　　　　　　Zuordnung: $x \leftrightarrow a$; $4 \leftrightarrow b$

d) S(−3 | 2,5)
- −3: Verschiebung in x-Richtung: c = 3
- 2,5: Verschiebung in y-Richtung: d = 2,5

Scheitelpunktform:　　　　　　　　　　　　$y = (x+c)^2 + d$
$y = (x+3)^2 + 2,5$　　　　　　　　　　　1. binomische Formel
$y = x^2 + 2 \cdot x \cdot 3 + 3^2 + 2,5$　　　　　$(a+b)^2 = a^2 + 2ab + b^2$
$y = x^2 + 6x + 11,5$　　　　　　　　　Zuordnung: $x \leftrightarrow a$; $3 \leftrightarrow b$

e) S(1 | −2)
- 1: Verschiebung in x-Richtung: c = −1
- −2: Verschiebung in y-Richtung: d = −2

Scheitelpunktform:　　　　　　　　　　　　$y = (x+c)^2 + d$
$y = (x+(-1))^2 + (-2)$　　　　　　　　　2. binomische Formel
$y = (x-1)^2 - 2$　　　　　　　　　　　　$(a-b)^2 = a^2 - 2ab + b^2$
$y = x^2 - 2 \cdot x \cdot 1 + 1^2 - 2$　　　　　　Zuordnung: $a \leftrightarrow x$; $b \leftrightarrow 1$
$y = x^2 - 2x - 1$

f) S(7 | −2,4)
- 7: Verschiebung in x-Richtung: c = −7
- −2,4: Verschiebung in y-Richtung: d = −2,4

Scheitelpunktform:　　　　　　　　　　　　$y = (x+c)^2 + d$
$y = (x+(-7))^2 + (-2,4)$　　　　　　　　2. binomische Formel
$y = (x-7)^2 - 2,4$　　　　　　　　　　　$(a-b)^2 = a^2 - 2ab + b^2$
$y = x^2 - 2 \cdot x \cdot 7 + 7^2 - 2,4$　　　　　Zuordnung: $x \leftrightarrow a$; $7 \leftrightarrow b$
$y = x^2 - 14x + 46,6$

g) $S(-3|-4)$ ↗ -3: Verschiebung in x-Richtung: $c = 3$
↘ -4: Verschiebung in y-Richtung: $d = -4$

Scheitelpunktform: $\quad y = (x+c)^2 + d$

$y = (x+3)^2 + (-4)$ — 1. binomische Formel
$y = x^2 + 2 \cdot x \cdot 3 + 3^2 - 4$ — $(a+b)^2 = a^2 + 2ab + b^2$
$\mathbf{y = x^2 + 6x + 5}$ — Zuordnung: $a \leftrightarrow x$; $b \leftrightarrow 3$

h) $S(-2|-2)$ ↗ -2: Verschiebung in x-Richtung: $c = 2$
↘ -2: Verschiebung in y-Richtung: $d = -2$

Scheitelpunktform: $\quad y = (x+c)^2 + d$

$y = (x+2)^2 + (-2)$ — 1. binomische Formel
$y = x^2 + 2 \cdot x \cdot 2 + 2^2 - 2$ — $(a+b)^2 = a^2 + 2ab + b^2$
$\mathbf{y = x^2 + 4x + 2}$ — Zuordnung: $a \leftrightarrow x$; $b \leftrightarrow 2$

i) $S(-1|-3)$ ↗ -1: Verschiebung in x-Richtung: $c = 1$
↘ -3: Verschiebung in y-Richtung: $d = -3$

Scheitelpunktform: $\quad y = (x+c)^2 + d$

$y = (x+1)^2 + (-3)$ — 1. binomische Formel
$y = x^2 + 2 \cdot x \cdot 1 + 1^2 - 3$ — $(a+b)^2 = a^2 + 2ab + b^2$
$\mathbf{y = x^2 + 2x - 2}$ — Zuordnung: $a \leftrightarrow x$; $b \leftrightarrow 1$

j) $S(1|\sqrt{3})$ ↗ 1: Verschiebung in x-Richtung: $c = -1$
↘ $\sqrt{3}$: Verschiebung in y-Richtung: $d = \sqrt{3}$

Scheitelpunktform: $\quad y = (x+c)^2 + d$

$y = (x+(-1))^2 + \sqrt{3}$ — 2. binomische Formel
$y = (x-1)^2 + \sqrt{3}$ — $(a-b)^2 = a^2 - 2ab + b^2$
$y = x^2 - 2 \cdot x \cdot 1 + 1^2 + \sqrt{3}$ — Zuordnung: $a \leftrightarrow x$; $b \leftrightarrow 1$
$\mathbf{y = x^2 - 2x + 1 + \sqrt{3}}$

47. a) $y = (x-2)^2 + 1$
$y = (x + (-2))^2 + 1$
$c = -2 \qquad d = 1$

Mit S(–c|d) folgt:
Scheitelpunkt **S(2|1)**

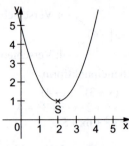

b) $y = (x+1)^2 + 1$
$y = (x+1)^2 + 1$
$c = 1 \qquad d = 1$

Mit S(–c|d) folgt:
Scheitelpunkt **S(–1|1)**

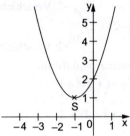

c) $y = (x-3)^2 - 2$
$y = (x + (-3))^2 + (-2)$
$c = -3 \qquad d = -2$

Scheitelpunkt **S(3|–2)**

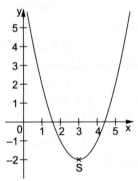

d) $y = (x-2,5)^2 - 2,5$
$y = (x + (-2,5))^2 + (-2,5)$
$c = -2,5 \qquad d = -2,5$

Scheitelpunkt **S(2,5|–2,5)**

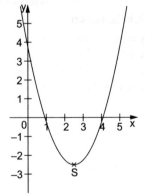

e) $y = (x + 0{,}5)^2 + 2^2$
   $y = (x + 0{,}5)^2 + 4$
   $c = 0{,}5 \qquad d = 4$

   Scheitelpunkt **S(−0,5 | 4)**

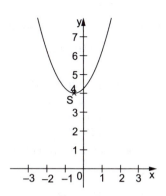

f) $y = x^2 + 2$
   $y = (x + 0)^2 + 2$
   $c = 0 \qquad d = 2$

   Scheitelpunkt **S(0 | 2)**

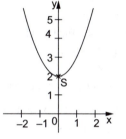

g) $y = x^2 - 1$
   $y = (x + 0)^2 + (-1)$
   $c = 0 \qquad d = -1$

   Scheitelpunkt **S(0 | −1)**

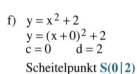

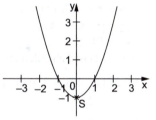

h) $y = (x - 3)^2$
   $y = (x + (-3))^2 + 0$
   $c = -3 \qquad d = 0$

   Scheitelpunkt **S(3 | 0)**

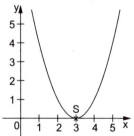

48. a) $S(2|3) \Rightarrow c = -2$ und $d = 3$

$y = (x + (-2))^2 + 3$

$y = (x - 2)^2 + 3$

Punktprobe für $P(1,5|3,25)$:

$3,25 = (1,5 - 2)^2 + 3$
$3,25 = (-0,5)^2 + 3$
$3,25 = 3,25$ ✓

P liegt auf der verschobenen Normalparabel.

b) $S(-1|-2) \Rightarrow c = 1$ und $d = -2$

$y = (x + 1)^2 + (-2)$

$y = (x + 1)^2 - 2$

Punktprobe für $P(-4|7)$:

$7 = (-4 + 1)^2 - 2$
$7 = 7$ ✓

P liegt auf der verschobenen Normalparabel.

c) $S(-5|3) \Rightarrow c = 5$ und $d = 3$

$y = (x + 5)^2 + 3$

Punktprobe für $P(1|-12)$:

$-12 = (1 + 5)^2 + 3$
$-12 = 39$ ↯

$P(1|-12)$ ist kein Element des Graphen.

d) $S(-2|1) \Rightarrow c = 2$ und $d = 1$

$y = (x + 2)^2 + 1$

Punktprobe für $P(-1|3)$:

$3 = ((-1) + 2)^2 + 1$
$3 = 2$ ↯

$P(-1|3)$ ist kein Element des Graphen.

e) $S(-1|-1) \Rightarrow c = 1$ und $d = -1$

$y = (x + 1)^2 + (-1)$

$y = (x + 1)^2 - 1$

Punktprobe für $P(2|8)$:

$8 = (2 + 1)^2 - 1$
$8 = 8$ ✓

P liegt auf der verschobenen Normalparabel.

f) $S(2|-1) \Rightarrow c = -2$ und $d = -1$
$y = (x + (-2))^2 + (-1)$
$y = (x - 2)^2 - 1$
Punktprobe für $P(1|0)$:
$0 = (1-2)^2 - 1$
$0 = 0$ ✓
P liegt auf der verschobenen Normalparabel.

g) $S(0|-2) \Rightarrow c = 0$ und $d = -2$
$y = (x + 0)^2 + (-2)$
$y = x^2 - 2$
Punktprobe für $P(1|-1)$:
$-1 = 1^2 - 2$
$-1 = -1$ ✓
P liegt auf der verschobenen Normalparabel.

h) $S(2|0) \Rightarrow c = -2$ und $d = 0$
$y = (x + (-2))^2 + 0$
$y = (x - 2)^2$
Punktprobe für $P(1|1)$:
$1 = (1-2)^2$
$1 = 1$ ✓
P liegt auf der verschobenen Normalparabel.

i) $S(-5|3) \Rightarrow c = 5$ und $d = 3$
$y = (x + 5)^2 + 3$
Punktprobe für $P(-6|4)$:
$4 = (-6+5)^2 + 3$
$4 = 4$ ✓
P liegt auf der verschobenen Normalparabel.

j) $S(1|4) \Rightarrow c = -1$ und $d = 4$
$y = (x + (-1))^2 + 4$
$y = (x - 1)^2 + 4$
Punktprobe für $P(2|6)$:
$6 = (2-1)^2 + 4$
$6 = 5$ ↯
$P(2|6)$ ist kein Element des Graphen.

49.

a) $x^2 + 6x + \ldots =$
$x^2 + 2 \cdot 3 \cdot x + \ldots =$
$x^2 + 2 \cdot 3 \cdot x + 3^2 =$
$x^2 + 6x + \mathbf{9}$

Faktorisieren des mittleren Summanden mit 2.
Addieren des Quadrats

b) $x^2 + 14x + \ldots =$
$x^2 + 2 \cdot 7 \cdot x + \ldots =$
$x^2 + 2 \cdot 7 \cdot x + 7^2 =$
$x^2 + 14x + \mathbf{49}$

Faktorisieren des mittleren Summanden mit 2.
Addieren des Quadrats

c) $x^2 + x + \ldots =$
$x^2 + 2 \cdot \dfrac{1}{2} \cdot x + \ldots =$
$x^2 + 2 \cdot \dfrac{1}{2} \cdot x + \left(\dfrac{1}{2}\right)^2 =$
$x^2 + x + \mathbf{\dfrac{1}{4}}$

Faktorisieren des mittleren Summanden mit 2.
Addieren des Quadrats

d) $x^2 - 3x + \ldots =$
$x^2 - 2 \cdot \dfrac{3}{2} \cdot x + \ldots =$
$x^2 - 2 \cdot \dfrac{3}{2} \cdot x + \left(\dfrac{3}{2}\right)^2 =$
$x^2 - 3x + \mathbf{\dfrac{9}{4}}$

Faktorisieren des mittleren Summanden mit 2.
Addieren des Quadrats

e) $x^2 - 5x + \ldots =$
$x^2 - 2 \cdot \dfrac{5}{2} \cdot x + \ldots =$
$x^2 - 2 \cdot \dfrac{5}{2} \cdot x + \left(\dfrac{5}{2}\right)^2 =$
$x^2 - 5x + \mathbf{\dfrac{25}{4}}$

Faktorisieren des mittleren Summanden mit 2.
Addieren des Quadrats

f) $x^2 + 7x + \ldots =$
$x^2 + 2 \cdot \dfrac{7}{2} \cdot x + \ldots =$
$x^2 + 2 \cdot \dfrac{7}{2} \cdot x + \left(\dfrac{7}{2}\right)^2 =$
$x^2 + 7x + \mathbf{\dfrac{49}{4}}$

Faktorisieren des mittleren Summanden mit 2.
Addieren des Quadrats

g) $-x^2 - 4x + \ldots =$
$-(x^2 + 4x - \ldots) =$
$-(x^2 + 2 \cdot 2 \cdot x - \ldots) =$
$-(x^2 + 2 \cdot 2 \cdot x + 2^2) =$
$-(x^2 + 4x + 4) =$
$-x^2 - 4x - 4 =$
$-x^2 - 4x + (\mathbf{-4})$

Ausklammern eines Minuszeichens
Faktorisieren des mittleren Summanden mit 2.
Addieren des Quadrats

h) $x^2 - 9x + \ldots =$
$x^2 - 2 \cdot 4{,}5 \cdot x + \ldots =$
$x^2 - 2 \cdot 4{,}5 \cdot x + 4{,}5^2 =$
$x^2 - 9x + \mathbf{20{,}25}$

Faktorisieren des mittleren Summanden mit 2.
Addieren des Quadrats

i) $x^2 + 11x + \ldots =$
$x^2 + 2 \cdot 5{,}5 \cdot x + \ldots =$
$x^2 + 2 \cdot 5{,}5 \cdot x + 5{,}5^2 =$
$x^2 + 11x + \mathbf{30{,}25}$

Faktorisieren des mittleren Summanden mit 2.
Addieren des Quadrats

j) $x \cdot (x - 2) + \ldots =$
$x^2 - 2x + \ldots =$
$x^2 - 2 \cdot 1 \cdot x + \ldots =$
$x^2 - 2 \cdot 1 \cdot x + 1^2 =$
$x^2 - 2x + 1 =$
$x \cdot (x - 2) + \mathbf{1}$

Ausmultiplizieren und sortieren
Faktorisieren des mittleren Summanden mit 2.
Addieren des Quadrats

50. Umrechnung der Funktionsgleichung in die Scheitelpunkform zur Bestimmung der Scheitelkoordinaten:

a) $y = x^2 + 6x + 7$
$y = x^2 + 2 \cdot 3 \cdot x + 7$
$y = x^2 + 2 \cdot 3 \cdot x + 3^2 - 3^2 + 7$
$y = x^2 + 6x + 9 - 9 + 7$
$y = (x + \underbrace{3}_{c=3})^2 \underbrace{- 2}_{d=-2}$

Faktorisieren
Addieren und Subtrahieren des Quadrats

Binomische Formel
Scheitelpunkt ablesen $S(-c \mid d)$

$\mathbf{S(-3 \mid -2)}$

b) $y = x^2 - 4x + 3$
$y = x^2 - 2 \cdot 2 \cdot x + 3$
$y = x^2 - 2 \cdot 2 \cdot x + 2^2 - 2^2 + 3$
$y = x^2 - 4x + 4 - 4 + 3$
$y = (x \underbrace{- 2}_{c=-2})^2 \underbrace{- 1}_{d=-1}$

Faktorisieren
Addieren und Subtrahieren des Quadrats

Binomische Formel
Scheitelpunkt ablesen $S(-c \mid d)$

$\mathbf{S(2 \mid -1)}$

c) $y = x^2 + 12x - 1$ Faktorisieren
$y = x^2 + 2 \cdot 6 \cdot x - 1$ Addieren und Subtrahieren des Quadrats
$y = x^2 + 2 \cdot 6 \cdot x + 6^2 - 6^2 - 1$
$y = x^2 + 12x + 36 - 36 - 1$ Binomische Formel
$y = \underbrace{(x+6)}_{c=6}{}^2 \underbrace{- 37}_{d=-37}$ Scheitelpunkt ablesen S(–c | d)

S(–6 | –37)

d) $y = x^2 - 5x + 1,5$ Faktorisieren

$y = x^2 - 2 \cdot \dfrac{5}{2} \cdot x + 1,5$ Addieren und Subtrahieren des Quadrats

$y = x^2 - 2 \cdot \dfrac{5}{2} \cdot x + \left(\dfrac{5}{2}\right)^2 - \left(\dfrac{5}{2}\right)^2 + 1,5$

$y = x^2 - 5x + 6,25 - 6,25 + 1,5$ Binomische Formel

$y = \underbrace{(x - 2,5)}_{c=-2,5}{}^2 \underbrace{- 4,75}_{d=-4,75}$ Scheitelpunkt ablesen S(–c | d)

S(2,5 | –4,75)

e) $y = -3 + x^2 + 7x$ Sortieren
$y = x^2 + 7x - 3$ Faktorisieren
$y = x^2 + 2 \cdot 3,5 \cdot x - 3$ Addieren und Subtrahieren des Quadrats
$y = x^2 + 2 \cdot 3,5 \cdot x + 3,5^2 - 3,5^2 - 3$
$y = x^2 + 7x + 12,25 - 12,25 - 3$ Binomische Formel
$y = \underbrace{(x+3,5)}_{c=3,5}{}^2 \underbrace{- 15,25}_{d=-15,25}$ Scheitelpunkt ablesen S(–c | d)

S(–3,5 | –15,25)

f) $y = -x - 1 + x^2$ Sortieren

$y = x^2 - x - 1$ Faktorisieren

$y = x^2 - 2 \cdot \dfrac{1}{2} \cdot x - 1$ Addieren und Subtrahieren des Quadrats

$y = x^2 - 2 \cdot \dfrac{1}{2} \cdot x + \left(\dfrac{1}{2}\right)^2 - \left(\dfrac{1}{2}\right)^2 - 1$

$y = x^2 - x + \dfrac{1}{4} - \dfrac{1}{4} - 1$ Binomische Formel

$y = \underbrace{\left(x - \dfrac{1}{2}\right)}_{c=-\frac{1}{2}}{}^2 \underbrace{- 1\dfrac{1}{4}}_{d=-1\frac{1}{4}}$ Scheitelpunkt ablesen S(–c | d)

S$\left(\dfrac{1}{2} \mid -1\dfrac{1}{4}\right)$

g) $y = x^2 - \dfrac{1}{2}x + \dfrac{1}{4}$ \qquad Faktorisieren

$y = x^2 - 2 \cdot \dfrac{1}{4} \cdot x + \dfrac{1}{4}$ \qquad Addieren und Subtrahieren des Quadrats

$y = x^2 - 2 \cdot \dfrac{1}{4} \cdot x + \left(\dfrac{1}{4}\right)^2 - \left(\dfrac{1}{4}\right)^2 + \dfrac{1}{4}$

$y = x^2 - \dfrac{1}{2}x + \dfrac{1}{16} - \dfrac{1}{16} + \dfrac{1}{4}$ \qquad Binomische Formel

$y = \left(x - \dfrac{1}{4}\right)^2 + \dfrac{3}{16}$ \qquad Scheitelpunkt ablesen S(–c | d)

$\underbrace{}_{c = -\frac{1}{4}} \; \underbrace{}_{d = \frac{3}{16}}$

$\mathbf{S\left(\dfrac{1}{4} \,\Big|\, \dfrac{3}{16}\right)}$

h) $y = \dfrac{1}{6} + x \cdot \left(x - \dfrac{1}{3}\right)$

$y = \dfrac{1}{6} + x^2 - \dfrac{1}{3}x$ \qquad Sortieren

$y = x^2 - \dfrac{1}{3}x + \dfrac{1}{6}$ \qquad Faktorisieren

$y = x^2 - 2 \cdot \dfrac{1}{6} \cdot x + \dfrac{1}{6}$ \qquad Addieren und Subtrahieren des Quadrats

$y = x^2 - 2 \cdot \dfrac{1}{6} \cdot x + \left(\dfrac{1}{6}\right)^2 - \left(\dfrac{1}{6}\right)^2 + \dfrac{1}{6}$

$y = x^2 - \dfrac{1}{3}x + \dfrac{1}{36} - \dfrac{1}{36} + \dfrac{1}{6}$ \qquad Binomische Formel

$y = \left(x - \dfrac{1}{6}\right)^2 + \dfrac{5}{36}$ \qquad Scheitelpunkt ablesen S(–c | d)

$\underbrace{}_{c = -\frac{1}{6}} \; \underbrace{}_{d = \frac{5}{36}}$

$\mathbf{S\left(\dfrac{1}{6} \,\Big|\, \dfrac{5}{36}\right)}$

i) $y = x^2 + \sqrt{3}x + \sqrt{2}$ Faktorisieren

$y = x^2 + 2 \cdot \dfrac{1}{2}\sqrt{3} \cdot x + \sqrt{2}$ Addieren und Subtrahieren des Quadrats

$y = x^2 + 2 \cdot \dfrac{1}{2}\sqrt{3} \cdot x + \left(\dfrac{1}{2}\sqrt{3}\right)^2 - \left(\dfrac{1}{2}\sqrt{3}\right)^2 + \sqrt{2}$

$y = x^2 + \sqrt{3}x + \dfrac{3}{4} - \dfrac{3}{4} + \sqrt{2}$ Binomische Formel

$y = \underbrace{\left(x + \dfrac{1}{2}\sqrt{3}\right)^2}_{c = \frac{1}{2}\sqrt{3}} \underbrace{- \dfrac{3}{4} + \sqrt{2}}_{d = -\frac{3}{4} + \sqrt{2}}$ Scheitelpunkt ablesen S(–c | d)

$\mathbf{S\left(-\dfrac{1}{2}\sqrt{3} \,\middle|\, -\dfrac{3}{4} + \sqrt{2}\right)}$

j) $y = -\dfrac{1}{4}x - (\sqrt{2} - x^2)$

$y = -\dfrac{1}{4}x - \sqrt{2} + x^2$ Sortieren

$y = x^2 - \dfrac{1}{4}x - \sqrt{2}$ Faktorisieren

$y = x^2 - 2 \cdot \dfrac{1}{8} \cdot x - \sqrt{2}$ Addieren und Subtrahieren des Quadrats

$y = x^2 - 2 \cdot \dfrac{1}{8} \cdot x - \left(\dfrac{1}{8}\right)^2 + \left(\dfrac{1}{8}\right)^2 - \sqrt{2}$

$y = x^2 - \dfrac{1}{4}x - \dfrac{1}{64} + \dfrac{1}{64} - \sqrt{2}$ Binomische Formel

$y = \underbrace{\left(x - \dfrac{1}{8}\right)^2}_{c = -\frac{1}{8}} \underbrace{+ \dfrac{1}{64} - \sqrt{2}}_{d = \frac{1}{64} - \sqrt{2}}$ Scheitelpunkt ablesen S(–c | d)

$\mathbf{S\left(\dfrac{1}{8} \,\middle|\, \dfrac{1}{64} - \sqrt{2}\right)}$

51. a) $y = x^2 - 16$ Nullstelle bei $y = 0$
       $0 = x^2 - 16$ $|+16$
       $16 = x^2$
       $x_1 = 4$ $x_2 = -4$
       Die Nullstellen liegen bei **$N_1(4|0)$** und **$N_2(-4|0)$**.

b) $y = x^2 - 7$ Nullstelle bei $y = 0$
       $0 = x^2 - 7$ $|+7$
       $7 = x^2$
       $x_1 = \sqrt{7}$ $x_2 = -\sqrt{7}$
       Die Nullstellen liegen bei **$N_1(\sqrt{7}\,|\,0)$** und **$N_2(-\sqrt{7}\,|\,0)$**.

c) $y = x^2 + 3$ Nullstelle bei $y = 0$
       $0 = x^2 + 3$ $|-3$
       $-3 = x^2$
       Es gibt keine Zahl, die quadriert negativ wird. Der Graph hat keine Nullstelle.

d) $y = x^2 + 4$ Nullstelle bei $y = 0$
       $0 = x^2 + 4$ $|-4$
       $-4 = x^2$
       Es gibt keine Zahl, die quadriert negativ wird. Der Graph hat keine Nullstelle.

e) $y = (x+3)^2$ Nullstelle bei $y = 0$
       $0 = (x+3)^2$
       $0 = x + 3$ $|-3$
       $-3 = x$
       $N(-3|0)$ ist die einzige Nullstelle.

f) $y = (x-\sqrt{2})^2$ Nullstelle bei $y = 0$
       $0 = (x-\sqrt{2})^2$ $|\sqrt{}$
       $0 = x - \sqrt{2}$ $|+\sqrt{2}$
       $\sqrt{2} = x$
       $N(\sqrt{2}\,|\,0)$ ist die einzige Nullstelle.

g) $y = 3x^2 - 12$ Nullstelle bei $y = 0$
       $0 = 3x^2 - 12$ $|+12$
       $12 = 3x^2$ $|:3$
       $4 = x^2$
       $x_1 = 2$ $x_2 = -2$
       Die Nullstellen liegen bei **$N_1(2|0)$** und **$N_2(-2|0)$**.

h) $y = \sqrt{2}x^2 - \sqrt{8}$ Nullstelle bei y = 0

$0 = \sqrt{2}x^2 - \sqrt{8}$ $|+\sqrt{8}$

$\sqrt{8} = \sqrt{2}x^2$ $|:\sqrt{2}$ $\dfrac{\sqrt{8}}{\sqrt{2}} = \dfrac{\sqrt{4}\cdot\sqrt{2}}{\sqrt{2}} = \sqrt{4} = 2$

$2 = x^2$

$x_1 = \sqrt{2}$ $x_2 = -\sqrt{2}$

Die Nullstellen liegen bei **$N_1(\sqrt{2}\,|\,0)$ und $N_2(-\sqrt{2}\,|\,0)$**.

i) $y = (x-3)\cdot(x+3)$ Nullstelle bei y = 0

$0 = (x-3)\cdot(x+3)$ Ein Produkt ist null, falls einer der beiden Faktoren null ist.

$x-3 = 0$ $x+3 = 0$

$x_1 = 3$ $x_2 = -3$

$N_1(3\,|\,0)$ und $N_2(-3\,|\,0)$ sind die beiden Nullstellen des Graphen.

j) $y = x^2 - \sqrt{2}$ Nullstelle bei y = 0

$0 = x^2 - \sqrt{2}$ $|+\sqrt{2}$

$\sqrt{2} = x^2$

$x_1 = \sqrt{\sqrt{2}} = \sqrt[4]{2}$

$x_2 = -\sqrt{\sqrt{2}} = -\sqrt[4]{2}$

Die beiden Nullstellen liegen bei **$N_1(\sqrt[4]{2}\,|\,0)$ und $N_2(-\sqrt[4]{2}\,|\,0)$**.

52. a) Setze $N_1(2\,|\,0)$ in die allgemeine Funktionsgleichung $y = x^2 + c$ ein:

$0 = 2^2 + c$

$0 = 4 + c$ $|-4$

$-4 = c$

Mögliche Funktionsgleichung: $y = x^2 - 4$

Punktprobe mit dem zweiten Punkt:

$0 = (-2)^2 - 4$

$0 = 4 - 4$

$0 = 0$ ✓

Die gesuchte Funktionsgleichung lautet **$y = x^2 - 4$**.

b) Setze $N_1(4\,|\,0)$ in die allgemeine Funktionsgleichung $y = x^2 + c$ ein:

$0 = 4^2 + c$

$0 = 16 + c$ $|-16$

$-16 = c$

Mögliche Funktionsgleichung: $y = x^2 - 16$

Punktprobe mit dem zweiten Punkt:
$$0 = (-2)^2 - 16$$
$$0 = 4 - 16$$
$$0 = -12 \quad \text{✗}$$
Für die Punkte $N_1(4|0)$ und $N_2(-2|0)$ existiert keine Funktionsgleichung der Form $y = x^2 + c$.

c) Setze $N_1(\sqrt{2}|0)$ in die allgemeine Funktionsgleichung $y = x^2 + c$ ein:
$$0 = \sqrt{2}^2 + c$$
$$0 = 2 + c \quad |-2$$
$$-2 = c$$
Mögliche Funktionsgleichung: $y = x^2 - 2$
Punktprobe mit dem zweiten Punkt:
$$0 = (-\sqrt{2})^2 - 2$$
$$0 = 2 - 2$$
$$0 = 0 \quad \checkmark$$
Die gesuchte Funktionsgleichung lautet **y = x² – 2**.

d) $N(0|0)$ ist die einzige Nullstelle. Der Scheitel berührt die x-Achse im Ursprung. Das gilt für die Normalparabel: **y = x²**.

e) Setze $N_1(-3|0)$ in die allgemeine Funktionsgleichung $y = x^2 + c$ ein:
$$0 = (-3)^2 + c$$
$$0 = 9 + c \quad |-9$$
$$-9 = c$$
Mögliche Funktionsgleichung: $y = x^2 - 9$
Punktprobe mit dem zweiten Punkt:
$$0 = 3^2 - 9$$
$$0 = 9 - 9$$
$$0 = 0 \quad \checkmark$$
Die gesuchte Funktionsgleichung lautet **y = x² – 9**.

f) Setze $N_1(-5|0)$ in die allgemeine Funktionsgleichung $y = x^2 + c$ ein:
$$0 = (-5)^2 + c$$
$$0 = 25 + c \quad |-25$$
$$-25 = c$$
Mögliche Funktionsgleichung: $y = x^2 - 25$
Punktprobe mit dem zweiten Punkt:
$$0 = 4^2 - 25$$
$$0 = 16 - 25$$
$$0 = 9 \quad \text{✗}$$
Für die Punkte $N_1(-5|0)$ und $N_2(4|0)$ existiert keine Funktionsgleichung der Form $y = x^2 + c$.

53. a) $y = x^2 - 12$
$y = x^2 + (-12)$
$c = 0;\ d = -12$

S(0|−12)

Nullstellen:
$0 = x^2 - 12 \quad |+12$ Nullstelle bei $y = 0$
$12 = x^2$
$x_1 = \sqrt{12} = 2 \cdot \sqrt{3}$ $\sqrt{12} = \sqrt{4 \cdot 3} = \sqrt{4} \cdot \sqrt{3} = 2 \cdot \sqrt{3}$
$x_2 = -\sqrt{12} = -2 \cdot \sqrt{3}$

$N_1(2\sqrt{3}\,|\,0);\ N_2(-2\sqrt{3}\,|\,0)$

b) $y = x^2 + 3$
$c = 0;\ d = 3$

S(0|3)

Nullstellen:
$0 = x^2 + 3 \quad |-3$ Nullstelle bei $y = 0$
$-3 = x^2$

Jede quadrierte reelle Zahl ist nicht negativ. Die Parabel hat keine Nullstellen.

c) $y = x^2 - 2x + 3$
$y = x^2 - 2 \cdot 1 \cdot x + 3$ Quadratische Ergänzung
$y = x^2 - 2 \cdot 1 \cdot x + 1^2 - 1^2 + 3$
$y = (x - 1)^2 + 2$
$y = (x + (-1))^2 + 2$
$c = -1;\ d = 2$

S(1|2)

Nullstellen:
$0 = (x - 1)^2 + 2 \quad |-2$ Nullstelle bei $y = 0$
$-2 = (x - 1)^2$

Jede quadrierte reelle Zahl ist nicht negativ. Die Parabel hat keine Nullstellen.

d) $y = x^2 - 4x + 1$
$y = x^2 - 2 \cdot 2 \cdot x + 1$ Quadratische Ergänzung
$y = x^2 - 2 \cdot 2 \cdot x + 2^2 - 2^2 + 1$
$y = (x - 2)^2 - 3$
$y = (x + (-2))^2 + (-3)$
$c = -2;\ d = -3$

S(2|−3)

Nullstellen:
$$0 = (x-2)^2 - 3 \quad |+3 \qquad \text{Nullstelle bei } y = 0$$
$$3 = (x-2)^2$$
$$\sqrt{3} = x - 2 \quad |+2 \qquad -\sqrt{3} = x - 2 \quad |+2$$
$$2 + \sqrt{3} = x_1 \qquad 2 - \sqrt{3} = x_2$$
$$\mathbf{N_1(2+\sqrt{3}\,|\,0); \; N_2(2-\sqrt{3}\,|\,0)}$$

e) $y = x^2 - 4x + 4$
   $y = x^2 - 2 \cdot 2 \cdot x + 4$ \qquad Quadratische Ergänzung
   $y = x^2 - 2 \cdot 2 \cdot x + 2^2 - 2^2 + 4$
   $y = (x-2)^2$
   $y = (x+(-2))^2 + 0$
   $c = -2; \; d = 0$

S(2 | 0)

Nullstellen:
$$0 = (x-2)^2 \qquad \text{Nullstelle bei } y = 0$$
$$0 = x - 2 \quad |+2$$
$$x_1 = 2$$

N(2 | 0)

f) $y = x^2 - 8x + 3$
   $y = x^2 - 2 \cdot 4 \cdot x + 3$ \qquad Quadratische Ergänzung
   $y = x^2 - 2 \cdot 4 \cdot x + 4^2 - 4^2 + 3$
   $y = (x-4)^2 - 13$
   $y = (x+(-4))^2 + (-13)$
   $c = -4; \; d = -13$

S(4 | −13)

Nullstellen:
$$0 = (x-4)^2 - 13 \quad |+13 \qquad \text{Nullstelle bei } y = 0$$
$$13 = (x-4)^2$$
$$\sqrt{13} = x - 4 \quad |+4 \qquad -\sqrt{13} = x - 4 \quad |+4$$
$$4 + \sqrt{13} = x_1 \qquad 4 - \sqrt{13} = x_2$$
$$\mathbf{N_1(4+\sqrt{13}\,|\,0); \; N_2(4-\sqrt{13}\,|\,0)}$$

g) $y = x^2 - 3x$

$y = x^2 - 2 \cdot \dfrac{3}{2} \cdot x$ \hspace{2em} Quadratische Ergänzung

$y = x^2 - 2 \cdot \dfrac{3}{2} \cdot x + \left(\dfrac{3}{2}\right)^2 - \left(\dfrac{3}{2}\right)^2$

$y = \left(x - \dfrac{3}{2}\right)^2 - \left(\dfrac{3}{2}\right)^2$

$y = \left(x + \left(-\dfrac{3}{2}\right)\right)^2 + \left(-\dfrac{9}{4}\right)$

$c = -\dfrac{3}{2};\ d = -\dfrac{9}{4}$

$\mathbf{S\left(\dfrac{3}{2}\bigg|-\dfrac{9}{4}\right)}$

Nullstellen:

$0 = \left(x - \dfrac{3}{2}\right)^2 - \left(\dfrac{3}{2}\right)^2 \quad \bigg| + \left(\dfrac{3}{2}\right)^2$ \hspace{1em} Nullstelle bei y = 0

$\left(\dfrac{3}{2}\right)^2 = \left(x - \dfrac{3}{2}\right)^2$

$\dfrac{3}{2} = x - \dfrac{3}{2} \quad \bigg| + \dfrac{3}{2} \hspace{2em} -\dfrac{3}{2} = x - \dfrac{3}{2} \quad \bigg| + \dfrac{3}{2}$

$3 = x_1 \hspace{8em} 0 = x_2$

$\mathbf{N_1(3|0);\ N_2(0|0)}$

h) $y = x^2 + 5x$

$y = x^2 + 2 \cdot \dfrac{5}{2} \cdot x$ \hspace{2em} Quadratische Ergänzung

$y = x^2 + 2 \cdot \dfrac{5}{2} \cdot x + \left(\dfrac{5}{2}\right)^2 - \left(\dfrac{5}{2}\right)^2$

$y = \left(x + \dfrac{5}{2}\right)^2 - \left(\dfrac{5}{2}\right)^2$

$y = \left(x + \dfrac{5}{2}\right)^2 + \left(-\dfrac{25}{4}\right)$

$c = \dfrac{5}{2};\ d = -\dfrac{25}{4}$

$\mathbf{S\left(-\dfrac{5}{2}\bigg|-\dfrac{25}{4}\right)}$

Nullstellen:

$$0 = \left(x + \frac{5}{2}\right)^2 - \left(\frac{5}{2}\right)^2 \quad \left| + \left(\frac{5}{2}\right)^2 \right. \quad \text{Nullstelle bei y = 0}$$

$$\left(\frac{5}{2}\right)^2 = \left(x + \frac{5}{2}\right)^2$$

$$\frac{5}{2} = x + \frac{5}{2} \quad \left| -\frac{5}{2} \right. \qquad -\frac{5}{2} = x + \frac{5}{2} \quad \left| -\frac{5}{2} \right.$$

$$0 = x_1 \qquad\qquad\qquad\qquad -5 = x_2$$

$N_1(0|0); N_2(-5|0)$

i) $y = x \cdot (x - 3) + 2$

$y = x^2 - 3x + 2$

$y = x^2 - 2 \cdot \frac{3}{2} \cdot x + 2$ \qquad Quadratische Ergänzung

$y = x^2 - 2 \cdot \frac{3}{2} \cdot x + \left(\frac{3}{2}\right)^2 - \left(\frac{3}{2}\right)^2 + 2$

$y = \left(x - \frac{3}{2}\right)^2 - \frac{1}{4}$

$y = \left(x + \left(-\frac{3}{2}\right)\right)^2 + \left(-\frac{1}{4}\right)$

$c = -\frac{3}{2}; \; d = -\frac{1}{4}$

$S\left(\frac{3}{2}\middle| -\frac{1}{4}\right)$

Nullstellen:

$$0 = \left(x - \frac{3}{2}\right)^2 - \frac{1}{4} \quad \left| +\frac{1}{4} \right. \quad \text{Nullstelle bei y = 0}$$

$$\frac{1}{4} = \left(x - \frac{3}{2}\right)^2$$

$$\frac{1}{2} = x - \frac{3}{2} \quad \left| +\frac{3}{2} \right. \qquad -\frac{1}{2} = x - \frac{3}{2} \quad \left| +\frac{3}{2} \right.$$

$$2 = x_1 \qquad\qquad\qquad\qquad 1 = x_2$$

$N_1(2|0); N_2(1|0)$

j) $y = x^2 - x - 1$

$y = x^2 - 2 \cdot \frac{1}{2} \cdot x - 1$ \hspace{2em} Quadratische Ergänzung

$y = x^2 - 2 \cdot \frac{1}{2} \cdot x + \left(\frac{1}{2}\right)^2 - \left(\frac{1}{2}\right)^2 - 1$

$y = \left(x - \frac{1}{2}\right)^2 - 1\frac{1}{4}$

$y = \left(x + \left(-\frac{1}{2}\right)\right)^2 + \left(-1\frac{1}{4}\right)$

$c = -\frac{1}{2}; \ d = -1\frac{1}{4}$

$S\left(\frac{1}{2} \middle| -1\frac{1}{4}\right)$

Nullstellen:

$0 = \left(x - \frac{1}{2}\right)^2 - 1\frac{1}{4}$ \hspace{1em} $\big| +1\frac{1}{4}$ \hspace{2em} Nullstelle bei $y = 0$

$1\frac{1}{4} = \left(x - \frac{1}{2}\right)^2$

$\sqrt{1\frac{1}{4}} = x - \frac{1}{2}$ \hspace{1em} $\big| -\frac{1}{2}$ \hspace{2em} $-\sqrt{1\frac{1}{4}} = x - \frac{1}{2}$ \hspace{1em} $\big| +\frac{1}{2}$

$\frac{1}{2} + \sqrt{1\frac{1}{4}} = x_1$ \hspace{4em} $\frac{1}{2} - \sqrt{1\frac{1}{4}} = x_2$

$N_1\left(\frac{1}{2} + \sqrt{1\frac{1}{4}} \middle| 0\right); \ N_2\left(\frac{1}{2} - \sqrt{1\frac{1}{4}} \middle| 0\right)$

54. a) $y = x^2 + 6x - 9$ \hspace{3em} Bei einer nach oben geöffneten Parabel erhält man den kleinsten Funktionswert im Scheitel.

$y = x^2 + 2 \cdot 3 \cdot x - 9$

$y = x^2 + 2 \cdot 3 \cdot x + 3^2 - 3^2 - 9$ \hspace{2em} Quadratische Ergänzung

$y = (x + 3)^2 - 9 - 9$

$y = (x + 3)^2 - 18$ \hspace{4em} $S(-3|-18)$

Die y-Koordinate im Scheitel ist **–18**. Das ist der kleinste Funktionswert der Funktion.

b) $y = x^2 - 6x + 9$

$y = x^2 - 2 \cdot 3 \cdot x + 9$ \qquad Quadratische Ergänzung

$y = x^2 - 2 \cdot 3 \cdot x + 3^2 - 3^2 + 9$

$y = (x - 3)^2 - 9 + 9$

$y = (x - 3)^2$ \qquad S(3|0)

Die y-Koordinate im Scheitel ist **0**. Das ist der kleinste Funktionswert der Funktion. Der Scheitel liegt auf der x-Achse.

c) $y = x^2 + 3x - 4$

$y = x^2 + 2 \cdot \dfrac{3}{2} \cdot x - 4$ \qquad Quadratische Ergänzung

$y = x^2 + 2 \cdot \dfrac{3}{2} \cdot x + \left(\dfrac{3}{2}\right)^2 - \left(\dfrac{3}{2}\right)^2 - 4$

$y = \left(x + \dfrac{3}{2}\right)^2 - \dfrac{9}{4} - 4$

$y = \left(x + \dfrac{3}{2}\right)^2 - 6\dfrac{1}{4}$ \qquad $S\left(-\dfrac{3}{2} \,\middle|\, -6\dfrac{1}{4}\right)$

Die y-Koordinate im Scheitel ist $-6\dfrac{1}{4}$. Das ist der kleinste Funktionswert der Funktion.

d) $y = x^2 - x + 1$

$y = x^2 - 2 \cdot \dfrac{1}{2} \cdot x + 1$ \qquad Quadratische Ergänzung

$y = x^2 - 2 \cdot \dfrac{1}{2} \cdot x + \left(\dfrac{1}{2}\right)^2 - \left(\dfrac{1}{2}\right)^2 + 1$

$y = \left(x - \dfrac{1}{2}\right)^2 - \dfrac{1}{4} + 1$

$y = \left(x - \dfrac{1}{2}\right)^2 + \dfrac{3}{4}$ \qquad $S\left(\dfrac{1}{2} \,\middle|\, \dfrac{3}{4}\right)$

Die y-Koordinate im Scheitel ist $\dfrac{3}{4}$. Das ist der kleinste Funktionswert der Funktion.

e) $y = x^2 - 2$
$y = x^2 + (-2)$ \qquad S(0|−2)

Die y-Koordinate im Scheitel ist **−2**. Das ist der kleinste Funktionswert der Funktion.

f) $y = x \cdot (x - 3) + 2$

$y = x^2 - 3x + 2$

$y = x^2 - 2 \cdot \frac{3}{2} \cdot x + 2$ Quadratische Ergänzung

$y = x^2 - 2 \cdot \frac{3}{2} \cdot x + \left(\frac{3}{2}\right)^2 - \left(\frac{3}{2}\right)^2 + 2$

$y = \left(x - \frac{3}{2}\right)^2 - \frac{9}{4} + 2$

$y = \left(x - \frac{3}{2}\right)^2 - \frac{1}{4}$

$y = \left(x + \left(-\frac{3}{2}\right)\right)^2 + \left(-\frac{1}{4}\right)$ $S\left(\frac{3}{2} \mid -\frac{1}{4}\right)$

Die y-Koordinate im Scheitel ist $-\frac{1}{4}$. Das ist der kleinste Funktionswert der Funktion.

g) $y = \frac{1}{2}x^2 - \frac{1}{4} + \frac{1}{8}$

$y = \frac{1}{2}x^2 - \frac{1}{8}$

$y = \frac{1}{2} \cdot \left(x^2 - \frac{1}{4}\right)$ (*)

Der Funktionswert dieser Funktion ist minimal, wenn $x^2 - \frac{1}{4}$ seinen kleinsten Wert annimmt.

$y = x^2 - \frac{1}{4}$

$y = x^2 + \left(-\frac{1}{4}\right)$ $S\left(0 \mid -\frac{1}{4}\right)$

Der Scheitelpunkt hat den x-Wert 0. Das wird in (*) eingesetzt:

$y = \frac{1}{2} \cdot \left(0^2 - \frac{1}{4}\right)$

$y = -\frac{1}{8}$

Der minimale Funktionswert der Funktion mit der Gleichung $y = \frac{1}{2}x^2 - \frac{1}{4} + \frac{1}{8}$ ist $-\frac{1}{8}$.

h) $y = \frac{1}{3}x^2 + \frac{1}{3} - \frac{1}{6}$

$y = \frac{1}{3}x^2 + \frac{1}{6}$

$y = \frac{1}{3} \cdot \left(x^2 + \frac{1}{2}\right)$ (*)

Der Funktionswert dieser Funktion ist minimal, wenn $x^2 + \frac{1}{2}$ seinen kleinsten Wert annimmt.

$y = x^2 + \frac{1}{2}$ $\qquad\qquad S\left(0 \middle| \frac{1}{2}\right)$

Der Scheitelpunkt hat den x-Wert 0. Das wird in (*) eingesetzt:

$y = \frac{1}{3} \cdot \left(0^2 + \frac{1}{2}\right)$

$y = \frac{1}{6}$

Der minimale Funktionswert der Funktion mit der Gleichung $y = \frac{1}{3}x^2 + \frac{1}{3} - \frac{1}{6}$ ist $\frac{1}{6}$.

55. a) $0 = x^2 + x - 2$
$0 = 1 \cdot x^2 + 1 \cdot x + (-2)$ $\qquad\qquad a = 1; b = 1; c = -2$

$x_{1/2} = \frac{-1 \pm \sqrt{1^2 - 4 \cdot 1 \cdot (-2)}}{2 \cdot 1}$

$= \frac{-1 \pm \sqrt{1+8}}{2} = \frac{-1 \pm 3}{2}$

$x_1 = \frac{-1+3}{2} = \frac{2}{2} = 1 \qquad x_2 = \frac{-1-3}{2} = -\frac{4}{2} = -2$

$\mathbb{L} = \{-2; 1\}$

b) $0 = x^2 + x - 6$
$0 = 1 \cdot x^2 + 1 \cdot x + (-6)$ $\qquad\qquad a = 1; b = 1; c = -6$

$x_{1/2} = \frac{-1 \pm \sqrt{1^2 - 4 \cdot 1 \cdot (-6)}}{2 \cdot 1}$

$= \frac{-1 \pm \sqrt{1+24}}{2} = \frac{-1 \pm 5}{2}$

$x_1 = \frac{-1+5}{2} = \frac{4}{2} = 2 \qquad x_2 = \frac{-1-5}{2} = -\frac{6}{2} = -3$

$\mathbb{L} = \{-3; 2\}$

c) $0 = x^2 + 3x + 4$
$0 = 1 \cdot x^2 + 3 \cdot x + 4$ $a = 1;\ b = 3;\ c = 4$

$$x_{1/2} = \frac{-3 \pm \sqrt{3^2 - 4 \cdot 1 \cdot 4}}{2 \cdot 1}$$

$$= \frac{-3 \pm \sqrt{9 - 16}}{2} = \frac{-3 \pm \sqrt{-7}}{2}$$

$D = -7 < 0 \Rightarrow$ keine Lösung   Diskriminante $D = b^2 - 4ac$
$\mathbb{L} = \{\ \}$ Die Lösungsmenge ist leer.

d) $0 = x^2 - 5x + 6,25$
$0 = 1 \cdot x^2 + (-5) \cdot x + 6,25$ $a = 1;\ b = -5;\ c = 6,25$

$$x_{1/2} = \frac{-(-5) \pm \sqrt{(-5)^2 - 4 \cdot 1 \cdot 6,25}}{2 \cdot 1}$$

$$= \frac{5 \pm \sqrt{25 - 25}}{2} = \frac{5 \pm 0}{2} = 2,5$$

$D = 0 \Rightarrow$ eine Lösung   Diskriminante $D = b^2 - 4ac$
$\mathbb{L} = \{2,5\}$

e) $x^2 + x = -5$ $|+5$ Herstellung der Form $ax^2 + bx + c = 0$
$x^2 + x + 5 = 0$
$1 \cdot x^2 + 1 \cdot x + 5 = 0$ $a = 1;\ b = 1;\ c = 5$

$$x_{1/2} = \frac{-1 \pm \sqrt{1^2 - 4 \cdot 1 \cdot 5}}{2 \cdot 1}$$

$$= \frac{-1 \pm \sqrt{1 - 20}}{2} = \frac{-1 \pm \sqrt{-19}}{2}$$

$D = -19 < 0 \Rightarrow$ keine Lösung   Diskriminante $D = b^2 - 4ac$
$\mathbb{L} = \{\ \}$ leere Menge

f) $0 = 3x^2 - 7x + 9$
$0 = 3 \cdot x^2 + (-7) \cdot x + 9$ $a = 3;\ b = -7;\ c = 9$

$$x_{1/2} = \frac{-(-7) \pm \sqrt{(-7)^2 - 4 \cdot 3 \cdot 9}}{2 \cdot 3}$$

$$= \frac{7 \pm \sqrt{49 - 108}}{6} = \frac{7 \pm \sqrt{-59}}{6}$$

$D = -59 < 0 \Rightarrow$ keine Lösung   Diskriminante $D = b^2 - 4ac$
$\mathbb{L} = \{\ \}$ leere Menge

g) $0 = x^2 - 2x$

1. Möglichkeit: Lösungsformel

$0 = 1 \cdot x^2 + (-2) \cdot x + 0$ $\qquad$ a = 1; b = –2; c = 0

$x_{1/2} = \dfrac{-(-2) \pm \sqrt{(-2)^2 - 4 \cdot 1 \cdot 0}}{2 \cdot 1}$

$= \dfrac{2 \pm \sqrt{4 - 0}}{2} = \dfrac{2 \pm 2}{2}$

$x_1 = \dfrac{2+2}{2} = \dfrac{4}{2} = 2 \qquad x_2 = \dfrac{2-2}{2} = \dfrac{0}{2} = 0$

$\mathbb{L} = \{0;\ 2\}$

2. Möglichkeit: Ausklammern

$0 = x^2 - 2x$
$0 = x \cdot (x - 2)$ $\qquad$ Ein Produkt ist null, falls einer der beiden Faktoren null ist.
$x_1 = 0$
$x_2 - 2 = 0 \ \Rightarrow \ x_2 = 2$

$\mathbb{L} = \{0;\ 2\}$

h) $0 = 2x^2 + 3x$

1. Möglichkeit: Lösungsformel

$0 = 2 \cdot x^2 + 3 \cdot x + 0$ $\qquad$ a = 2; b = 3; c = 0

$x_{1/2} = \dfrac{-3 \pm \sqrt{3^2 - 4 \cdot 2 \cdot 0}}{2 \cdot 2}$

$= \dfrac{-3 \pm \sqrt{9 - 0}}{4} = \dfrac{-3 \pm 3}{4}$

$x_1 = \dfrac{-3+3}{4} = \dfrac{0}{4} = 0 \qquad x_2 = \dfrac{-3-3}{4} = -\dfrac{6}{4} = -\dfrac{3}{2}$

$\mathbb{L} = \left\{-\dfrac{3}{2};\ 0\right\}$

2. Möglichkeit: Ausklammern

$0 = 2x^2 + 3x$
$0 = x(2x + 3)$ $\qquad$ Ein Produkt ist null, falls einer der beiden Faktoren null ist.

$x_1 = 0$
$\quad 0 = 2x_2 + 3 \quad |-3$
$-3 = 2x_2 \quad |:2$
$-\dfrac{3}{2} = x_2$

$\mathbb{L} = \left\{-\dfrac{3}{2};\ 0\right\}$

i) $0 = 3x^2 - 4$

1. Möglichkeit: Lösungsformel

$0 = 3 \cdot x^2 + 0 \cdot x + (-4)$ $a = 3;\ b = 0;\ c = -4$

$$x_{1/2} = \frac{-0 \pm \sqrt{0^2 - 4 \cdot 3 \cdot (-4)}}{2 \cdot 3}$$

$$= \frac{\pm\sqrt{48}}{6} = \frac{\pm 4\sqrt{3}}{6}$$ $\sqrt{48} = \sqrt{16 \cdot 3} = \sqrt{16} \cdot \sqrt{3} = 4\sqrt{3}$

$$x_1 = \frac{4\sqrt{3}}{6} = \frac{2\sqrt{3}}{3}$$

$$x_2 = \frac{-4\sqrt{3}}{6} = -\frac{2\sqrt{3}}{3}$$

$$\mathbb{L} = \left\{ -\frac{2\sqrt{3}}{3};\ \frac{2\sqrt{3}}{3} \right\}$$

2. Möglichkeit: Äquivalenzumformungen

$0 = 3x^2 - 4$ $|+4$

$4 = 3x^2$ $|:3$

$\frac{4}{3} = x^2$

$$x_1 = \sqrt{\frac{4}{3}} = \frac{2}{\sqrt{3}} = \frac{2 \cdot \sqrt{3}}{3}$$ $\frac{2}{\sqrt{3}} = \frac{2 \cdot \sqrt{3}}{\sqrt{3} \cdot \sqrt{3}} = \frac{2 \cdot \sqrt{3}}{3}$

$$x_2 = -\sqrt{\frac{4}{3}} = -\frac{2}{\sqrt{3}} = -\frac{2\sqrt{3}}{3}$$

$$\mathbb{L} = \left\{ -\frac{2\sqrt{3}}{3};\ \frac{2\sqrt{3}}{3} \right\}$$

j) $3x = 2x^2 + 2$ $|-3x$ Herstellung der Form $ax^2 + bx + c = 0$

$0 = 2x^2 - 3x + 2$

$0 = 2 \cdot x^2 + (-3) \cdot x + 2$ $a = 2;\ b = -3;\ c = 2$

$$x_{1/2} = \frac{-(-3) \pm \sqrt{(-3)^2 - 4 \cdot 2 \cdot 2}}{2 \cdot 2}$$

$$= \frac{3 \pm \sqrt{9 - 16}}{4} = \frac{3 \pm \sqrt{-7}}{4}$$

$D = -7 < 0 \ \Rightarrow \ $ keine Lösung   Diskriminante $D = b^2 - 4ac$

$\mathbb{L} = \{\ \}$ leere Menge

k) $\qquad -6x^2 = -2x+4 \quad |+2x$ Herstellung der Form $ax^2+bx+c=0$
$\qquad\quad -6x^2+2x = 4 \quad\quad\;\; |-4$
$\qquad\quad -6x^2+2x-4 = 0$
$\qquad\quad -6\cdot x^2+2\cdot x+(-4) = 0$ $a = -6;\; b = 2;\; c = -4$

$x_{1/2} = \dfrac{-2 \pm \sqrt{2^2 - 4\cdot(-6)\cdot(-4)}}{2\cdot(-6)}$

$\qquad = \dfrac{-2 \pm \sqrt{4-96}}{-12} = \dfrac{-2 \pm \sqrt{-92}}{-12}$

$D = -92 < 0 \;\Rightarrow\;$ keine Lösung   Diskriminante $D = b^2 - 4ac$

$\mathbb{L} = \{\;\}$ leere Menge

l) $\qquad 3\cdot(2x-3) = -x^2$ Herstellung der Form $ax^2+bx+c=0$
$\qquad\quad\;\; 6x-9 = -x^2 \quad |+x^2$
$\qquad x^2+6x-9 = 0$
$\qquad 1\cdot x^2+6\cdot x+(-9) = 0$ $a = 1;\; b = 6;\; c = -9$

$x_{1/2} = \dfrac{-6 \pm \sqrt{6^2-4\cdot 1\cdot(-9)}}{2\cdot 1}$

$\qquad = \dfrac{-6 \pm \sqrt{36+36}}{2}$ $\sqrt{36+36} = \sqrt{36\cdot 2} = \sqrt{36}\cdot\sqrt{2} = 6\cdot\sqrt{2}$

$\qquad = \dfrac{-6 \pm 6\cdot\sqrt{2}}{2} = -3 \pm 3\sqrt{2}$

$x_1 = -3+3\sqrt{2}$
$x_2 = -3-3\sqrt{2}$

$\mathbb{L} = \{-3-3\sqrt{2};\; -3+3\sqrt{2}\}$

56. a) $y = 3x^2 - 3x + 1$
$\qquad y = 3\cdot x^2 + (-3)\cdot x + 1$ $a = 3;\; b = -3;\; c = 1$
$\qquad D = (-3)^2 - 4\cdot 3\cdot 1$
$\qquad\quad = 9 - 12 = -3 < 0$
Der Graph der Funktion hat **keine** Nullstelle.

b) $y = \sqrt{2}x^2 + \sqrt{8}x - \sqrt{2}$
$\qquad y = \sqrt{2}\cdot x^2 + \sqrt{8}\cdot x + (-\sqrt{2})$ $a = \sqrt{2};\; b = \sqrt{8};\; c = -\sqrt{2}$
$\qquad D = \sqrt{8}^2 - 4\cdot\sqrt{2}\cdot(-\sqrt{2})$
$\qquad\quad = 8 + 4\cdot 2 = 8 + 8 = 16 > 0$
Die Parabel hat **zwei** Nullstellen.

c) $y = -\frac{1}{2}x^2 + 3x + 1,5$

$y = -\frac{1}{2} \cdot x^2 + 3 \cdot x + 1,5$ $\qquad a = -\frac{1}{2}; \ b = 3; \ c = 1,5$

$D = 3^2 - 4 \cdot \left(-\frac{1}{2}\right) \cdot 1,5$
$= 9 + 2 \cdot 1,5 = 9 + 3 = 12 > 0$

Die Parabel hat **zwei** Nullstellen.

d) $y = -3x^2 + 9x - 6,75$

$y = -3 \cdot x^2 + 9 \cdot x + (-6,75)$ $\qquad a = -3; \ b = 9; \ c = -6,75$

$D = 9^2 - 4 \cdot (-3) \cdot (-6,75)$
$= 81 - 4 \cdot 3 \cdot 6,75 = 81 - 81 = 0$

Die Parabel hat **eine** Nullstelle, d. h., der Graph berührt mit seinem Scheitel die x-Achse.

e) $y = 2\frac{1}{2}x^2 - 2x + 1$

$y = 2\frac{1}{2} \cdot x^2 + (-2) \cdot x + 1$ $\qquad a = 2\frac{1}{2}; \ b = -2; \ c = 1$

$D = (-2)^2 - 4 \cdot 2\frac{1}{2} \cdot 1$
$= 4 - 10 = -6 < 0$

Der Graph der Funktion hat **keine** Nullstelle.

f) $y = \sqrt{3}x^2 - \sqrt{27}x + 3\sqrt{27}$

$y = \sqrt{3} \cdot x^2 + (-\sqrt{27}) \cdot x + 3\sqrt{27}$ $\qquad a = \sqrt{3}; \ b = -\sqrt{27}; \ c = 3\sqrt{27}$

$D = (-\sqrt{27})^2 - 4 \cdot \sqrt{3} \cdot 3\sqrt{27}$
$= 27 - 4 \cdot 3 \cdot \sqrt{3 \cdot 27}$
$= 27 - 12 \cdot \sqrt{81}$
$= 27 - 12 \cdot 9 = 27 - 108 = -81 < 0$

Der Graph der Funktion hat **keine** Nullstelle.

g) $y = \frac{1}{3}x^2 + 4$

$y = \frac{1}{3} \cdot x^2 + 0 \cdot x + 4$ $\qquad a = \frac{1}{3}; \ b = 0; \ c = 4$

$D = 0^2 - 4 \cdot \frac{1}{3} \cdot 4 = -\frac{16}{3} < 0$

Der Graph hat **keine** Nullstelle.

h) $y = -\frac{1}{5}x^2 + \frac{5}{2}x + 8$

$y = -\frac{1}{5} \cdot x^2 + \frac{5}{2} \cdot x + 8$ $\qquad a = -\frac{1}{5};\ b = \frac{5}{2};\ c = 8$

$D = \left(\frac{5}{2}\right)^2 - 4 \cdot \left(-\frac{1}{5}\right) \cdot 8$

$= \frac{25}{4} + \frac{32}{5} = 12\frac{13}{20} > 0$

Die Parabel hat **zwei** Nullstellen.

i) $y = -\frac{1}{\sqrt{5}}x^2 - x$

$y = -\frac{1}{\sqrt{5}} \cdot x^2 + (-1) \cdot x + 0$ $\qquad a = -\frac{1}{\sqrt{5}};\ b = -1;\ c = 0$

$D = (-1)^2 - 4 \cdot \left(-\frac{1}{\sqrt{5}}\right) \cdot 0$

$= 1 + 0 = 1 > 0$

Die Parabel hat **zwei** Nullstellen.

j) $y = \frac{1}{\pi}x^2 + x + \frac{\pi}{3}$

$y = \frac{1}{\pi} \cdot x^2 + 1 \cdot x + \frac{\pi}{3}$ $\qquad a = \frac{1}{\pi};\ b = 1;\ c = \frac{\pi}{3}$

$D = 1^2 - 4 \cdot \frac{1}{\pi} \cdot \frac{\pi}{3}$

$= 1 - \frac{4}{3} = -\frac{1}{3} < 0$

Der Graph der Funktion hat **keine** Nullstelle.

57. a) $0 = 3x^2 - ux - 2$

$0 = 3 \cdot x^2 + (-u) \cdot x + (-2)$ $\qquad a = 3;\ b = -u;\ c = -2$

$D = (-u)^2 - 4 \cdot 3 \cdot (-2)$

$= u^2 + 24 > 0$ für alle $u \in \mathbb{R}$.

u^2 ist für alle $x \in \mathbb{R}$ nicht negativ. Addiert man 24 dazu, so ist der Term sicher positiv. **Unabhängig von u** gibt es immer **zwei** Lösungen.

b) $0 = 2x^2 - ux + 5$

$0 = 2 \cdot x^2 + (-u) \cdot x + 5$ $\qquad$ a = 2; b = -u; c = 5

$D = (-u)^2 - 4 \cdot 2 \cdot 5$

$ = u^2 - 40 > 0 \qquad |+40$

$ u^2 > 40$

$D > 0$ für $u < -\sqrt{40}$ und $u > \sqrt{40}$ $\Rightarrow$ **zwei** Lösungen

$D = 0$ für $u = -\sqrt{40}$ und $u = \sqrt{40}$ $\Rightarrow$ **eine** Lösung

$D < 0$ für $-\sqrt{40} < u < \sqrt{40}$ $\qquad \Rightarrow$ **keine** Lösung

c) $0 = ux^2 - 3x + 2$

$0 = u \cdot x^2 + (-3) \cdot x + 2$ $\qquad$ a = u; b = -3; c = 2

$D = (-3)^2 - 4 \cdot u \cdot 2$

$ = 9 - 8u > 0 \qquad |+8u$

$ 9 > 8u \qquad |:8$

$ \dfrac{9}{8} > u$

$D > 0$ für $u < \dfrac{9}{8}$ $\Rightarrow$ **zwei** Lösungen

$D = 0$ für $u = \dfrac{9}{8}$ $\Rightarrow$ **eine** Lösung

$D < 0$ für $u > \dfrac{9}{8}$ $\Rightarrow$ **keine** Lösung

d) $0 = 5ux^2 - 2x - 3$
$0 = 5u \cdot x^2 + (-2) \cdot x + (-3)$ $\quad\quad a = 5u;\ b = -2;\ c = -3$

$D = (-2)^2 - 4 \cdot 5u \cdot (-3)$
$ = 4 + 60u > 0 \quad\quad |-4$
$60u > -4 \quad\quad |:60$
$u > -\dfrac{4}{60}$
$u > -\dfrac{1}{15}$

$D > 0$ für $u > -\dfrac{1}{15}$ $\Rightarrow$ **zwei** Lösungen

$D = 0$ für $u = -\dfrac{1}{15}$ $\Rightarrow$ **eine** Lösung

$D < 0$ für $u < -\dfrac{1}{15}$ $\Rightarrow$ **keine** Lösung

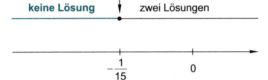

e) $\dfrac{1}{2}x^2 + 2x - u = 0$

$\dfrac{1}{2} \cdot x^2 + 2 \cdot x + (-u) = 0$ $\quad\quad a = \dfrac{1}{2};\ b = 2;\ c = -u$

$D = 2^2 - 4 \cdot \dfrac{1}{2} \cdot (-u)$
$ = 4 + 2u > 0 \quad\quad |-4$
$2u > -4 \quad\quad |:2$
$u > -2$

$D > 0$ für $u > -2$ $\Rightarrow$ **zwei** Lösungen
$D = 0$ für $u = -2$ $\Rightarrow$ **eine** Lösung
$D < 0$ für $u < -2$ $\Rightarrow$ **keine** Lösung

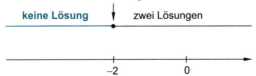

f) $3x^2 - \frac{1}{2}x + 3u = 0$

$3 \cdot x^2 + \left(-\frac{1}{2}\right) \cdot x + 3u = 0$ $\qquad a = 3;\ b = -\frac{1}{2};\ c = 3u$

$D = \left(-\frac{1}{2}\right)^2 - 4 \cdot 3 \cdot 3u$

$\quad = \frac{1}{4} - 36u > 0 \qquad |+36u$

$\qquad \frac{1}{4} > 36u \qquad |:36$

$\qquad \frac{1}{144} > u$

$D > 0$ für $u < \frac{1}{144}$ $\Rightarrow$ **zwei** Lösungen

$D = 0$ für $u = \frac{1}{144}$ $\Rightarrow$ **eine** Lösung

$D < 0$ für $u > \frac{1}{144}$ $\Rightarrow$ **keine** Lösung

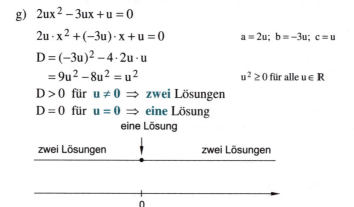

g) $2ux^2 - 3ux + u = 0$

$2u \cdot x^2 + (-3u) \cdot x + u = 0$ $\qquad a = 2u;\ b = -3u;\ c = u$

$D = (-3u)^2 - 4 \cdot 2u \cdot u$

$\quad = 9u^2 - 8u^2 = u^2$ $\qquad u^2 \geq 0$ für alle $u \in \mathbb{R}$

$D > 0$ für $\mathbf{u \neq 0}$ $\Rightarrow$ **zwei** Lösungen

$D = 0$ für $\mathbf{u = 0}$ $\Rightarrow$ **eine** Lösung

h) $(1+u)x^2 + (3u-1)x + 2u = 0$
$(1+u) \cdot x^2 + (3u-1) \cdot x + 2u = 0$ \hspace{1em} $a = 1+u;\ b = 3u-1;\ c = 2u$

$$\begin{aligned}D &= (3u-1)^2 - 4 \cdot (1+u) \cdot 2u \\ &= 9u^2 - 6u + 1 - 8u \cdot (1+u) \\ &= 9u^2 - 6u + 1 - 8u - 8u^2 \\ &= u^2 - 14u + 1\end{aligned}$$

$D = u^2 - 14u + 1$ ist eine Funktionsgleichung, deren Graph eine nach oben geöffnete Parabel ist. Anhand der Nullstellen werden die Intervalle festgestellt, in denen $D < 0$, $D = 0$ und $D > 0$ gilt:

$$u^2 - 14u + 1 = 0$$
$$1 \cdot u^2 + (-14) \cdot u + 1 = 0 \hspace{1em} a = 1;\ b = -14;\ c = 1$$

$$u_{1/2} = \frac{-(-14) \pm \sqrt{(-14)^2 - 4 \cdot 1 \cdot 1}}{2 \cdot 1}$$

$$= \frac{14 \pm \sqrt{196 - 4}}{2} = \frac{14 \pm \sqrt{192}}{2}$$

$$= \frac{14 \pm \sqrt{64 \cdot 3}}{2} = \frac{14 \pm 8 \cdot \sqrt{3}}{2}$$

$$= 7 \pm 4 \cdot \sqrt{3}$$

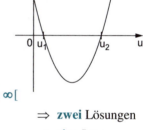

Nullstellen der Diskriminantenfunktion:
$u_1 = 7 + 4\sqrt{3}$ und $u_2 = 7 - 4\sqrt{3}$
Zwischen den beiden Nullstellen sind die Funktionswerte negativ.

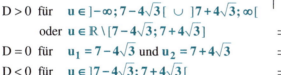

$D > 0$ für $u \in \,]-\infty;\, 7 - 4\sqrt{3}[\ \cup\ ]7 + 4\sqrt{3};\, \infty[$
\hspace{1em} oder $u \in \mathbb{R} \setminus [7 - 4\sqrt{3};\, 7 + 4\sqrt{3}]$ \hspace{1em} $\Rightarrow$ **zwei** Lösungen
$D = 0$ für $u_1 = 7 - 4\sqrt{3}$ und $u_2 = 7 + 4\sqrt{3}$ \hspace{1em} $\Rightarrow$ **eine** Lösung
$D < 0$ für $u \in \,]7 - 4\sqrt{3};\, 7 + 4\sqrt{3}[$ \hspace{1em} $\Rightarrow$ **keine** Lösung

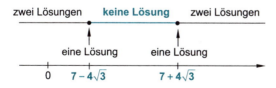

58. a) x: Bezeichnung für gesuchte Zahl
x + 1: darauffolgende Zahl

$$x \cdot (x+1) = 272$$
$$x^2 + x = 272 \quad |-272 \quad \text{Herstellung der Form } ax^2 + bx + c = 0$$
$$x^2 + x - 272 = 0$$
$$1 \cdot x^2 + 1 \cdot x + (-272) = 0 \quad\quad a = 1;\ b = 1;\ c = -272$$

$$x_{1/2} = \frac{-1 \pm \sqrt{1^2 - 4 \cdot 1 \cdot (-272)}}{2 \cdot 1}$$
$$= \frac{-1 \pm \sqrt{1 + 1088}}{2} = \frac{-1 \pm \sqrt{1089}}{2}$$
$$= \frac{-1 \pm 33}{2}$$

$$x_1 = \frac{-1+33}{2} = \frac{32}{2} = 16 \quad \xrightarrow{+1} 17$$
$$x_2 = \frac{-1-33}{2} = -\frac{34}{2} = -17 \quad \xrightarrow{+1} -16$$

–17 | –16 und **16 | 17** sind die einzigen zwei Paare aufeinanderfolgender Zahlen, die multipliziert 272 ergeben.

b) x^2: Quadrat einer Zahl
$(x+1)^2$: Quadrat der nachfolgenden Zahl

$$x^2 + (x+1)^2 = 925$$
$$x^2 + x^2 + 2x + 1 = 925$$
$$2x^2 + 2x + 1 = 925 \quad |-925$$
$$2x^2 + 2x - 924 = 0$$
$$2 \cdot x^2 + 2 \cdot x + (-924) = 0 \quad\quad a = 2;\ b = 2;\ c = -924$$

$$x_{1/2} = \frac{-2 \pm \sqrt{2^2 - 4 \cdot 2 \cdot (-924)}}{2 \cdot 2}$$
$$= \frac{-2 \pm \sqrt{4 + 7392}}{4} = \frac{-2 \pm \sqrt{7396}}{4}$$
$$= \frac{-2 \pm 86}{4}$$

$$x_1 = \frac{-2+86}{4} = \frac{84}{4} = 21 \quad \xrightarrow{+1} 22$$
$$x_2 = \frac{-2-86}{4} = \frac{-88}{4} = -22 \quad \xrightarrow{+1} -21$$

Die Zahlenpaare **21 | 22** und **–22 | –21** ergeben als Summe ihrer Quadrate den Wert 925.

c) x: 1. Faktor
    x + 5: 2. Faktor (um 5 größer als der 1. Faktor)

$$x \cdot (x + 5) = 234$$
$$x^2 + 5x = 234 \quad |-234 \quad \text{Herstellung der Form } ax^2 + bx + c = 0$$
$$x^2 + 5x - 234 = 0$$
$$1 \cdot x^2 + 5 \cdot x + (-234) = 0 \qquad a = 1; \ b = 5; \ c = -234$$

$$x_{1/2} = \frac{-5 \pm \sqrt{5^2 - 4 \cdot 1 \cdot (-234)}}{2 \cdot 1}$$

$$= \frac{-5 \pm \sqrt{25 + 936}}{2} = \frac{-5 \pm \sqrt{961}}{2}$$

$$= \frac{-5 \pm 31}{2}$$

$$x_1 = \frac{-5 + 31}{2} = \frac{26}{2} = 13 \quad \xrightarrow{+5} 18$$

$$x_2 = \frac{-5 - 31}{2} = \frac{-36}{2} = -18 \quad \xrightarrow{+5} -13$$

Die Produkte aus den Zahlen **13** und **18** bzw. **–18** und **–13** ergeben den Wert 234.

d) x: gesuchte Zahl (Dividend)
    x + 1: darauffolgende Zahl (Divisor)

$$\frac{x}{x+1} = x \cdot (x+1) \cdot \frac{1}{400} \quad |\cdot 400 \qquad x \neq -1 \text{ wegen des Nenners}$$

$$400 \cdot \frac{x}{x+1} = x \cdot (x+1) \qquad |\cdot (x+1)$$

$$400 \cdot x = x \cdot (x+1)^2$$

Die Gleichung lässt sich vereinfachen, indem beide Seiten durch x geteilt werden. Dies ist jedoch nur erlaubt, wenn $x \neq 0$ ist. Daher ist eine Fallunterscheidung notwendig.

1. Fall: $x = 0$

$$400 \cdot 0 = 0 \cdot (0+1)^2$$
$$0 = 0 \ \checkmark$$

Die Gleichung ist erfüllt. Daher ist $x = 0$ die erste Lösung.

2. Fall: $x \neq 0$

$400 \cdot x = x \cdot (x+1)^2$ $|:x$ Die Division ist nur für $x \neq 0$ erlaubt.

$400 = (x+1)^2$

$400 = x^2 + 2x + 1$ $|-400$ Herstellung der Form $ax^2 + bx + c = 0$

$0 = x^2 + 2x - 399$

$0 = 1 \cdot x^2 + 2 \cdot x + (-399)$ $a = 1;\ b = 2;\ c = -399$

$$x_{1/2} = \frac{-2 \pm \sqrt{2^2 - 4 \cdot 1 \cdot (-399)}}{2 \cdot 1}$$

$$= \frac{-2 \pm \sqrt{4 + 1596}}{2} = \frac{-2 \pm \sqrt{1600}}{2}$$

$$= \frac{-2 \pm 40}{2}$$

$x_1 = \dfrac{-2 + 40}{2} = \dfrac{38}{2} = 19 \xrightarrow{+1} 20$

$x_2 = \dfrac{-2 - 40}{2} = \dfrac{-42}{2} = -21 \xrightarrow{+1} -20$

0 | 1, 19 | 20 und **−21 | −20** sind die gesuchten Zahlenpaare.

59. a) $y = \dfrac{1}{3} x^2$

x	−5	−4	−3	−2	−1
y	$8\frac{1}{3}$	$5\frac{1}{3}$	3	$1\frac{1}{3}$	$\frac{1}{3}$

x	0	1	2	3	4	5
y	0	$\frac{1}{3}$	$1\frac{1}{3}$	3	$5\frac{1}{3}$	$8\frac{1}{3}$

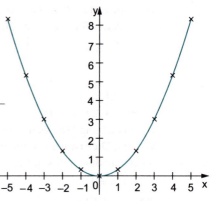

b) $y = \dfrac{1}{4} x^2$

x	−5	−4	−3	−2	−1	0
y	$6\frac{1}{4}$	4	$2\frac{1}{4}$	1	$\frac{1}{4}$	0

x	0	1	2	3	4	5
y	0	$\frac{1}{4}$	1	$2\frac{1}{4}$	4	$6\frac{1}{4}$

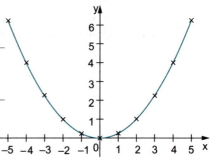

c) $y = 5x^2$

x	−2	−1,5	−1	−0,5
y	20	$11\frac{1}{4}$	5	$1\frac{1}{4}$

x	0	0,5	1	1,5	2
y	0	$1\frac{1}{4}$	5	$11\frac{1}{4}$	20

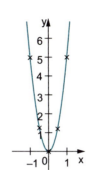

d) $y = 2x^2$

x	−2	−1,5	−1	−0,5
y	8	$4\frac{1}{2}$	2	$\frac{1}{2}$

x	0	0,5	1	1,5	2
y	0	$\frac{1}{2}$	2	$4\frac{1}{2}$	8

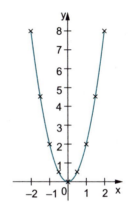

e) $y = -\frac{1}{5}x^2$

x	−5	−4	−3	−2	−1
y	−5	$-3\frac{1}{5}$	$-1\frac{4}{5}$	$-\frac{4}{5}$	$-\frac{1}{5}$

x	0	1	2	3	4	5
y	0	$-\frac{1}{5}$	$-\frac{4}{5}$	$-1\frac{4}{5}$	$-3\frac{1}{5}$	−5

f) $y = -\frac{1}{4}x^2$

x	−5	−4	−3	−2	−1
y	$-6\frac{1}{4}$	−4	$-2\frac{1}{4}$	−1	$-\frac{1}{4}$

x	0	1	2	3	4	5
y	0	$-\frac{1}{4}$	−1	$-2\frac{1}{4}$	−4	$-6\frac{1}{4}$

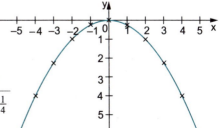

g) y = −3x²

x	−2	−1,5	−1	−0,5
y	−12	$-6\frac{3}{4}$	−3	$-\frac{3}{4}$

x	0	0,5	1	1,5	2
y	0	$-\frac{3}{4}$	−3	$-6\frac{3}{4}$	−12

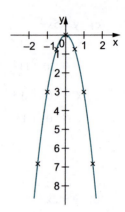

h) y = −5x²

x	−2	−1,5	−1	−0,5
y	−20	$-11\frac{1}{4}$	−5	$-1\frac{1}{4}$

x	0	0,5	1	1,5	2
y	0	$-1\frac{1}{4}$	−5	$-11\frac{1}{4}$	−20

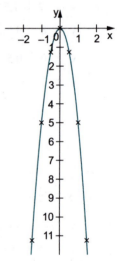

60. a) $y = 2x^2 + 3x - 8$

Öffnung der Parabel:

$a = 2 > 0 \quad \Rightarrow \quad$ nach **oben** geöffnet

$|a| = 2 > 1 \quad \Rightarrow \quad$ **enger** als Normalparabel

Scheitelpunktkoordinaten:

$y = 2x^2 + 3x - 8$ a = 2 ausklammern

$y = 2 \cdot \left(x^2 + \frac{3}{2}x - 4\right)$

$y = 2 \cdot \left(x^2 + 2 \cdot \frac{3}{4} \cdot x - 4\right)$ Quadratische Ergänzung

$y = 2 \cdot \left(x^2 + 2 \cdot \frac{3}{4} \cdot x + \left(\frac{3}{4}\right)^2 - \left(\frac{3}{4}\right)^2 - 4\right)$ Binomische Formel

$y = 2 \cdot \left[\left(x + \frac{3}{4}\right)^2 - 4\frac{9}{16}\right]$ Ausmultiplizieren

$y = 2 \cdot \left(x + \frac{3}{4}\right)^2 - 9\frac{1}{8}$ Scheitelpunktform
$y = a \cdot (x+d)^2 + e$ mit $S(-d\,|\,e)$

$d = \frac{3}{4} \quad e = -9\frac{1}{8}$

$\mathbf{S\left(-\frac{3}{4}\,\middle|\,-9\frac{1}{8}\right)}$

Nullstellenbestimmung:
$0 = 2x^2 + 3x - 8$ $a = 2;\ b = 3;\ c = -8$

$x_{1/2} = \frac{-3 \pm \sqrt{3^2 - 4 \cdot 2 \cdot (-8)}}{2 \cdot 2} = \frac{-3 \pm \sqrt{73}}{4}$

$x_1 = \frac{-3 + \sqrt{73}}{4} \qquad x_2 = \frac{-3 - \sqrt{73}}{4}$

$\mathbf{N_1\left(\frac{-3+\sqrt{73}}{4}\,\middle|\,0\right)}$ und $\mathbf{N_2\left(\frac{-3-\sqrt{73}}{4}\,\middle|\,0\right)}$ sind die Nullstellen der Parabel.

b) $y = -4x^2 + 2x + 1$
Öffnung der Parabel:
$a = -4 < 0 \Rightarrow$ nach **unten** geöffnet
$|a| = 4 > 1 \Rightarrow$ **enger** als Normalparabel

Scheitelpunktkoordinaten:
$y = -4x^2 + 2x + 1$ $a = -4$ ausklammern

$y = -4\left(x^2 - \frac{1}{2}x - \frac{1}{4}\right)$

$y = -4 \cdot \left(x^2 - 2 \cdot \frac{1}{4} \cdot x - \frac{1}{4}\right)$ Quadratische Ergänzung

$y = -4 \cdot \left(x^2 - 2 \cdot \frac{1}{4} \cdot x + \left(\frac{1}{4}\right)^2 - \left(\frac{1}{4}\right)^2 - \frac{1}{4}\right)$ Binomische Formel

$y = -4 \cdot \left[\left(x - \frac{1}{4}\right)^2 - \frac{5}{16}\right]$ Ausmultiplizieren

$y = -4 \cdot \left(x - \frac{1}{4}\right)^2 + \frac{5}{4}$ Scheitelpunktform
$y = a \cdot (x+d)^2 + e$ mit $S(-d\,|\,e)$

$d = -\frac{1}{4} \quad e = \frac{5}{4}$

$\mathbf{S\left(\frac{1}{4}\,\middle|\,\frac{5}{4}\right)}$

Nullstellenbestimmung:

$0 = -4x^2 + 2x + 1$ \hfill $a = -4;\ b = 2;\ c = 1$

$$x_{1/2} = \frac{-2 \pm \sqrt{2^2 - 4 \cdot (-4) \cdot 1}}{2 \cdot (-4)} = \frac{-2 \pm \sqrt{20}}{-8} = \frac{-2 \pm 2\sqrt{5}}{-8} = \frac{-1 \pm \sqrt{5}}{-4} = \frac{1 \mp \sqrt{5}}{4}$$

$x_1 = \frac{1}{4} \cdot (1 - \sqrt{5}) \qquad x_2 = \frac{1}{4} \cdot (1 + \sqrt{5})$

$N_1\left(\frac{1}{4}(1-\sqrt{5}) \mid 0\right)$ und $N_2\left(\frac{1}{4}(1+\sqrt{5}) \mid 0\right)$ sind die Nullstellen der Parabel.

c) $y = -x^2 - x + 1$

Öffnung der Parabel:
$a = -1 < 0 \quad \Rightarrow \quad$ nach **unten** geöffnet
$|a| = 1 \qquad \Rightarrow \quad$ **Normalparabel**

Scheitelpunktkoordinaten:

$y = -x^2 - x + 1$ \hfill $a = -1$ ausklammern

$y = -(x^2 + x - 1)$

$y = -\left(x^2 + 2 \cdot \frac{1}{2} \cdot x - 1\right)$ \hfill Quadratische Ergänzung

$y = -\left(x^2 + 2 \cdot \frac{1}{2} \cdot x + \left(\frac{1}{2}\right)^2 - \left(\frac{1}{2}\right)^2 - 1\right)$ \hfill Binomische Formel

$y = -\left[\left(x + \frac{1}{2}\right)^2 - 1\frac{1}{4}\right]$ \hfill Ausmultiplizieren

$y = -\left(x + \frac{1}{2}\right)^2 + 1\frac{1}{4}$ \hfill Scheitelpunktform
\hfill $y = a \cdot (x + d)^2 + e$ mit $S(-d \mid e)$

$d = \frac{1}{2} \qquad e = 1\frac{1}{4}$

$\mathbf{S\left(-\frac{1}{2} \mid 1\frac{1}{4}\right)}$

Nullstellenbestimmung:

$0 = -x^2 - x + 1$ \hfill $a = -1;\ b = -1,\ c = 1$

$$x_{1/2} = \frac{1 \pm \sqrt{(-1)^2 - 4 \cdot (-1) \cdot 1}}{2 \cdot (-1)} = \frac{1 \pm \sqrt{5}}{-2} = \frac{1}{2} \cdot (-1 \mp \sqrt{5})$$

$x_1 = \frac{1}{2} \cdot (-1 - \sqrt{5}) \qquad x_2 = \frac{1}{2}(-1 + \sqrt{5})$

$N_1\left(\frac{1}{2}(-1-\sqrt{5}) \mid 0\right)$ und $N_2\left(\frac{1}{2}(-1+\sqrt{5}) \mid 0\right)$ sind die Nullstellen der Parabel.

d) $y = 3x^2 + 3x - 3$

Öffnung der Parabel:
$a = 3 > 0 \quad \Rightarrow \quad$ nach **oben** geöffnet
$|a| = 3 > 1 \quad \Rightarrow \quad$ **enger** als Normalparabel

Scheitelpunktkoordinaten:

$y = 3x^2 + 3x - 3$	$a = 3$ ausklammern
$y = 3 \cdot (x^2 + x - 1)$	
$y = 3 \cdot \left(x^2 + 2 \cdot \dfrac{1}{2} \cdot x - 1\right)$	Quadratische Ergänzung
$y = 3 \cdot \left(x^2 + 2 \cdot \dfrac{1}{2} \cdot x + \left(\dfrac{1}{2}\right)^2 - \left(\dfrac{1}{2}\right)^2 - 1\right)$	Binomische Formel
$y = 3 \cdot \left[\left(x + \dfrac{1}{2}\right)^2 - 1\dfrac{1}{4}\right]$	Ausmultiplizieren
$y = 3 \cdot \left(x + \dfrac{1}{2}\right)^2 - 3\dfrac{3}{4}$	Scheitelpunktform $y = a \cdot (x+d)^2 + e$ mit $S(-d\,|\,e)$

$d = \dfrac{1}{2} \quad e = -3\dfrac{3}{4}$

$\mathbf{S\left(-\dfrac{1}{2}\,\Big|\,-3\dfrac{3}{4}\right)}$

Nullstellenbestimmung:

$0 = 3x^2 + 3x - 3 \qquad\qquad a = 3;\ b = 3;\ c = -3$

$x_{1/2} = \dfrac{-3 \pm \sqrt{3^2 - 4 \cdot 3 \cdot (-3)}}{2 \cdot 3} = \dfrac{-3 \pm \sqrt{45}}{6} = \dfrac{-3 \pm 3\sqrt{5}}{6} = \dfrac{1}{2} \cdot (-1 \pm \sqrt{5})$

$x_1 = \dfrac{1}{2} \cdot (-1 + \sqrt{5}) \qquad x_2 = \dfrac{1}{2}(-1 - \sqrt{5})$

$\mathbf{N_1\left(\dfrac{1}{2}(-1+\sqrt{5})\,\Big|\,0\right)}$ und $\mathbf{N_2\left(\dfrac{1}{2}(-1-\sqrt{5})\,\Big|\,0\right)}$ sind die Nullstellen der Parabel.

e) $y = \dfrac{1}{3}x^2 + \dfrac{1}{4}x - \dfrac{1}{2}$

Öffnung der Parabel:
$a = \dfrac{1}{3} > 0 \quad \Rightarrow \quad$ nach **oben** geöffnet
$|a| = \dfrac{1}{3} < 1 \quad \Rightarrow \quad$ **weiter** als Normalparabel

Scheitelpunktkoordinaten:

$$y = \frac{1}{3}x^2 + \frac{1}{4}x - \frac{1}{2} \qquad\qquad a = \frac{1}{3} \text{ ausklammern}$$

$$y = \frac{1}{3} \cdot \left(x^2 + \frac{3}{4}x - \frac{3}{2}\right)$$

$$y = \frac{1}{3} \cdot \left(x^2 + 2 \cdot \frac{3}{8} \cdot x - \frac{3}{2}\right) \qquad\qquad \text{Quadratische Ergänzung}$$

$$y = \frac{1}{3} \cdot \left(x^2 + 2 \cdot \frac{3}{8} \cdot x + \left(\frac{3}{8}\right)^2 - \left(\frac{3}{8}\right)^2 - \frac{3}{2}\right) \qquad \text{Binomische Formel}$$

$$y = \frac{1}{3} \cdot \left[\left(x + \frac{3}{8}\right)^2 - 1\frac{41}{64}\right] \qquad\qquad \text{Ausmultiplizieren}$$

$$y = \frac{1}{3} \cdot \left(x + \frac{3}{8}\right)^2 - \frac{35}{64} \qquad\qquad \begin{array}{l}\text{Scheitelpunktform}\\ y = a \cdot (x+d)^2 + e \text{ mit } S(-d\,|\,e)\end{array}$$

$$d = \frac{3}{8} \qquad e = -\frac{35}{64}$$

$$\mathbf{S\left(-\frac{3}{8}\,\Big|\,-\frac{35}{64}\right)}$$

Nullstellenbestimmung:

$$0 = \frac{1}{3}x^2 + \frac{1}{4}x - \frac{1}{2} \qquad\qquad a = \frac{1}{3};\ b = \frac{1}{4};\ c = -\frac{1}{2}$$

$$x_{1/2} = \frac{-\frac{1}{4} \pm \sqrt{\left(\frac{1}{4}\right)^2 - 4 \cdot \frac{1}{3} \cdot \left(-\frac{1}{2}\right)}}{2 \cdot \frac{1}{3}} = \frac{-\frac{1}{4} \pm \sqrt{\frac{1}{16} + \frac{2}{3}}}{\frac{2}{3}}$$

$$= \frac{-\frac{1}{4} \pm \sqrt{\frac{35}{48}}}{\frac{2}{3}} = \frac{3}{2} \cdot \left(-\frac{1}{4} \pm \sqrt{\frac{35}{48}}\right) = \frac{3}{2} \cdot \left(-\frac{1}{4} \pm \sqrt{\frac{35}{16 \cdot 3}}\right)$$

$$= \frac{3}{2} \cdot \left(-\frac{1}{4} \pm \frac{1}{4}\sqrt{\frac{35}{3}}\right) = \frac{3}{8} \cdot \left(-1 \pm \sqrt{\frac{35}{3}}\right)$$

$$x_1 = \frac{3}{8} \cdot \left(-1 + \sqrt{\frac{35}{3}}\right) \qquad x_2 = \frac{3}{8} \cdot \left(-1 - \sqrt{\frac{35}{3}}\right)$$

$\mathbf{N_1\left(\frac{3}{8}\left(-1+\sqrt{\frac{35}{3}}\right)\,\Big|\,0\right)}$ und $\mathbf{N_2\left(\frac{3}{8}\left(-1-\sqrt{\frac{35}{3}}\right)\,\Big|\,0\right)}$ sind die Nullstellen der Parabel.

f) $y = -\dfrac{1}{2}x^2 + 2x + 4$

Öffnung der Parabel:
$a = -\dfrac{1}{2} < 0 \Rightarrow$ nach **unten** geöffnet

$|a| = \dfrac{1}{2} < 1 \Rightarrow$ **weiter** als Normalparabel

Scheitelpunktkoordinaten:

$y = -\dfrac{1}{2}x^2 + 2x + 4$ \hfill $a = -\dfrac{1}{2}$ ausklammern

$y = -\dfrac{1}{2}(x^2 - 4x - 8)$

$y = -\dfrac{1}{2}(x^2 - 2 \cdot 2 \cdot x - 8)$ \hfill Quadratische Ergänzung

$y = -\dfrac{1}{2}(x^2 - 2 \cdot 2 \cdot x + 2^2 - 2^2 - 8)$ \hfill Binomische Formel

$y = -\dfrac{1}{2}[(x-2)^2 - 12]$ \hfill Ausmultiplizieren

$y = -\dfrac{1}{2}(x-2)^2 + 6$ \hfill Scheitelpunktform
\hfill $y = a \cdot (x+d)^2 + e$ mit $S(-d | e)$

$d = -2 \quad e = 6$

S(2 | 6)

Nullstellenbestimmung:

$0 = -\dfrac{1}{2}x^2 + 2x + 4$ \hfill $a = -\dfrac{1}{2}; \ b = 2; \ c = 4$

$x_{1/2} = \dfrac{-2 \pm \sqrt{2^2 - 4 \cdot \left(-\dfrac{1}{2}\right) \cdot 4}}{2 \cdot \left(-\dfrac{1}{2}\right)} = \dfrac{-2 \pm \sqrt{12}}{-1} = -(-2 \pm 2\sqrt{3}) = 2 \mp 2\sqrt{3}$

$x_1 = 2 - 2\sqrt{3} \qquad x_2 = 2 + 2\sqrt{3}$

$N_1(2 - 2\sqrt{3} | 0)$ und $N_2(2 + 2\sqrt{3} | 0)$ sind die Nullstellen der Parabel.

g) $y = x(x-1) + 3$ \hfill Ausmultiplizieren zur allgemeinen
$y = x^2 - x + 3$ \hfill Form $y = ax^2 + bx + c$

Öffnung der Parabel:
$a = 1 > 0 \Rightarrow$ nach **oben** geöffnet
$|a| = 1 \Rightarrow$ **Normalparabel**

Scheitelpunktkoordinaten:

$y = x^2 - x + 3$

$y = x^2 - 2 \cdot \dfrac{1}{2} \cdot x + 3$ \hfill Quadratische Ergänzung

$y = x^2 - 2 \cdot \dfrac{1}{2} \cdot x + \left(\dfrac{1}{2}\right)^2 - \left(\dfrac{1}{2}\right)^2 + 3$ \hfill Binomische Formel

$y = \left(x - \dfrac{1}{2}\right)^2 + 2\dfrac{3}{4}$ \hfill Scheitelpunktform $y = (x+d)^2 + e$
\hfill mit $S(-d\,|\,e)$

$d = -\dfrac{1}{2} \quad e = 2\dfrac{3}{4}$

$S\left(\dfrac{1}{2}\,\bigg|\,2\dfrac{3}{4}\right)$

Nullstellenbestimmung:

$0 = x^2 - x + 3$ \hfill $a = 1;\ b = -1;\ c = 3$

$x_{1/2} = \dfrac{1 \pm \sqrt{(-1)^2 - 4 \cdot 1 \cdot 3}}{2 \cdot 1} = \dfrac{1 \pm \sqrt{-11}}{2}$

Die Parabel hat **keine** Nullstelle.

h) $y = -\dfrac{1}{3}(x^2 - x + 3)$ \hfill Ausmultiplizieren zur allgemeinen
\hfill Form $y = ax^2 + bx + c$

$y = -\dfrac{1}{3}x^2 + \dfrac{1}{3}x - 1$

Öffnung der Parabel:

$a = -\dfrac{1}{3} < 0 \ \Rightarrow\ $ nach **unten** geöffnet

$|a| = \dfrac{1}{3} < 1 \ \Rightarrow\ $ **weiter** als Normalparabel

Scheitelpunktkoordinaten:

$y = -\dfrac{1}{3}(x^2 - x + 3)$

$y = -\dfrac{1}{3}(x^2 - 2 \cdot \dfrac{1}{2} \cdot x + 3)$ \hfill Quadratische Ergänzung

$y = -\dfrac{1}{3}\left(x^2 - 2 \cdot \dfrac{1}{2} \cdot x + \left(\dfrac{1}{2}\right)^2 - \left(\dfrac{1}{2}\right)^2 + 3\right)$ \hfill Binomische Formel

$y = -\dfrac{1}{3}\left[\left(x - \dfrac{1}{2}\right)^2 + 2\dfrac{3}{4}\right]$ \hfill Ausmultiplizieren

$$y = -\frac{1}{3}\left(x - \frac{1}{2}\right)^2 - \frac{11}{12}$$

Scheitelpunktform
y = a · (x + d)² + e mit S(–d | e)

$$d = -\frac{1}{2} \quad e = -\frac{11}{12}$$

$$S\left(\frac{1}{2}\middle|-\frac{11}{12}\right)$$

Nullstellenbestimmung:

$$0 = -\frac{1}{3}(x^2 - x + 3)$$

$$0 = x^2 - x + 3 \qquad\qquad a = 1;\ b = -1;\ c = 3$$

$$x_{1/2} = \frac{1 \pm \sqrt{(-1)^2 - 4 \cdot 1 \cdot 3}}{2 \cdot 1} = \frac{1 \pm \sqrt{-11}}{2}$$

Die Parabel hat **keine** Nullstelle.

i) $y = (x - 1) \cdot \left(x + \frac{1}{2}\right)$

Ausmultiplizieren zur allgemeinen Form y = ax² + bx + c

$$y = x^2 + \frac{1}{2}x - x - \frac{1}{2}$$

$$y = x^2 - \frac{1}{2}x - \frac{1}{2}$$

Öffnung der Parabel:
a = 1 > 0 ⇒ nach **oben** geöffnet
|a| = 1 ⇒ **Normalparabel**

Scheitelpunktkoordinaten:

$$y = x^2 - \frac{1}{2}x - \frac{1}{2}$$

$$y = x^2 - 2 \cdot \frac{1}{4} \cdot x - \frac{1}{2} \qquad\qquad \text{Quadratische Ergänzung}$$

$$y = x^2 - 2 \cdot \frac{1}{4} \cdot x + \left(\frac{1}{4}\right)^2 - \left(\frac{1}{4}\right)^2 - \frac{1}{2} \qquad\qquad \text{Binomische Formel}$$

$$y = \left(x - \frac{1}{4}\right)^2 - \frac{9}{16}$$

Scheitelpunktform y = (x + d)² + e
mit S(–d | e)

$$d = -\frac{1}{4} \quad e = -\frac{9}{16}$$

$$S\left(\frac{1}{4}\middle|-\frac{9}{16}\right)$$

Nullstellenbestimmung:

$$0 = (x-1) \cdot \left(x + \frac{1}{2}\right)$$

Ein Produkt ist null, falls einer der Faktoren null ist.

$$x - 1 = 0 \implies x_1 = 1$$

$$x + \frac{1}{2} = 0 \implies x_2 = -\frac{1}{2}$$

$N_1(1 \mid 0)$ und $N_2\left(-\frac{1}{2} \mid 0\right)$ sind die Nullstellen der Parabel.

j) $y = (1-x) \cdot \left(\frac{1}{2}x + \frac{1}{3}\right)$

Ausmultiplizieren zur allgemeinen Form $y = ax^2 + bx + c$

$$y = \frac{1}{2}x + \frac{1}{3} - \frac{1}{2}x^2 - \frac{1}{3}x$$

$$y = -\frac{1}{2}x^2 + \frac{1}{6}x + \frac{1}{3}$$

Öffnung der Parabel:

$a = -\frac{1}{2} < 0 \implies$ nach **unten** geöffnet

$|a| = \frac{1}{2} < 1 \implies$ **weiter** als Normalparabel

Scheitelpunktkoordinaten:

$$y = -\frac{1}{2}x^2 + \frac{1}{6}x + \frac{1}{3}$$

$a = -\frac{1}{2}$ ausklammern

$$y = -\frac{1}{2} \cdot \left(x^2 - \frac{1}{3}x - \frac{2}{3}\right)$$

$$y = -\frac{1}{2} \cdot \left(x^2 - 2 \cdot \frac{1}{6} \cdot x - \frac{2}{3}\right)$$

Quadratische Ergänzung

$$y = -\frac{1}{2} \cdot \left(x^2 - 2 \cdot \frac{1}{6} \cdot x + \left(\frac{1}{6}\right)^2 - \left(\frac{1}{6}\right)^2 - \frac{2}{3}\right)$$

Binomische Formel

$$y = -\frac{1}{2} \cdot \left[\left(x - \frac{1}{6}\right)^2 - \frac{25}{36}\right]$$

Ausmultiplizieren

$$y = -\frac{1}{2} \cdot \left(x - \frac{1}{6}\right)^2 + \frac{25}{72}$$

Scheitelpunktform
$y = a \cdot (x+d)^2 + e$ mit $S(-d \mid e)$

$d = -\frac{1}{6} \quad e = \frac{25}{72}$

$S\left(\frac{1}{6} \mid \frac{25}{72}\right)$

Nullstellenbestimmung:

$0 = (1-x) \cdot \left(\dfrac{1}{2}x + \dfrac{1}{3}\right)$ Ein Produkt ist null, falls einer der Faktoren null ist.

$1 - x = 0 \Rightarrow x_1 = 1$

$\dfrac{1}{2}x + \dfrac{1}{3} = 0 \quad \Big| -\dfrac{1}{3}$

$\dfrac{1}{2}x = -\dfrac{1}{3} \quad | \cdot 2$

$x_2 = -\dfrac{2}{3}$

$\mathbf{N_1(1\,|\,0)}$ und $\mathbf{N_2\left(-\tfrac{2}{3}\,\Big|\,0\right)}$ sind die Nullstellen der Parabel.

61. Der Sprung vom 10-m-Brett ist ein freier Fall:

$y = -\dfrac{1}{2}gt^2$

$y = -10\text{ m}; \; g = 9{,}81\,\dfrac{\text{m}}{\text{s}^2}$

Die Gleichung wird nach der gesuchten Größe t aufgelöst:

$y = -\dfrac{1}{2}gt^2 \quad | \cdot 2$

$2y = -gt^2 \quad | : (-g)$

$-\dfrac{2y}{g} = t^2 \quad | \sqrt{}$

$t = \sqrt{-\dfrac{2y}{g}} = \sqrt{-\dfrac{2 \cdot (-10\text{ m})}{9{,}81\,\tfrac{\text{m}}{\text{s}^2}}} \approx 1{,}4\text{ s}$ Es gäbe mathematisch zwei Lösungen ($\pm\sqrt{\ldots}$). Eine negative Zeit ist jedoch nicht sinnvoll.

Der Sprung vom 10-m-Brett dauert **1,4 s** (und ist unabhängig von der Masse).

62. Hierbei handelt es sich um einen freien Fall:

$y = -\dfrac{1}{2}gt^2$

$g = 9{,}81\,\dfrac{\text{m}}{\text{s}^2}; \; t = 1{,}2\text{ s}$

Die bekannten Größen können direkt in die Formel für den freien Fall eingesetzt werden:

$y = -\dfrac{1}{2} \cdot 9{,}81\,\dfrac{\text{m}}{\text{s}^2} \cdot (1{,}2\text{ s})^2 \approx -7{,}1\text{ m}$

Die Murmel wurde in **7,1 m** Höhe abgeworfen.

63. $v_0 = 8{,}0 \dfrac{m}{s}$

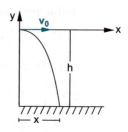

$h = 1{,}20\,m \;\Rightarrow\; y = -1{,}20\,m$

Die Gleichung $y = -\dfrac{1}{2}\dfrac{g}{v_0^2}\cdot x^2$ wird nach x aufgelöst:

$y = -\dfrac{1}{2}\dfrac{g}{v_0^2}\cdot x^2 \qquad |\cdot 2$

$2y = -\dfrac{g}{v_0^2}\cdot x^2 \qquad \left|\cdot\left(-\dfrac{v_0^2}{g}\right)\right.$

$x^2 = -\dfrac{2y\cdot v_0^2}{g} \qquad |\sqrt{}$

$x = \sqrt{-\dfrac{2y\cdot v_0^2}{g}}$

$x = \sqrt{-\dfrac{2\cdot(-1{,}20\,m)\cdot\left(8{,}0\,\frac{m}{s}\right)^2}{9{,}81\,\frac{m}{s^2}}} \approx 3{,}96\,m$

Man muss **3,96 m** vom Beet entfernt stehen.

64. $h = 70\,cm = 0{,}7\,m \;\Rightarrow\; y = -0{,}7\,m$
$x = 38\,cm = 0{,}38\,m$

Die Gleichung $y = -\dfrac{1}{2}\dfrac{g}{v_0^2}\cdot x^2$ wird nach v_0 aufgelöst:

$y = -\dfrac{1}{2}\dfrac{g}{v_0^2}\cdot x^2 \qquad |\cdot v_0^2$

$y\cdot v_0^2 = -\dfrac{1}{2}\cdot g\cdot x^2 \qquad |:y$

$v_0^2 = -\dfrac{1}{2y}\cdot g\cdot x^2 \qquad |\sqrt{}$

$v_0 = \sqrt{-\dfrac{1}{2y}\cdot g\cdot x^2}$

$v_0 = \sqrt{-\dfrac{1}{2\cdot(-0{,}7\,m)}\cdot 9{,}81\,\dfrac{m}{s^2}\cdot(0{,}38\,m)^2} \approx 1\,\dfrac{m}{s}$

Das Spielzeugauto verlässt den Tisch mit einer Geschwindigkeit von $\mathbf{1\,\dfrac{m}{s}}$.

65. a) $v(t) = 3 \frac{m}{s^2} \cdot t$ ist die Funktionsgleichung für die Geschwindigkeit zum Zeitpunkt t.

Zuordnungstabelle:

t in s	0	1	2	3	4	5	6	7	8	9
v in $\frac{m}{s}$	0	3	6	9	12	15	18	21	24	27

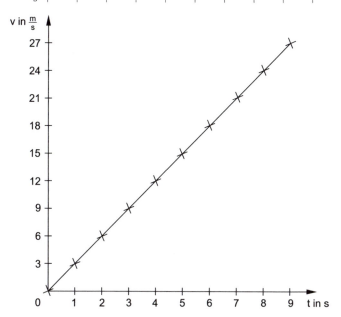

b) $v = 18 \frac{m}{s}$

Gesucht ist die Größe t in der Formel $v(t) = 3 \frac{m}{s^2} \cdot t$:

$v = 3 \frac{m}{s^2} \cdot t \quad \Big| : 3 \frac{m}{s^2}$

$t = \dfrac{v}{3 \frac{m}{s^2}}$

$t = \dfrac{18 \frac{m}{s}}{3 \frac{m}{s^2}} = 6 \, s$

Nach **6 Sekunden** ist die Geschwindigkeit $18 \frac{m}{s}$ erreicht.

c) Die Funktionsgleichung $v(t) = 3 \frac{m}{s^2} \cdot t$ beschreibt eine direkte Proportionalität.

d) $x(t) = 1{,}5 \frac{m}{s^2} \cdot t^2$ ist die Funktionsgleichung für den Ort zum Zeitpunkt t.
Zuordnungstabelle:

t in s	0	1	2	3	4	5	6	7	8	9
x in m	0	1,5	6	13,5	24	37,5	54	73,5	96	121,5

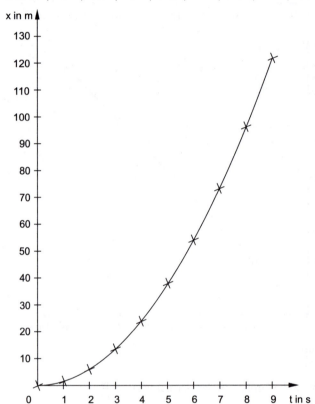

e) x = 100 m
Gesucht ist die Größe t in der Formel $x(t) = 1{,}5 \frac{m}{s^2} \cdot t^2$:

$$x = 1{,}5 \frac{m}{s^2} \cdot t^2 \quad \Big| : 1{,}5 \frac{m}{s^2}$$

$$t^2 = \frac{x}{1{,}5 \frac{m}{s^2}} \quad \Big| \sqrt{}$$

$$t = \sqrt{\frac{x}{1{,}5 \frac{m}{s^2}}} = \sqrt{\frac{100 \text{ m}}{1{,}5 \frac{m}{s^2}}} \approx 8{,}2 \text{ s}$$

In **8,2 Sekunden** legt der Wagen in der Beschleunigungsphase 100 Meter zurück.

f) Da die Formel für die Geschwindigkeit nur von der Zeit abhängig ist, muss zunächst in der Formel für die zurückgelegte Strecke die dafür benötigte Zeit berechnet werden.
Berechnung der Zeit für 150 m Beschleunigungsstrecke:
Gesucht ist die Größe t in der Formel $x(t) = 1{,}5 \frac{m}{s^2} \cdot t^2$:

$$x = 1{,}5 \frac{m}{s^2} \cdot t^2 \quad \Big| : 1{,}5 \frac{m}{s^2}$$

$$t^2 = \frac{x}{1{,}5 \frac{m}{s^2}} \quad \Big| \sqrt{}$$

$$t = \sqrt{\frac{x}{1{,}5 \frac{m}{s^2}}} = \sqrt{\frac{150\ m}{1{,}5 \frac{m}{s^2}}} = 10\ s$$

Berechnung der Geschwindigkeit nach der Beschleunigungsdauer 10 s:
Gesucht ist die Größe v in der Formel $v(t) = 3 \frac{m}{s^2} \cdot t$:

$$v = 3 \frac{m}{s^2} \cdot t$$

$$v = 3 \frac{m}{s^2} \cdot 10\ s = 30 \frac{m}{s}$$

Der Wagen fährt nach 150 m Beschleunigungsstrecke mit der Geschwindigkeit **$30 \frac{m}{s}$**.

66.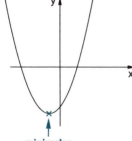

minimaler Funktionswert

Die Graphen dieser quadratischen Funktionen sind nach oben geöffnete Parabeln. Der y-Wert des Scheitelpunkts liefert den minimalen Funktionswert.

a) $y = x^2 + 2x - 3$
$y = x^2 + 2 \cdot 1 \cdot x - 3$ Quadratische Ergänzung
$y = x^2 + 2 \cdot 1 \cdot x + 1^2 - 1^2 - 3$ Binomische Formel
$y = (x+1)^2 - 4$ Scheitelpunktform
S(−1 | −4)
Der minimale Funktionswert ist **−4** und wird an der Stelle $x = -1$ erreicht.

b) $y = x^2 - 6x + 11$
   $y = x^2 - 2 \cdot 3 \cdot x + 11$ Quadratische Ergänzung
   $y = x^2 - 2 \cdot 3 \cdot x + 3^2 - 3^2 + 11$ Binomische Formel
   $y = (x - 3)^2 + 2$ Scheitelpunktform
   S(3|2)
   Der minimale Funktionswert ist **2** und wird an der Stelle x = 3 erreicht.

c) $y = \frac{1}{2}x^2 + 3x - \frac{1}{2}$

   $y = \frac{1}{2} \cdot (x^2 + 6x - 1)$

   $y = \frac{1}{2} \cdot (x^2 + 2 \cdot 3x - 1)$ Quadratische Ergänzung

   $y = \frac{1}{2} \cdot (x^2 + 2 \cdot 3 \cdot x + 3^2 - 3^2 - 1)$ Binomische Formel

   $y = \frac{1}{2} \cdot [(x + 3)^2 - 10]$ Ausmultiplizieren

   $y = \frac{1}{2} \cdot (x + 3)^2 - 5$ Scheitelpunktform

   S(−3|−5)
   Der minimale Funktionswert ist **−5** und wird an der Stelle x = −3 erreicht.

d) $y = x^2 - 5x + 6,25$
   $y = x^2 - 2 \cdot 2,5 \cdot x + 6,25$ Quadratische Ergänzung
   $y = x^2 - 2 \cdot 2,5 \cdot x + 2,5^2 - 2,5^2 + 6,25$ Binomische Formel
   $y = (x - 2,5)^2 + 0$
   $y = (x - 2,5)^2$ Scheitelpunktform
   S(2,5|0)
   Der minimale Funktionswert ist **0** und wird an der Stelle x = 2,5 erreicht.

e) $y = x^2 - 3x - 2,75$
   $y = x^2 - 2 \cdot 1,5 \cdot x - 2,75$ Quadratische Ergänzung
   $y = x^2 - 2 \cdot 1,5 \cdot x + 1,5^2 - 1,5^2 - 2,75$ Binomische Formel
   $y = (x - 1,5)^2 - 5$ Scheitelpunktform
   S(1,5|−5)
   Der minimale Funktionswert ist **−5** und wird an der Stelle x = 1,5 erreicht.

f) $y = \frac{1}{3}x^2 + \frac{4}{3}x - \frac{1}{3}$

$y = \frac{1}{3} \cdot (x^2 + 4x - 1)$

$y = \frac{1}{3} \cdot (x^2 + 2 \cdot 2 \cdot x - 1)$ Quadratische Ergänzung

$y = \frac{1}{3} \cdot (x^2 + 2 \cdot 2 \cdot x + 2^2 - 2^2 - 1)$ Binomische Formel

$y = \frac{1}{3} \cdot [(x+2)^2 - 5]$ Ausmultiplizieren

$y = \frac{1}{3} \cdot (x+2)^2 - \frac{5}{3}$ Scheitelpunktform

$S\left(-2 \,\middle|\, -\frac{5}{3}\right)$

Der minimale Funktionswert ist $-\frac{5}{3} \left(= -1\frac{2}{3}\right)$ und wird an der Stelle $x = -2$ erreicht.

67. maximaler Funktionswert

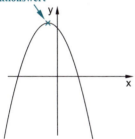

Die Graphen dieser quadratischen Funktionen sind nach unten geöffnete Parabeln. Der y-Wert des Scheitelpunkts liefert den maximalen Funktionswert.

a) $y = -x^2 - 2x + 2$
$y = -(x^2 + 2x - 2)$
$y = -(x^2 + 2 \cdot 1 \cdot x - 2)$ Quadratische Ergänzung
$y = -(x^2 + 2 \cdot 1 \cdot x + 1^2 - 1^2 - 2)$ Binomische Formel
$y = -[(x+1)^2 - 3]$ Ausmultiplizieren
$y = -(x+1)^2 + 3$ Scheitelpunktform
$S(-1 \,|\, 3)$
Der maximale Funktionswert ist **3** und wird an der Stelle $x = -1$ erreicht.

b) $y = -x^2 + 2,8x - 0,76$
$y = -(x^2 - 2,8x + 0,76)$
$y = -(x^2 - 2 \cdot 1,4 \cdot x + 0,76)$ Quadratische Ergänzung
$y = -(x^2 - 2 \cdot 1,4 \cdot x + 1,4^2 - 1,4^2 + 0,76)$ Binomische Formel
$y = -[(x - 1,4)^2 - 1,2]$ Ausmultiplizieren
$y = -(x - 1,4)^2 + 1,2$ Scheitelpunktform
S(1,4 | 1,2)
Der maximale Funktionswert ist **1,2** und wird an der Stelle x = 1,4 erreicht.

c) $y = -(-x - 1)^2$
$y = -(-(x + 1))^2$
$y = -(x + 1)^2$ Scheitelpunktform
S(–1 | 0)
Der maximale Funktionswert ist **0** und wird an der Stelle x = –1 erreicht.

d) $y = (x - 1) \cdot (2 - x)$
$y = 2x - x^2 - 2 + x$
$y = -x^2 + 3x - 2$
$y = -(x^2 - 3x + 2)$
$y = -(x^2 - 2 \cdot 1,5 \cdot x + 2)$ Quadratische Ergänzung
$y = -(x^2 - 2 \cdot 1,5 \cdot x + 1,5^2 - 1,5^2 + 2)$ Binomische Formel
$y = -[(x - 1,5)^2 - 0,25]$ Ausmultiplizieren
$y = -(x - 1,5)^2 + 0,25$ Scheitelpunktform
S(1,5 | 0,25)
Der maximale Funktionswert ist **0,25** $\left(= \frac{1}{4}\right)$ und wird an der Stelle x = 1,5 erreicht.

e) $y = -\frac{1}{2}x^2 + \frac{1}{4}x + \frac{3}{32}$

$y = -\frac{1}{2} \cdot \left(x^2 - \frac{1}{2}x - \frac{3}{16}\right)$

$y = -\frac{1}{2} \cdot \left(x^2 - 2 \cdot \frac{1}{4} \cdot x - \frac{3}{16}\right)$ Quadratische Ergänzung

$y = -\frac{1}{2} \cdot \left(x^2 - 2 \cdot \frac{1}{4} \cdot x + \left(\frac{1}{4}\right)^2 - \left(\frac{1}{4}\right)^2 - \frac{3}{16}\right)$ Binomische Formel

$y = -\frac{1}{2} \cdot \left[\left(x + \frac{1}{4}\right)^2 - \frac{4}{16}\right]$ Ausmultiplizieren

$y = -\frac{1}{2} \cdot \left(x + \frac{1}{4}\right)^2 + \frac{1}{8}$ Scheitelpunktform

$S\left(-\dfrac{1}{4}\bigg|\dfrac{1}{8}\right)$

Der maximale Funktionswert ist $\dfrac{1}{8}$ ($=0{,}125$) und wird an der Stelle $x=-\dfrac{1}{4}$ ($=-0{,}25$) erreicht.

f) $y=\dfrac{1}{3}\cdot\left(\dfrac{1}{2}x-3\right)\cdot\left(4-\dfrac{1}{3}x\right)$

$y=\left(\dfrac{1}{6}x-1\right)\cdot\left(4-\dfrac{1}{3}x\right)$

$y=\dfrac{2}{3}x-\dfrac{1}{18}x^2-4+\dfrac{1}{3}x$

$y=-\dfrac{1}{18}x^2+x-4$

$y=-\dfrac{1}{18}(x^2-18x+72)$

$y=-\dfrac{1}{18}\cdot(x^2-2\cdot 9\cdot x+72)$ Quadratische Ergänzung

$y=-\dfrac{1}{18}\cdot(x^2-2\cdot 9\cdot x+9^2-9^2+72)$ Binomische Formel

$y=-\dfrac{1}{18}\cdot[(x-9)^2-9]$ Ausmultiplizieren

$y=-\dfrac{1}{18}(x-9)^2+\dfrac{1}{2}$ Scheitelpunktform

$S\left(9\bigg|\dfrac{1}{2}\right)$

Der maximale Funktionswert ist $\dfrac{1}{2}$ ($=0{,}5$) und wird an der Stelle $x=9$ erreicht.

68. x: 1. Summand   Zuordnung der Größen
y: 2. Summand
z: Produktwert
$x+y=80$ Aufstellen von Gleichungen
$x\cdot y=z$

$x+y=80 \quad |-x$ Aufstellen einer quadratischen
$y=80-x$ Gleichung

Setze $y=80-x$ in $x\cdot y=z$ ein:
$x\cdot(80-x)=z$
$80x-x^2=z$
$-x^2+80x=z$

$z = -x^2 + 80x$ ist eine quadratische Funktion. Der zugehörige Graph ist eine nach unten geöffnete Parabel, da der Koeffizient vor der quadratischen Variable negativ ist. Die z-Koordinate des Scheitelpunkts liefert den maximalen Produktwert.

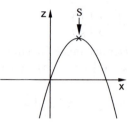

$z = -x^2 + 80x$
$z = -(x^2 - 80x)$
$z = -(x^2 - 2 \cdot 40 \cdot x)$
$z = -(x^2 - 2 \cdot 40 \cdot x + 40^2 - 40^2)$
$z = -[(x-40)^2 - 1\,600]$
$z = -(x-40)^2 + 1\,600$

Umrechnung des Funktionsterms in Scheitelpunktform

Bestimmung des Scheitelpunkts

S(40 | 1 600)
Der maximale Produktwert 1 600 wird an der Stelle x = 40 erreicht.
Aus y = 80 − x erhält man den zweiten Wert y = 40.
Das Produkt der beiden Zahlen **x = 40** und **y = 40** ist 1 600 und stimmt mit dem zweiten Wert im Scheitel überein.

69. x: Minuend
y: Subtrahend
z: Produktwert

Zuordnung der Größen

x − y = 4
x · y = z

Aufstellen von Gleichungen

x − y = 4 | +y
  x = 4 + y

Aufstellen einer quadratischen Gleichung

Setze x = 4 + y in x · y = z ein:
(4 + y) · y = z
  4y + y² = z

$z = y^2 + 4y$ ist eine quadratische Funktion. Der zugehörige Graph ist eine nach oben geöffnete Parabel, da der Koeffizient vor der quadratischen Variable positiv ist. Die z-Koordinate des Scheitelpunkts liefert den minimalen Produktwert.

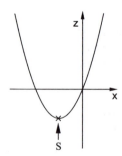

$z = y^2 + 4y$ Umrechnung des Funktionsterms in Scheitelpunktform
$z = y^2 + 2 \cdot 2 \cdot y$
$z = y^2 + 2 \cdot 2 \cdot y + 2^2 - 2^2$
$z = (y+2)^2 - 4$ Bestimmung des Scheitelpunkts
$S(-2|-4)$

Der minimale Produktwert −4 wird an der Stelle y = −2 erreicht.
Aus x = 4 + y erhält man den zweiten Wert x = 2.
Das Produkt der beiden Zahlen **x = 2** und **y = −2** ist −4 und stimmt mit dem zweiten Wert im Scheitel überein.

70. a) Die Punkte C und D liegen auf der Geraden mit der Funktionsgleichung y = mx + t.

Schnittpunkt mit der y-Achse: t = 6

Steigung der Geraden: $m = \dfrac{\Delta y}{\Delta x} = -\dfrac{4}{8} = -\dfrac{1}{2}$

$y = -\dfrac{1}{2}x + 6$ (0 ≤ x ≤ 8)

b: y-Wert des Punktes P   Zuordnung der Größen
ℓ: x-Wert des Punktes P
A: Flächeninhalt des Rechtecks
$A = \ell \cdot b \Rightarrow A = x \cdot y$ Aufstellen von Gleichungen
$\qquad\qquad y = -\dfrac{1}{2}x + 6$

Setze $y = -\dfrac{1}{2}x + 6$ in $A = x \cdot y$ ein: Aufstellen einer quadratischen Gleichung

$A = x \cdot \left(-\dfrac{1}{2}x + 6\right)$

$A = -\dfrac{1}{2}x^2 + 6x$

$A(x) = -\dfrac{1}{2}x^2 + 6x$ ist eine quadratische Funktion. Der zugehörige Graph ist eine nach unten geöffnete Parabel, da der Koeffizient vor der quadratischen Variable negativ ist. Die A-Koordinate des Scheitelpunkts liefert den maximalen Wert des Flächeninhalts.

$A = -\frac{1}{2}x^2 + 6x$ \hfill Umrechnung des Funktionsterms in Scheitelpunktform

$A = -\frac{1}{2}(x^2 - 12x)$

$A = -\frac{1}{2}(x^2 - 2 \cdot 6 \cdot x)$

$A = -\frac{1}{2}(x^2 - 2 \cdot 6 \cdot x + 6^2 - 6^2)$

$A = -\frac{1}{2}[(x-6)^2 - 36]$

$A = -\frac{1}{2}(x-6)^2 + 18$ \hfill Bestimmung des Scheitelpunkts

S(6|18)

Der maximale Flächeninhalt 18 wird an der Stelle x = 6 erreicht.
Aus $y = -\frac{1}{2}x + 6$ erhält man den zweiten Wert y = 3.
Das Produkt der beiden Seitenlängen x = 6 und y = 3 ist 18 und stimmt mit dem zweiten Wert im Scheitel überein.

P(6|3) führt zum maximalen Flächeninhalt **A = 18**.

b) Die Punkte C und D liegen auf der Geraden mit der Funktionsgleichung y = mx + t.
Schnittpunkt mit der y-Achse: t = 8

Steigung der Geraden: $m = \frac{\Delta y}{\Delta x} = -\frac{7{,}5}{7} = -\frac{15}{14}$

$y = -\frac{15}{14}x + 8 \quad (0 \leq x \leq 7)$

b: y-Wert des Punktes P \hfill Zuordnung der Größen
ℓ: x-Wert des Punktes P
A: Flächeninhalt des Rechtecks

$A = \ell \cdot b \Rightarrow A = x \cdot y$ \hfill Aufstellen von Gleichungen

$y = -\frac{15}{14}x + 8$

Setze $y = -\frac{15}{14}x + 8$ in $A = x \cdot y$ ein: \hfill Aufstellen einer quadratischen Gleichung

$A = x \cdot \left(-\frac{15}{14}x + 8\right)$

$A = -\frac{15}{14}x^2 + 8x$

$A(x) = -\frac{15}{14}x^2 + 8x$ ist eine quadratische Funktion. Der zugehörige Graph ist eine nach unten geöffnete Parabel, da der Koeffizient vor der quadratischen Variable negativ ist. Die A-Koordinate des Scheitelpunkts liefert den maximalen Wert des Flächeninhalts.

$A = -\frac{15}{14}x^2 + 8x$ Umrechnung des Funktionsterms in Scheitelpunktform

$A = -\frac{15}{14}\left(x^2 - 7\frac{7}{15}x\right)$

$A = -\frac{15}{14}\left(x^2 - 2 \cdot 3\frac{11}{15} \cdot x\right)$

$A = -\frac{15}{14}\left(x^2 - 2 \cdot 3\frac{11}{15} \cdot x + \left(3\frac{11}{15}\right)^2 - \left(3\frac{11}{15}\right)^2\right)$

$A = -\frac{15}{14}\left[\left(x - 3\frac{11}{15}\right)^2 - 13\frac{211}{225}\right]$

$A = -\frac{15}{14} \cdot \left(x - 3\frac{11}{15}\right)^2 + 14\frac{14}{15}$ Bestimmung des Scheitelpunkts

$S\left(3\frac{11}{15} \mid 14\frac{14}{15}\right)$

Der maximale Flächeninhalt $14\frac{14}{15}$ wird an der Stelle $x = 3\frac{11}{15}$ erreicht.
Aus $y = -\frac{15}{14}x + 8$ erhält man den zweiten Wert $y = 4$.
Das Produkt der beiden Seitenlängen $x = 3\frac{11}{15}$ und $y = 4$ ist $14\frac{14}{15}$ und stimmt mit dem zweiten Wert im Scheitel überein.
$P\left(3\frac{11}{15} \mid 4\right)$ führt zum maximalen Flächeninhalt $A = 14\frac{14}{15}$.

c) Die Punkte C und D liegen auf der Geraden mit der Funktionsgleichung $y = mx + t$.
Schnittpunkt mit der y-Achse: $t = 3$
Steigung der Geraden: $m = \frac{\Delta y}{\Delta x} = \frac{5}{10} = \frac{1}{2}$

$y = \frac{1}{2}x + 3 \quad (0 \le x \le 10)$

b: y-Wert des Punktes P
ℓ: $10 - x$ mit x als x-Wert des Punktes P
A: Flächeninhalt des Rechtecks
$A = \ell \cdot b \Rightarrow A = (10 - x) \cdot y$
$\qquad y = \frac{1}{2}x + 3$ Aufstellen von Gleichungen

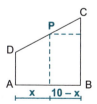

Setze $y = \frac{1}{2}x + 3$ in $A = (10-x) \cdot y$ ein: Aufstellen einer quadratischen Gleichung

$A = (10-x) \cdot \left(\frac{1}{2}x + 3\right)$

$A = 5x + 30 - \frac{1}{2}x^2 - 3x$

$A = -\frac{1}{2}x^2 + 2x + 30$

$A(x) = -\frac{1}{2}x^2 + 2x + 30$ ist eine quadratische Funktion. Der zugehörige Graph ist eine nach unten geöffnete Parabel, da der Koeffizient vor der quadratischen Variable negativ ist. Die A-Koordinate des Scheitelpunkts liefert den maximalen Wert des Flächeninhalts.

$A = -\frac{1}{2}x^2 + 2x + 30$ Umrechnung des Funktionsterms in Scheitelpunktform

$A = -\frac{1}{2}(x^2 - 4x - 60)$

$A = -\frac{1}{2}(x^2 - 2 \cdot 2 \cdot x - 60)$

$A = -\frac{1}{2}(x^2 - 2 \cdot 2 \cdot x + 2^2 - 2^2 - 60)$

$A = -\frac{1}{2}[(x-2)^2 - 64]$

$A = -\frac{1}{2} \cdot (x-2)^2 + 32$ Bestimmung des Scheitelpunkts

S(2|32)

Der maximale Flächeninhalt 32 wird an der Stelle $x = 2$ erreicht.
Aus $y = \frac{1}{2}x + 3$ erhält man den zweiten Wert $y = 4$.
Das Produkt der beiden Seitenlängen $\ell = 10 - 2 = 8$ und $y = 4$ ist 32 und stimmt mit dem zweiten Wert im Scheitel überein.
P(2|4) führt zum maximalen Flächeninhalt **A = 32**.

d) Die Punkte C und D liegen auf der Geraden mit der Funktionsgleichung $y = mx + t$.
Schnittpunkt mit der y-Achse: $t = 7$
Steigung der Geraden: $m = \frac{\Delta y}{\Delta x} = \frac{3}{9} = \frac{1}{3}$

$y = \frac{1}{3}x + 7$ ($0 \leq x \leq 9$)

b: y-Wert des Punktes P
ℓ: 9 – x mit x als x-Wert von P
A: Flächeninhalt des Rechtecks

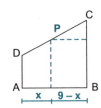

$A = \ell \cdot b \quad \Rightarrow \quad A = (9-x) \cdot y$ Aufstellen von Gleichungen
$$y = \frac{1}{3}x + 7$$

Setze $y = \frac{1}{3}x + 7$ in $A = (9-x) \cdot y$ ein: Aufstellen einer quadratischen Gleichung

$A = (9-x) \cdot \left(\frac{1}{3}x + 7\right)$

$A = 3x + 63 - \frac{1}{3}x^2 - 7x$

$A = -\frac{1}{3}x^2 - 4x + 63$

$A(x) = -\frac{1}{3}x^2 - 4x + 63$ ist eine quadratische Funktion. Der zugehörige Graph ist eine nach unten geöffnete Parabel, da der Koeffizient vor der quadratischen Variable negativ ist. Die A-Koordinate des Scheitelpunkts liefert den maximalen Wert des Flächeninhalts.

$A = -\frac{1}{3}x^2 - 4x + 63$ Umrechnung des Funktionsterms in Scheitelpunktform

$A = -\frac{1}{3}(x^2 + 12x - 189)$

$A = -\frac{1}{3}(x^2 + 2 \cdot 6 \cdot x - 189)$

$A = -\frac{1}{3}(x^2 + 2 \cdot 6 \cdot x + 6^2 - 6^2 - 189)$

$A = -\frac{1}{3}[(x+6)^2 - 225]$

$A = -\frac{1}{3} \cdot (x+6)^2 + 75$ Bestimmung des Scheitelpunkts

$S(-6 \mid 75)$

$x = -6$ ist kein Element aus dem Intervall $0 \leq x \leq 9$. Rechts vom Scheitel ist der Graph streng monoton fallend, d. h., die Werte für A werden immer kleiner. Im Intervall $0 \leq x \leq 9$ ist der maximale Flächeninhalt zu Beginn des Intervalls, an der Stelle $x = 0$:

$A(0) = -\frac{1}{3} \cdot (0+6)^2 + 75 = 63$

P(0 | 7) führt zum maximalen Flächeninhalt A = **63**.

71. Die Hypotenuse ist Teil der Geraden mit der Funktionsgleichung y = mx + t. P liegt auf dieser Geraden.
Schnittpunkt mit der y-Achse: t = 60
Steigung der Geraden:

$$m = \frac{\Delta y}{\Delta x} = -\frac{60}{40} = -\frac{3}{2} = -1{,}5$$

y = −1,5x + 60   (0 ≤ x ≤ 40)

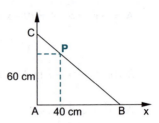

b: y-Wert des Punktes P
ℓ: x-Wert des Punktes P
A: Flächeninhalt des Rechtecks
A = ℓ · b   ⇒   A = x · y
y = −1,5x + 60

Zuordnung der Größen

Aufstellen von Gleichungen

Setze y = −1,5x + 60 in A = x · y ein:

A = x · (−1,5x + 60)
A = −1,5x² + 60x

Aufstellen einer quadratischen Gleichung

A(x) = −1,5x² + 60x ist eine quadratische Funktion. Der zugehörige Graph ist eine nach unten geöffnete Parabel, da der Koeffizient vor der quadratischen Variable negativ ist. Die A-Koordinate des Scheitelpunkts liefert den maximalen Wert des Flächeninhalts.

A = −1,5x² + 60x
A = −1,5(x² − 40x)
A = −1,5(x² − 2·20·x)
A = −1,5 (x² − 2·20·x + 20² − 20²)
A = −1,5·[(x − 20)² − 400]
A = −1,5·(x − 20)² + 600

Umrechnung des Funktionsterms in Scheitelpunktform

Bestimmung des Scheitelpunkts

S(20 | 600)
Der maximale Flächeninhalt 600 (cm²) wird bei x = 20 (cm) erreicht.
Aus y = −1,5x + 60 erhält man den zweiten Wert y = 30 (cm).
Das Rechteck mit dem größten Flächeninhalt hat die Seitenlängen **20 cm** und **30 cm**.

72. Der Punkt P liegt auf der Geraden DE mit der Funktionsgleichung y = mx + t.
Schnittpunkt mit der y-Achse: t = 20
Steigung der Geraden:

$$m = \frac{\Delta y}{\Delta x} = -\frac{20}{10} = -2$$

y = −2x + 20   (0 ≤ x ≤ 10)

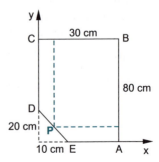

b: 80 – y mit y als y-Wert des Punktes P   Zuordnung der Größen
ℓ: 30 – x mit x als x-Wert des Punktes P
A: Flächeninhalt des Rechtecks
$A = \ell \cdot b \Rightarrow A = (30-x) \cdot (80-y)$ Aufstellen von Gleichungen
$y = -2x + 20$

Setze $y = -2x + 20$ in $A = (30-x) \cdot (80-y)$ ein: Aufstellen einer quadratischen Gleichung
$A = (30-x) \cdot (80-(-2x+20))$
$A = (30-x) \cdot (80+2x-20)$
$A = (30-x) \cdot (60+2x)$
$A = 1800 + 60x - 60x - 2x^2$
$A = -2x^2 + 1800$

$A(x) = -2x^2 + 1800$ ist eine quadratische Funktion. Der zugehörige Graph ist eine nach unten geöffnete Parabel, da der Koeffizient vor der quadratischen Variable negativ ist. Die A-Koordinate des Scheitelpunkts liefert den maximalen Wert des Flächeninhalts.

$A = -2x^2 + 1800$ Scheitelpunktform
$S(0 | 1800)$ Bestimmung des Scheitelpunkts

Der maximale Flächeninhalt 1800 wird an der Stelle $x = 0$ erreicht.
Aus $y = -2x + 20$ erhält man den zweiten Wert $y = 20$.
Damit ist **b = 60 cm** und **ℓ = 30 cm**.

73. a) $f(x) = 2x^2 + 3x - 4$ und $g(x) = \frac{1}{2}x + 2$

$f(x_S) = g(x_S)$ Gleichsetzen der Funktionsgleichungen

$2x_S^2 + 3x_S - 4 = \frac{1}{2}x_S + 2 \quad \big| -\frac{1}{2}x_S - 2$ Auflösen der Gleichung nach x_S

$2x_S^2 + 2{,}5x_S - 6 = 0$

$x_{S_{1/2}} = \frac{-2{,}5 \pm \sqrt{6{,}25 + 48}}{4} = \frac{-2{,}5 \pm \sqrt{54{,}25}}{4}$

$x_{S_1} = \frac{1}{4} \cdot (-2{,}5 + \sqrt{54{,}25}) \approx 1{,}22$

$x_{S_2} = \frac{1}{4} \cdot (-2{,}5 - \sqrt{54{,}25}) \approx -2{,}47$

$y_{S_1} = g(x_{S_1}) = \frac{1}{2} \cdot x_{S_1} + 2$ y_S berechnen

$y_{S_1} = g\left(\frac{1}{4} \cdot (-2{,}5 + \sqrt{54{,}25})\right) = \frac{1}{2} \cdot \frac{1}{4} \cdot (-2{,}5 + \sqrt{54{,}25}) + 2$

$= -\frac{5}{16} + \frac{1}{8} \cdot \sqrt{54{,}25} + 2 \approx 2{,}61$

$S_1(1{,}22 | 2{,}61)$

$$y_{S_2} = g(x_{S_2}) = \frac{1}{2} \cdot x_{S_2} + 2$$

$$y_{S_2} = g\left(\frac{1}{4} \cdot (-2,5 - \sqrt{54,25})\right) = \frac{1}{2} \cdot \frac{1}{4} \cdot (-2,5 - \sqrt{54,25}) + 2$$

$$= -\frac{5}{16} - \frac{1}{8} \cdot \sqrt{54,25} + 2 \approx 0,77$$

$S_2(-2,47 \mid 0,77)$

b) $f(x) = -\frac{1}{3}x^2 + \frac{1}{3}x - 2$ und $g(x) = -\frac{1}{3}x^2 + \frac{1}{2}x + 1$

$\quad f(x_S) = g(x_S)$ \hfill Gleichsetzen der Funktions-
\hfill gleichungen

$\quad -\frac{1}{3}x_S^2 + \frac{1}{3}x_S - 2 = -\frac{1}{3}x_S^2 + \frac{1}{2}x_S + 1 \quad \big| +\frac{1}{3}x_S^2 \quad$ Auflösen der Gleichung nach x_S

$\quad\quad\quad \frac{1}{3}x_S - 2 = \frac{1}{2}x_S + 1 \quad\quad\quad \big| -\frac{1}{2}x_S - 1$

$\quad\quad\quad -\frac{1}{6}x_S - 3 = 0$

$\quad\quad\quad -\frac{1}{6}x_S - 3 = 0 \quad\quad \big| +\frac{1}{6}x_S$

$\quad\quad\quad\quad\quad -3 = \frac{1}{6}x_S \quad \big| \cdot 6$

$\quad\quad\quad\quad -18 = x_S$

$\quad y_S = f(x_S) = -\frac{1}{3} \cdot x_S^2 + \frac{1}{3}x_S - 2$ \hfill y_S berechnen

$\quad y_S = f(-18) = -\frac{1}{3} \cdot (-18)^2 + \frac{1}{3}(-18) - 2$

$\quad\quad = -108 - 6 - 2 = -116$

Es gibt nur einen gemeinsamen Punkt:
$S(-18 \mid -116)$

c) $f(x) = \frac{1}{2}x - 1$ und $g(x) = \frac{1}{2}x + 1$

$\quad f(x_S) = g(x_S)$ \hfill Gleichsetzen der Funktions-
\hfill gleichungen

$\quad \frac{1}{2}x_S - 1 = \frac{1}{2}x_S + 1 \quad \big| -\frac{1}{2}x_2 \quad$ Auflösen der Gleichung nach x_S

$\quad\quad\quad -1 = 1 \quad \text{↯}$

Das Gleichsetzen der Funktionsgleichungen führt zu einem Widerspruch. Die Graphen der beiden Funktionen haben **keinen gemeinsamen Punkt**.

d) $f(x) = -x^2 + 3x - 4$ und $g(x) = x^2 - 3$

$f(x_s) = g(x_s)$ Gleichsetzen der Funktionsgleichungen

$-x_s^2 + 3x_s - 4 = x_s^2 - 3 \quad |-x_s^2 + 3$ Auflösen der Gleichung nach x_s

$-2x_s^2 + 3x_s - 1 = 0$

$x_{s_{1/2}} = \dfrac{-3 \pm \sqrt{9-8}}{-4} = \dfrac{-3 \pm 1}{-4}$

$x_{s_1} = \dfrac{-3+1}{-4} = \dfrac{-2}{-4} = \dfrac{1}{2}$

$x_{s_2} = \dfrac{-3-1}{-4} = \dfrac{-4}{-4} = 1$

$y_{s_1} = g(x_{s_1}) = x_{s_1}^2 - 3$ y_s berechnen

$y_{s_1} = g\left(\dfrac{1}{2}\right) = \left(\dfrac{1}{2}\right)^2 - 3 = \dfrac{1}{4} - 3 = -2\dfrac{3}{4}$

$\mathbf{S_1\left(\dfrac{1}{2}\,\middle|\,-2\dfrac{3}{4}\right)}$

$y_{s_2} = g(x_{s_2}) = x_{s_2}^2 - 3$

$y_{s_2} = g(1) = 1^2 - 3 = -2$

$\mathbf{S_2(1\,|\,-2)}$

e) $f(x) = x^2$ und $g(x) = 2x + 1$

$f(x_s) = g(x_s)$ Gleichsetzen der Funktionsgleichungen

$x_s^2 = 2x_s + 1 \quad |-2x_s - 1$ Auflösen der Gleichung nach x_s

$x_s^2 - 2x_s - 1 = 0$

$x_{s_{1/2}} = \dfrac{2 \pm \sqrt{4+4}}{2} = \dfrac{2 \pm \sqrt{8}}{2} = \dfrac{2 \pm 2\sqrt{2}}{2} = 1 \pm \sqrt{2}$

$x_{s_1} = 1 + \sqrt{2} \qquad x_{s_2} = 1 - \sqrt{2}$

$y_{s_1} = f(x_{s_1}) = (x_{s_1})^2$ y_s berechnen

$y_{s_1} = f(1+\sqrt{2}) = (1+\sqrt{2})^2 = 1^2 + 2\sqrt{2} + 2 = 3 + 2\sqrt{2}$

$\mathbf{S_1(1+\sqrt{2}\,|\,3+2\sqrt{2})}$

$y_{s_2} = f(x_{s_2}) = (x_{s_2})^2$

$y_{s_2} = f(1-\sqrt{2}) = (1-\sqrt{2})^2 = 1^2 - 2\sqrt{2} + 2 = 3 - 2\sqrt{2}$

$\mathbf{S_2(1-\sqrt{2}\,|\,3-2\sqrt{2})}$

f) $g(x) = 3x^2 - 4x + 2$ und $f(x) = 3x^2 - 4x + 3$

$g(x_S) = f(x_S)$ Gleichsetzen der Funktionsgleichungen

$3x_S^2 - 4x_S + 2 = 3x_S^2 - 4x_S + 3$ $| -3x_S^2 + 4x_S$ Auflösen der Gleichung nach x_S

$2 = 3$ ↯

Das Gleichsetzen der Funktionsgleichungen führt zu einem Widerspruch. Die Graphen der beiden Funktionen haben **keinen gemeinsamen Punkt**.

g) $f(x) = \dfrac{1}{x+1}$ und $g(x) = 2x - 3$

$f(x_S) = g(x_S)$ Gleichsetzen der Funktionsgleichungen

$\dfrac{1}{x_S + 1} = 2x_S - 3$ $| \cdot (x_S + 1); x_S \neq -1$ Auflösen der Gleichung nach x_S

$1 = (2x_S - 3) \cdot (x_S + 1)$

$1 = 2x_S^2 + 2x_S - 3x_S - 3$ $| -1$

$0 = 2x_S^2 - x_S - 4$

$x_{S_{1/2}} = \dfrac{1 \pm \sqrt{1 + 32}}{4} = \dfrac{1}{4} \cdot (1 \pm \sqrt{33})$

$x_{S_1} = \dfrac{1}{4} \cdot (1 + \sqrt{33}) \approx 1{,}69$

$x_{S_2} = \dfrac{1}{4} \cdot (1 - \sqrt{33}) \approx -1{,}19$

$y_{S_1} = g(x_{S_1}) = 2 \cdot x_{S_1} - 3$ y_S berechnen

$y_{S_1} = g\left(\dfrac{1}{4} \cdot (1 + \sqrt{33})\right) = 2 \cdot \dfrac{1}{4} \cdot (1 + \sqrt{33}) - 3 = \dfrac{1}{2} \cdot (1 + \sqrt{33}) - 3$

$= \dfrac{1}{2} + \dfrac{1}{2}\sqrt{33} - 3 = -2{,}5 + 0{,}5\sqrt{33} \approx 0{,}37$

$S_1(1{,}69 \mid 0{,}37)$

$y_{S_2} = g(x_{S_2}) = 2 \cdot x_{S_2} - 3$

$y_{S_2} = g\left(\dfrac{1}{4} \cdot (1 - \sqrt{33})\right) = 2 \cdot \dfrac{1}{4} \cdot (1 - \sqrt{33}) - 3 = \dfrac{1}{2} \cdot (1 - \sqrt{33}) - 3$

$= \dfrac{1}{2} - \dfrac{1}{2}\sqrt{33} - 3 = -2{,}5 - 0{,}5\sqrt{33} \approx -5{,}37$

$S_2(-1{,}19 \mid -5{,}37)$

h) $f(x) = \frac{1}{2}x^2 - 5x + 2$ und $g(x) = -x^2 + 10x - 14,5$

$f(x_s) = g(x_s)$ Gleichsetzen der Funktionsgleichungen

$\frac{1}{2}x_s^2 - 5x_s + 2 = -x_s^2 + 10x_s - 14,5 \quad | +x_s^2 - 10x_s + 14,5$ Auflösen der Gleichung nach x_s

$1,5x_s^2 - 15x_s + 16,5 = 0$

$x_{s_{1/2}} = \frac{15 \pm \sqrt{15^2 - 99}}{3} = \frac{15 \pm \sqrt{126}}{3} = \frac{15 \pm 3\sqrt{14}}{3} = 5 \pm \sqrt{14}$

$x_{s_1} = 5 + \sqrt{14} \approx 8,74$

$x_{s_2} = 5 - \sqrt{14} \approx 1,26$

$y_{s_1} = g(x_{s_1}) = -x_{s_1}^2 + 10x_{s_1} - 14,5$ y_s berechnen

$y_{s_1} = g(5 + \sqrt{14}) = -(5 + \sqrt{14})^2 + 10 \cdot (5 + \sqrt{14}) - 14,5 = -3,5$

$S_1(8,74 \mid -3,5)$

$y_{s_2} = g(x_{s_2}) = -x_{s_2}^2 + 10x_{s_2} - 14,5$

$y_{s_2} = g(5 - \sqrt{14}) = -(5 - \sqrt{14})^2 + 10 \cdot (5 - \sqrt{14}) - 14,5 = -3,5$

$S_2(1,26 \mid -3,5)$

74. a) $f_a(x) = ax^2$ und $g(x) = 2x + 1$

$f_a(x_s) = g(x_s)$ Gleichsetzen der Funktionsgleichungen

$ax_s^2 = 2x_s + 1 \quad | -2x_s - 1$ Auflösen der Gleichung nach x_s

$ax_s^2 - 2x_s - 1 = 0$

Diskriminante: $D = b^2 - 4ac$

$D = (-2)^2 - 4 \cdot a \cdot (-1) = 4 + 4a$

$D > 0: \quad 4 + 4a > 0 \quad | -4$

$\qquad\qquad 4a > -4 \quad |:4$

$\qquad\qquad a > -1$

Für **a > −1** gibt es **zwei** Schnittpunkte.

$D = 0: \quad a = -1$

Für **a = −1** gibt es **einen** Schnittpunkt.

$D < 0: \quad a < -1$

Für **a < −1** gibt es **keinen** Schnittpunkt.

b) $f_a(x) = x^2 + a$ und $g(x) = -x^2 + 2x - 3$

$f_a(x) = g(x)$ Gleichsetzen der Funktionsgleichungen

$x_s^2 + a = -x_s^2 + 2x_s - 3$ $| x_s^2 - a$ Auflösen der Gleichung nach x_s

$0 = -2x_s^2 + 2x_s - (3+a)$

Diskriminante: $D = b^2 - 4ac$

$D = 2^2 - 4 \cdot (-2) \cdot (-(3+a)) = 4 - 8(3+a)$
$= 4 - 24 - 8a = -8a - 20$

$D > 0$: $-8a - 20 > 0$ $|+8a$
           $-20 > 8a$ $|:8$
           $-\dfrac{20}{8} > a$
           $a < -2{,}5$

Für **a < −2,5** gibt es **zwei** Schnittpunkte.

$D = 0$: $a = -2{,}5$

Für **a = −2,5** gibt es **einen** Schnittpunkt.

$D < 0$: $a > -2{,}5$

Für **a > −2,5** gibt es **keinen** Schnittpunkt.

c) $f_a(x) = ax^2$ und $g(x) = -3x^2 + 2x - 4$

$f_a(x_s) = g(x_s)$ Gleichsetzen der Funktionsgleichungen

$ax_s^2 = -3x_s^2 + 2x_s - 4$ $|-ax_s^2$ Auflösen der Gleichung nach x_s

$0 = (-3-a)x_s^2 + 2x_s - 4$

Diskriminante: $D = b^2 - 4ac$

$D = 2^2 - 4 \cdot (-3-a) \cdot (-4) = 4 + 16 \cdot (-3-a)$
$= 4 - 48 - 16a = -44 - 16a$

$D > 0$: $-44 - 16a > 0$ $|+16a$
           $-44 > 16a$ $|:16$
           $-\dfrac{44}{16} > a$
           $a < -2\dfrac{3}{4}$

Für **a < −2$\frac{3}{4}$** gibt es **zwei** Schnittpunkte.

$D = 0$: $a = -2\dfrac{3}{4}$

Für **a = −2$\frac{3}{4}$** gibt es **einen** Schnittpunkt.

$D < 0$: $a > -2\dfrac{3}{4}$

Für **a > −2$\frac{3}{4}$** gibt es **keinen** Schnittpunkt.

d) $f_a(x) = (x-a)^2$ und $g(x) = 3x + 2$

$f_a(x_S) = g(x_S)$ Gleichsetzen der Funktionsgleichungen

$(x_S - a)^2 = 3x_S + 2$ Auflösen der Gleichung nach x_S

$x_S^2 - 2x_S a + a^2 = 3x_S + 2$ $|3x_S - 2$

$x_S^2 - (2a+3)x_S + a^2 - 2 = 0$

Diskriminante: $D = b^2 - 4ac$

$D = [-(2a+3)]^2 - 4 \cdot 1 \cdot (a^2 - 2) = (2a+3)^2 - 4(a^2 - 2)$
$ = 4a^2 + 12a + 9 - 4a^2 + 8 = 12a + 17$

$D > 0$: $12a + 17 > 0$ $|-17$
 $12a > -17$ $|:12$
 $a > -\dfrac{17}{12}$

 $a > -1\dfrac{5}{12}$

Für **a > $-1\dfrac{5}{12}$** gibt es **zwei** Schnittpunkte.

$D = 0$: $a = -1\dfrac{5}{12}$

Für **a = $-1\dfrac{5}{12}$** gibt es **einen** Schnittpunkt.

$D < 0$: $a < -1\dfrac{5}{12}$

Für **a < $-1\dfrac{5}{12}$** gibt es **keinen** Schnittpunkt.

e) $f_a(x) = x^2 + ax$ und $g(x) = x^2 - 3x + 1$

$f_a(x_S) = g(x_S)$ Gleichsetzen der Funktionsgleichungen

$x_S^2 + ax_S = x_S^2 - 3x_S + 1$ $|-x_S^2 - ax_S$ Auflösen der Gleichung nach x_S

$0 = (-a-3)x_S + 1$ $|-1$ keine quadratische Gleichung!
$-1 = (-a-3)x_S$ $|:(-a-3)$

$x_S = \dfrac{-1}{-a-3} = \dfrac{1}{a+3}$

Der x-Wert des Schnittpunkts kann für $a \neq -3$ bestimmt werden.
Für **a ≠ −3** gibt es **einen** Schnittpunkt.
Für **a = −3** gibt es **keinen** Schnittpunkt.

f) $f(x) = ax - 1$ und $g(x) = -x^2 + 2x - 3$

$f_a(x_S) = g(x_S)$ Gleichsetzen der Funktionsgleichungen

$ax_S - 1 = -x_S^2 + 2x_S - 3$ $|-ax_S + 1$ Auflösen der Gleichung nach x_S

$ 0 = -x_S^2 + (2-a)x_S - 2$

Diskriminante: $D = b^2 - 4ac$
$D = (2-a)^2 - 4 \cdot (-1) \cdot (-2) = (2-a)^2 - 8$
$ = 4 - 4a + a^2 - 8 = -4 - 4a + a^2$
$ = a^2 - 4a - 4$

$D > 0$: $a^2 - 4a - 4 > 0$

$$a_{1/2} = \frac{4 \pm \sqrt{(-4)^2 - 4 \cdot 1 \cdot (-4)}}{2}$$

$$= \frac{4 \pm \sqrt{32}}{2} = \frac{4 \pm 4\sqrt{2}}{2}$$

$$= 2 \pm 2\sqrt{2}$$

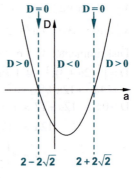

Für **a** $< 2 - 2\sqrt{2}$ und **a** $> 2 + 2\sqrt{2}$ gibt es **zwei** Schnittpunkte.

$D = 0$: $a^2 - 4a - 4 = 0$
 $a_1 = 2 - 2\sqrt{2}$; $a_2 = 2 + 2\sqrt{2}$

Für **a** $= 2 - 2\sqrt{2}$ und **a** $= 2 + 2\sqrt{2}$ gibt es **einen** Schnittpunkt.

$D < 0$: $a^2 - 4a - 4 < 0$ für $a \in \,]2 - 2\sqrt{2}; 2 + 2\sqrt{2}[$

Für $a \in \,]2 - 2\sqrt{2}; 2 - 2\sqrt{2}[$ gibt es **keinen** Schnittpunkt.

75. a) $f(x) = x^2 + 2x + 3$ und $g(x) = -x^2 + 2x + 4$

$f(x_s) = g(x_s)$ \hfill Gleichsetzen der Funktionsgleichungen

$x_s^2 + 2x_s + 3 = -x_s^2 + 2x_s + 4 \quad |+x_s^2$ \hfill Auflösen der Gleichung nach x_s

$2x_s^2 + 2x_s + 3 = 2x_s + 4 \quad |-2x_s$

$2x_s^2 + 3 = 4 \quad |-3$

$2x_s^2 = 1 \quad |:2$

$x_s^2 = \frac{1}{2}$

Es gibt zwei Zahlen, die quadriert $\frac{1}{2}$ ergeben:

$x_{s_1} = \sqrt{\frac{1}{2}} \qquad x_{s_2} = -\sqrt{\frac{1}{2}}$

$y_{s_1} = f(x_{s_1}) = x_{s_1}^2 + 2x_{s_1} + 3$ \hfill y_s berechnen

$y_{s_1} = f\left(\sqrt{\frac{1}{2}}\right) = \sqrt{\frac{1}{2}}^2 + 2 \cdot \sqrt{\frac{1}{2}} + 3 = \frac{1}{2} + 2 \cdot \sqrt{\frac{1}{2}} + 3 = 3\frac{1}{2} + 2\sqrt{\frac{1}{2}}$

$S_1\left(\sqrt{\frac{1}{2}} \,\Big|\, 3\frac{1}{2} + 2\sqrt{\frac{1}{2}}\right)$

$$y_{s_2} = f(x_{s_2}) = x_{s_2}^2 + 2x_{s_2} + 3$$

$$y_{s_2} = f\left(-\sqrt{\frac{1}{2}}\right) = \left(-\sqrt{\frac{1}{2}}\right)^2 + 2\cdot\left(-\sqrt{\frac{1}{2}}\right) + 3 = \frac{1}{2} - 2\cdot\sqrt{\frac{1}{2}} + 3 = 3\frac{1}{2} - 2\sqrt{\frac{1}{2}}$$

$$S_2\left(-\sqrt{\frac{1}{2}} \,\bigg|\, 3\frac{1}{2} - 2\sqrt{\frac{1}{2}}\right)$$

b) Die beiden Punkte S_1 und S_2 liegen auf einer Geraden mit der Geradengleichung $y = mx + t$.
Die Steigung m und der y-Achsenabschnitt t müssen berechnet werden.

1. Möglichkeit:
Einsetzen der beiden Punkte in die allgemeine Geradengleichung:

$$S_1\left(\sqrt{\frac{1}{2}} \,\bigg|\, 3{,}5 + 2\sqrt{\frac{1}{2}}\right) \;\Rightarrow\; x = \sqrt{\frac{1}{2}};\; y = 3{,}5 + 2\sqrt{\frac{1}{2}}$$

$$3{,}5 + 2\sqrt{\frac{1}{2}} = m\cdot\sqrt{\frac{1}{2}} + t \quad (1)$$

$$S_2\left(-\sqrt{\frac{1}{2}} \,\bigg|\, 3{,}5 - 2\sqrt{\frac{1}{2}}\right) \;\Rightarrow\; x = -\sqrt{\frac{1}{2}};\; y = 3{,}5 - 2\sqrt{\frac{1}{2}}$$

$$3{,}5 - 2\sqrt{\frac{1}{2}} = m\cdot\left(-\sqrt{\frac{1}{2}}\right) + t \quad (2)$$

Man erhält das folgende Gleichungssystem:

$$(1) \quad 3{,}5 + 2\sqrt{\frac{1}{2}} = m\cdot\sqrt{\frac{1}{2}} + t$$

$$(2) \quad 3{,}5 - 2\sqrt{\frac{1}{2}} = -m\cdot\sqrt{\frac{1}{2}} + t$$

$(1) + (2)$: $\quad 7 = 2t \quad\Rightarrow\quad t = 3{,}5$

$(1) - (2)$: $\quad 2\cdot 2\cdot\sqrt{\frac{1}{2}} = 2\cdot m\cdot\sqrt{\frac{1}{2}} \quad\Rightarrow\quad 4 = 2m \quad\Rightarrow\quad m = 2$

Das führt zur Geradengleichung:
h: y = 2x + 3,5

2. Möglichkeit:
Berechnung der Steigung m über das Steigungsdreieck $m = \frac{\Delta y}{\Delta x}$:

$$\Delta y = y_{s_2} - y_{s_1} = 3{,}5 - 2\sqrt{\frac{1}{2}} - \left(3{,}5 + 2\sqrt{\frac{1}{2}}\right)$$

$$= 3{,}5 - 2\sqrt{\frac{1}{2}} - 3{,}5 - 2\sqrt{\frac{1}{2}} = -4\sqrt{\frac{1}{2}}$$

$$\Delta x = x_{s_2} - x_{s_1} = -\sqrt{\frac{1}{2}} - \sqrt{\frac{1}{2}} = -2\sqrt{\frac{1}{2}}$$

$$m = \frac{\Delta y}{\Delta x} = \frac{-4\sqrt{\frac{1}{2}}}{-2\sqrt{\frac{1}{2}}} = 2$$

$$y = 2x + t$$

Man erhält t durch Einsetzen eines Punktes:

$$S_1\left(\sqrt{\frac{1}{2}} \,\middle|\, 3{,}5 + 2\sqrt{\frac{1}{2}}\right) \Rightarrow x = \sqrt{\frac{1}{2}};\ y = 3{,}5 + 2\sqrt{\frac{1}{2}}$$

$$3{,}5 + 2\sqrt{\frac{1}{2}} = 2 \cdot \sqrt{\frac{1}{2}} + t \quad \Big| -2\sqrt{\frac{1}{2}}$$

$$3{,}5 = t$$

Das führt zur Geradengleichung:
h: y = 2x + 3,5

76. Die Gleichungen für s_{Mo} und s_{Au} sind Funktionsgleichungen. s_{Mo} beschreibt eine Ursprungsgerade, s_{Au} eine Parabel mit dem Scheitel im Ursprung. Die beiden Fahrzeuge treffen sich in dem Schnittpunkt der beiden Graphen.

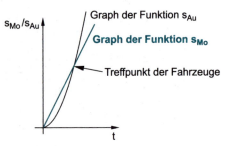

Gleichsetzen: $\quad s_{Mo} = s_{Au}$

$$15\,\frac{m}{s} \cdot t = 4\,\frac{m}{s^2} \cdot t^2 \quad \Big| -15\,\frac{m}{s} \cdot t$$

$$0 = 4\,\frac{m}{s^2} \cdot t^2 - 15\,\frac{m}{s} \cdot t$$

$$0 = t \cdot \left(4\,\frac{m}{s^2} \cdot t - 15\,\frac{m}{s}\right)$$

$t_1 = 0 \text{ s}$

$4 \frac{m}{s^2} \cdot t_2 - 15 \frac{m}{s} = 0 \qquad \Big| +15 \frac{m}{s}$

$\qquad 4 \frac{m}{s^2} \cdot t_2 = 15 \frac{m}{s} \qquad \Big| :4 \frac{m}{s^2}$

$\qquad\qquad t_2 = \dfrac{15 \frac{m}{s}}{4 \frac{m}{s^2}} \qquad\qquad \dfrac{m}{s} : \dfrac{m}{s^2} = \dfrac{m}{s} \cdot \dfrac{s^2}{m} = \dfrac{s}{1} = s$

$\qquad\qquad t_2 = 3,75 \text{ s}$

Zur Zeit $t_1 = 0$ s startet das Auto, auch zu diesem Zeitpunkt sind die beiden Fahrzeuge gleichauf. Nach $t_2 = 3,75$ s hat das Auto das Motorrad eingeholt. Für die Strecke muss $t_2 = 3,75$ s in eine der beiden Bewegungsgleichungen eingesetzt werden:

$s_{Mo}(t) = 15 \frac{m}{s} \cdot t$

$s_{Mo}(3,75 \text{ s}) = 15 \frac{m}{s} \cdot 3,75 \text{ s} = 56,25 \text{ m}$

Nach **56,25 m** hat das Auto das Motorrad eingeholt.

77. Die allgemeine Geradengleichung lautet $y = mx + t$.
Es werden zwei Gleichungen benötigt, um m und t zu bestimmen.
Die erste Gleichung erhält man, indem man die Koordinaten des Berührpunktes in die allgemeine Geradengleichung einsetzt:
$f(x) = x^2 + x - 3$
$f(-1) = (-1)^2 + (-1) - 3 = 1 - 1 - 3 = -3$
Der gemeinsame Punkt der Geraden und der Parabel ist $P(-1|-3)$.
Die Koordinaten dieses Punktes müssen die Geradengleichung erfüllen:
$y = mx + t$
$-3 = m(-1) + t$
$-3 = -m + t \qquad$ 1. Gleichung

Die Parabel und die Gerade dürfen bei Berührung nur einen Schnittpunkt haben. Gleichsetzen liefert:

$\qquad x^2 + x - 3 = mx + t \quad |-mx$
$\qquad x^2 + x - mx - 3 = t \quad |-t$
$\qquad x^2 + x - mx - 3 - t = 0$
$x^2 + (1-m)x + (-3-t) = 0$

Eine Lösung bedeutet $D = 0$:
$D = b^2 - 4ac = (1-m)^2 - 4 \cdot 1 \cdot (-3-t)$
$\quad = 1^2 - 2m + m^2 - 4(-3-t) = 1 - 2m + m^2 + 12 + 4t$
$\quad = m^2 - 2m + 13 + 4t$
$m^2 - 2m + 13 + 4t = 0 \qquad$ 2. Gleichung

Gleichungssystem zur Berechnung von m und t:
$-3 = -m + t$ (1) $\Rightarrow$ $t = -3 + m$ (*)
$m^2 - 2m + 13 + 4t = 0$ (2)

$t = -3 + m$ in (2):
$m^2 - 2m + 13 + 4 \cdot (-3 + m) = 0$
$m^2 - 2m + 13 - 12 + 4m = 0$
$m^2 + 2m + 1 = 0$ \hfill Binomische Formel
$(m+1)^2 = 0$
$m = -1$

$m = -1$ in (*):
$t = -3 + (-1) = -4$

Die gesuchte Geradengleichung ist **y = −x − 4**.

78. a) (1) $x + y + z = 4$
(2) $y - 2z = 5$
(3) $5z = 6$

(3) $5z = 6$ $|:5$ Auflösen nach einer Variablen
$\mathbf{z = 1\tfrac{1}{5}}$

(2) $y - 2 \cdot 1\tfrac{1}{5} = 5$ Einsetzen des Terms in die anderen Gleichungen

$y - 2\tfrac{2}{5} = 5$ $| +2\tfrac{2}{5}$

$\mathbf{y = 7\tfrac{2}{5}}$

(1) $x + 7\tfrac{2}{5} + 1\tfrac{1}{5} = 4$

$x + 8\tfrac{3}{5} = 4$ $| -8\tfrac{3}{5}$

$\mathbf{x = -4\tfrac{3}{5}}$

Probe für $x = -4\tfrac{3}{5}$, $y = 7\tfrac{2}{5}$ und $z = 1\tfrac{1}{5}$:

(1) $-4\tfrac{3}{5} + 7\tfrac{2}{5} + 1\tfrac{1}{5} = 4$ ✓

(2) $7\tfrac{2}{5} - 2 \cdot 1\tfrac{1}{5} = 5$ ✓

(3) $5 \cdot 1\tfrac{1}{5} = 6$ ✓

Die Gleichungen sind erfüllt, die Rechnung ist damit richtig:
$\mathbb{L} = \left\{ \left(-4\tfrac{3}{5}; 7\tfrac{2}{5}; 1\tfrac{1}{5}\right) \right\}$

b) (1) $\quad x - y + z = 3$
   (2) $\quad\quad y - z = 4$
   (3) $\quad 2y + 4z = -3$

   (2) $\quad y - z = 4 \quad\quad\quad\quad |+z$ Auflösen nach einer Variablen
   $\quad\quad\quad \mathbf{y = 4 + z}$ (*)

   (1) $\quad x - (4 + z) + z = 3$ Einsetzen des Terms in die
   $\quad\quad x - 4 - z + z = 3$ anderen Gleichungen
   $\quad\quad\quad x - 4 = 3 \quad\quad |+4$
   $\quad\quad\quad\quad \mathbf{x = 7}$

   (2) $\quad 2 \cdot (4 + z) + 4z = -3$
   $\quad\quad 8 + 2z + 4z = -3$
   $\quad\quad\quad 8 + 6z = -3 \quad\quad |-8$
   $\quad\quad\quad\quad 6z = -11 \quad\quad |:6$
   $\quad\quad\quad\quad \mathbf{z = -1\tfrac{5}{6}}$

   $z = -1\tfrac{5}{6}$ in (*):   Bestimmen der dritten Variablen

   $y = 4 + \left(-1\tfrac{5}{6}\right) = 4 - 1\tfrac{5}{6} = 2\tfrac{1}{6}$

   Probe für $x = 7$, $y = 2\tfrac{1}{6}$ und $z = -1\tfrac{5}{6}$:

   (1) $\quad 7 - 2\tfrac{1}{6} + \left(-1\tfrac{5}{6}\right) = 3$ ✓

   (2) $\quad\quad 2\tfrac{1}{6} - \left(-1\tfrac{5}{6}\right) = 4$ ✓

   (3) $\quad 2 \cdot 2\tfrac{1}{6} + 4 \cdot \left(-1\tfrac{5}{6}\right) = -3$ ✓

   Die Gleichungen sind erfüllt, die Rechnung ist damit richtig:
   $\mathbb{L} = \left\{\left(7;\, 2\tfrac{1}{6};\, -1\tfrac{5}{6}\right)\right\}$

c) (1) $\quad x - y - z = 2$
   (2) $\quad 2x - 3y + 4z = 4$
   (3) $\quad x + 2y + 8z = 6$

   (1) $\quad x - y - z = 2 \quad\quad\quad |+y+z$ Auflösen nach einer Variablen
   $\quad\quad \mathbf{x = 2 + y + z}$ (*)

   (2) $\quad 2 \cdot (2 + y + z) - 3y + 4z = 4$ Einsetzen des Terms in die
   $\quad\quad 4 + 2y + 2z - 3y + 4z = 4 \quad |-4$ anderen Gleichungen
   $\quad\quad\quad -y + 6z = 0 \quad\quad |+y$
   (2') $\quad\quad\quad\quad \mathbf{6z = y}$

   (3) $\quad 2 + y + z + 2y + 8z = 6$
   $\quad\quad 2 + 3y + 9z = 6 \quad\quad |-2$
   (3') $\quad\quad\quad \mathbf{3y + 9z = 4}$

(2')   6z = y
(3')   3y + 9z = 4

y = 6z in (3'):
3 · 6z + 9z = 4
18z + 9z = 4
27z = 4 |:27

$$z = \frac{4}{27}$$

$z = \frac{4}{27}$ in (2'):

$$y = 6 \cdot \frac{4}{27} = \frac{8}{9}$$

$y = \frac{8}{9}$ und $z = \frac{4}{27}$ in (*):

$$x = 2 + \frac{8}{9} + \frac{4}{27} = 3\frac{1}{27}$$

Probe für $x = 3\frac{1}{27}$, $y = \frac{8}{9}$ und $z = \frac{4}{27}$:

(1) $3\frac{1}{27} - \frac{8}{9} - \frac{4}{27} = 2$ ✓

(2) $2 \cdot 3\frac{1}{27} - 3 \cdot \frac{8}{9} + 4 \cdot \frac{4}{27} = 4$ ✓

(3) $3\frac{1}{27} + 2 \cdot \frac{8}{9} + 8 \cdot \frac{4}{27} = 6$ ✓

Die Gleichungen sind erfüllt, die Rechnung ist damit richtig:

$$\mathbb{L} = \left\{ \left(3\frac{1}{27}; \frac{8}{9}; \frac{4}{27} \right) \right\}$$

Lösen des neuen Gleichungssystems

Bestimmen der dritten Variablen

d) (1)   2x + 2y = 3
   (2)   x + y − z = −2
   (3)   2y − 5z = 4

   (2)   x + y − z = −2 |−y + z   Auflösen nach einer Variablen
         x = −2 − y + z (*)

   (1)   2 · (−2 − y + z) + 2y = 3   Einsetzen des Terms in die
         −4 − 2y + 2z + 2y = 3   anderen Gleichungen
         −4 + 2z = 3 |+4
         2z = 7 |:2
   (1')   **z = 3,5**

   (3)   2y − 5z = 4 |+5z
         2y = 4 + 5z |:2
   (3')   **y = 2 + 2,5z**

(1') z = 3,5   Lösen des neuen Gleichungs-
(3') y = 2 + 2,5z   systems

z = 3,5 in (3'):
y = 2 + 2,5 · 3,5 = **10,75**

z = 3,5 und y = 10,75 in (*):   Bestimmen der dritten Variablen
x = −2 − 10,75 + 3,5 = **−9,25**

Probe für x = −9,25, y = 10,75 und z = 3,5:
(1) 2·(−9,25) + 2·10,75 = 3   ✓
(2) −9,25 + 10,75 − 3,5 = −2 ✓
(3) 2·10,75 − 5·3,5 = 4   ✓

Die Gleichungen sind erfüllt, die Rechnung ist damit richtig:
$\mathbb{L} = \{-9,25;\ 10,75;\ 3,5\}$

e) (1) x − y = z
   (2) x + y = 3
   (3) x + z = 2y − 1

   (1) **z = x − y**   (*)   Auflösen nach einer Variablen

   (2) **x + y = 3**   Einsetzen des Terms in die anderen
                                                Gleichungen
   (3) x + x − y = 2y − 1
        2x − y = 2y − 1 | +y
   (3')   **2x = 3y − 1**

   (2) x + y = 3   ⇒ x = 3 − y (**)   Lösen des neuen Gleichungs-
   (3') 2x = 3y − 1   systems

   x = 3 − y in (3'):
   2·(3 − y) = 3y − 1
        6 − 2y = 3y − 1 | +2y
             6 = 5y − 1 | +1
             7 = 5y | :5
             $y = 1\frac{2}{5}$

   $y = 1\frac{2}{5}$ in (**):
   $x = 3 - 1\frac{2}{5} = \mathbf{1\frac{3}{5}}$

   $x = 1\frac{3}{5}$ und $y = 1\frac{2}{5}$ in (*):   Bestimmen der dritten Variablen
   $z = 1\frac{3}{5} - 1\frac{2}{5} = \mathbf{\frac{1}{5}}$

Probe für $x = 1\frac{3}{5}$, $y = 1\frac{2}{5}$ und $z = \frac{1}{5}$:

(1) $1\frac{3}{5} - 1\frac{2}{5} = \frac{1}{5}$ ✓

(2) $1\frac{3}{5} + 1\frac{2}{5} = 3$ ✓

(3) $1\frac{3}{5} + \frac{1}{5} = 2 \cdot 1\frac{2}{5} - 1$ ✓

Die Gleichungen sind erfüllt, die Rechnung ist damit richtig:

$$\mathbb{L} = \left\{\left(1\frac{3}{5}; 1\frac{2}{5}; \frac{1}{5}\right)\right\}$$

f) (1) $\quad x + 2y - z = 5$
 (2) $\quad 3x + 6y + 3z = 2$
 (3) $\quad -2x - 4y - 5 = 0$

(1)	$x + 2y - z = 5$	$\vert +z - 5$	Auflösen nach einer Variablen
	$\mathbf{z = x + 2y - 5}$ $\quad$ (*)		
(2)	$3x + 6y + 3 \cdot (x + 2y - 5) = 2$		Einsetzen des Terms in die anderen Gleichungen
	$3x + 6y + 3x + 6y - 15 = 2$		
	$6x + 12y - 15 = 2$	$\vert +15$	
(2')	$\mathbf{6x + 12y = 17}$		
(3)	$\mathbf{-2x - 4y - 5 = 0}$		

(2') $\quad 6x + 12y = 17$ $\qquad\qquad$ Lösen des neuen
(3) $\quad -2x - 4y - 5 = 0$ $\qquad\qquad$ Gleichungssystems

Gleichung (3) wird nach x aufgelöst:

(3) $\quad -2x - 4y - 5 = 0$ $\qquad \vert +4y + 5$
$\qquad\quad -2x = 4y + 5$ $\qquad\quad \vert : (-2)$
$\qquad\qquad \mathbf{x = -2y - 2{,}5}$ $\quad$ (**)

$x = -2y - 2{,}5$ in (2'):
$6 \cdot (-2y - 2{,}5) + 12y = 17$
$\quad -12y - 15 + 12y = 17$ $\quad \vert +15$
$\qquad\qquad\qquad 0 = 32$ ↯

Die Gleichung liefert eine falsche Aussage, das Gleichungssystem ist **nicht lösbar**.

g) (1) $\quad a - b + c = 1$
 (2) $\quad -a - b - c = -4$
 (3) $\quad a + c = 3$

(1)	$a - b + c = 1$	$\vert +b - c$	Auflösen nach einer Variablen
	$\mathbf{a = b - c + 1}$ $\quad$ (*)		

(2) $\quad -(b-c+1)-b-c=-4$
$\quad\quad -b+c-1-b-c=-4$
$\quad\quad\quad\quad\quad -2b-1=-4 \qquad |+1$
$\quad\quad\quad\quad\quad\quad -2b=-3 \qquad |:(-2)$
$\quad\quad\quad\quad\quad\quad\quad b=\dfrac{3}{2}$

Einsetzen des Terms in die anderen Gleichungen

(3) $\quad b-c+1+c=3$
$\quad\quad\quad b+1=3 \qquad |-1$
$\quad\quad\quad\quad b=2$ ↯

Die Gleichung liefert eine falsche Aussage, das Gleichungssystem ist **nicht lösbar**.

h) (1) $\quad 2x+y-3z=1$
  (2) $\quad x+3y-9z=-2$
  (3) $\quad -3x-2y+6z=3$

(1) $\quad 2x+y-3z=1 \qquad |-2x+3z$
$\quad\quad y=1-2x+3z$

Auflösen nach einer Variablen

(2) $\quad x+3\cdot(1-2x+3z)-9z=-2$
$\quad\quad x+3-6x+9z-9z=-2$
$\quad\quad\quad\quad -5x+3=-2 \qquad |-3$
$\quad\quad\quad\quad\quad -5x=-5 \qquad |:(-5)$
$\quad\quad\quad\quad\quad\quad x=1$

Einsetzen des Terms in die anderen Gleichungen

(3) $\quad -3x-2\cdot(1-2x+3z)+6z=3$
$\quad\quad -3x-2+4x-6z+6z=3$
$\quad\quad\quad\quad\quad x-2=3 \qquad |+2$
$\quad\quad\quad\quad\quad\quad x=5$ ↯

Die Gleichung liefert eine falsche Aussage, das Gleichungssystem ist **nicht lösbar**.

i) (1) $\quad \dfrac{1}{2}x+\dfrac{1}{3}y-\dfrac{1}{5}z=-\dfrac{2}{5}$

  (2) $\quad \dfrac{3}{2}x+y-\dfrac{2}{5}z=1$

  (3) $\quad \dfrac{1}{3}x+\dfrac{2}{3}y-z=\dfrac{1}{3}$

(3) $\quad \dfrac{1}{3}x+\dfrac{2}{3}y-z=\dfrac{1}{3} \qquad \left|+z-\dfrac{1}{3}\right.$

Auflösen nach einer Variablen

$\quad\quad z=\dfrac{1}{3}x+\dfrac{2}{3}y-\dfrac{1}{3}\quad (*)$

(1) $\quad \frac{1}{2}x + \frac{1}{3}y - \frac{1}{5}\cdot\left(\frac{1}{3}x + \frac{2}{3}y - \frac{1}{3}\right) = -\frac{2}{5}$ Einsetzen des Terms in die anderen Gleichungen

$\qquad\qquad \frac{1}{2}x + \frac{1}{3}y - \frac{1}{15}x - \frac{2}{15}y + \frac{1}{15} = -\frac{2}{5}$

$\qquad\qquad\qquad \frac{13}{30}x + \frac{1}{5}y + \frac{1}{15} = -\frac{2}{5} \qquad \left|-\frac{1}{15}\right.$

$\qquad\qquad\qquad\qquad \frac{13}{30}x + \frac{1}{5}y = -\frac{7}{15} \qquad |\cdot 5$

$\qquad\qquad\qquad\qquad\qquad \frac{13}{6}x + y = -\frac{7}{3}$

(1') $\qquad\qquad\qquad\qquad 2\frac{1}{6}x + y = -2\frac{1}{3}$

(2) $\quad \frac{3}{2}x + y - \frac{2}{5}\cdot\left(\frac{1}{3}x + \frac{2}{3}y - \frac{1}{3}\right) = 1$

$\qquad\qquad \frac{3}{2}x + y - \frac{2}{15}x - \frac{4}{15}y + \frac{2}{15} = 1$

$\qquad\qquad\qquad 1\frac{11}{30}x + \frac{11}{15}y + \frac{2}{15} = 1 \qquad \left|-\frac{2}{15}\right.$

$\qquad\qquad\qquad\qquad \frac{41}{30}x + \frac{11}{15}y = \frac{13}{15} \qquad |\cdot 15$

$\qquad\qquad\qquad\qquad \frac{41}{2} + 11y = 13$

(2') $\qquad\qquad\qquad 20\frac{1}{2}x + 11y = 13$

(1') $\;\; 2\frac{1}{6}x + y = -2\frac{1}{3} \;\;\Rightarrow\;\; y = -2\frac{1}{6}x - 2\frac{1}{3}$ (**)   Lösen des neuen Gleichungssystems

(2') $\;\; 20\frac{1}{2}x + 11y = 13$

$y = -2\frac{1}{6}x - 2\frac{1}{3}$ in (2'):

$20\frac{1}{2}x + 11\cdot\left(-2\frac{1}{6}x - 2\frac{1}{3}\right) = 13$

$\qquad 20\frac{1}{2}x - 23\frac{5}{6}x - 25\frac{2}{3} = 13 \qquad \left|+25\frac{2}{3}\right.$

$\qquad\qquad\qquad -3\frac{1}{3}x = 38\frac{2}{3} \qquad \left|:\left(-3\frac{1}{3}\right)\right.$

$\qquad\qquad\qquad\qquad x = -11\frac{3}{5}$

$x = -11\frac{3}{5}$ in (**):

$y = -2\frac{1}{6} \cdot \left(-11\frac{3}{5}\right) - 2\frac{1}{3} = 22\frac{4}{5}$

$x = -11\frac{3}{5}$ und $y = 22\frac{4}{5}$ in (*): Bestimmen der dritten Variablen

$z = \frac{1}{3} \cdot \left(-11\frac{3}{5}\right) + \frac{2}{3} \cdot 22\frac{4}{5} - \frac{1}{3} = -3\frac{13}{15} + 15\frac{1}{5} - \frac{1}{3} = 11$

Probe für $x = -11\frac{3}{5}$, $y = 22\frac{4}{5}$ und $z = 11$:

(1) $\frac{1}{2} \cdot \left(-11\frac{3}{5}\right) + \frac{1}{3} \cdot 22\frac{4}{5} - \frac{1}{5} \cdot 11 = -\frac{2}{5}$ ✓

(2) $\frac{3}{2} \cdot \left(-11\frac{3}{5}\right) + 22\frac{4}{5} - \frac{2}{5} \cdot 11 = 1$ ✓

(3) $\frac{1}{3} \cdot \left(-11\frac{3}{5}\right) + \frac{2}{3} \cdot 22\frac{4}{5} - 11 = \frac{1}{3}$ ✓

Die Gleichungen sind erfüllt, die Rechnung ist damit richtig:

$\mathbb{L} = \left\{\left(-11\frac{3}{5}; 22\frac{4}{5}; 11\right)\right\}$

j) (1) $\frac{1}{3}x + \frac{2}{5}y - 3 = 0$

(2) $\frac{3}{5}x - \frac{1}{2}z = 2$

(3) $\frac{3}{4}y = \frac{4}{3}z$

(3) $\frac{3}{4}y = \frac{4}{3}z$ $\quad\big|\cdot\frac{3}{4}\quad$ Auflösen nach einer Variablen

$z = \frac{9}{16}y$ (*)

(1) $\frac{1}{3}x + \frac{2}{5}y - 3 = 0$ $\quad|+3\quad$ Einsetzen des Terms in die anderen Gleichungen

$\frac{1}{3}x + \frac{2}{5}y = 3$ $\quad|\cdot 3$

(1') $x + 1\frac{1}{5}y = 9$

(2) $\frac{3}{5}x - \frac{1}{2} \cdot \frac{9}{16}y = 2$

(2') $\frac{3}{5}x - \frac{9}{32}y = 2$

(1') $x + 1\frac{1}{5}y = 9 \Rightarrow x = 9 - 1\frac{1}{5}y$ (**) Lösen des neuen Gleichungssystems

(2') $\frac{3}{5}x - \frac{9}{32}y = 2$

$x = 9 - 1\frac{1}{5}y$ in (2'):

$\frac{3}{5} \cdot \left(9 - 1\frac{1}{5}y\right) - \frac{9}{32}y = 2$

$5\frac{2}{5} - \frac{18}{25}y - \frac{9}{32}y = 2 \quad \Big| -5\frac{2}{5}$

$-1\frac{1}{800}y = -3\frac{2}{5} \quad \Big| :\left(-1\frac{1}{800}\right)$

$y = 3\frac{317}{801}$

$y = 3\frac{317}{801}$ in (**):

$x = 9 - 1\frac{1}{5} \cdot 3\frac{317}{801} = 4\frac{247}{267}$

$y = 3\frac{317}{801}$ in (*): Bestimmen der dritten Variablen

$z = \frac{9}{16} \cdot 3\frac{317}{801} = 1\frac{81}{89}$

Probe für $x = 4\frac{247}{267}$, $y = 3\frac{317}{801}$ und $z = 1\frac{81}{89}$:

(1) $\frac{1}{3} \cdot 4\frac{247}{267} + \frac{2}{5} \cdot 3\frac{317}{801} - 3 = 0$ ✓

(2) $\frac{3}{5} \cdot 4\frac{247}{267} - \frac{1}{2} \cdot 1\frac{81}{89} = 2$ ✓

(3) $\frac{3}{4} \cdot 3\frac{317}{801} = \frac{4}{3} \cdot 1\frac{81}{89}$ ✓

Die Gleichungen sind erfüllt, die Rechnung ist damit richtig:

$\mathbb{L} = \left\{ \left(4\frac{247}{267}; 3\frac{317}{801}; 1\frac{81}{89}\right) \right\}$

79. a) A(2|9), B(–1|6), C(1|2)
Alle drei Punkte erfüllen die Funktionsgleichung.
Punkt A: $9 = 4a + 2b + c$ (1)
Punkt B: $6 = a - b + c$ (2)
Punkt C: $2 = a + b + c$ (3)

(1) $\quad 9 = 4a + 2b + c \qquad\qquad\qquad |-4a-2b\quad$ Auflösen nach einer Variablen
$\quad\;\; \mathbf{9 - 4a - 2b = c} \qquad (*)$

(2) $\quad 6 = a - b + 9 - 4a - 2b$
$\quad\quad\; 6 = -3a - 3b + 9 \qquad\qquad |-9 \qquad\quad$ Einsetzen des Terms in die anderen Gleichungen
$\quad\; -3 = -3a - 3b \qquad\qquad\qquad |:(-3)$

(2') $\quad \mathbf{1 = a + b}$

(3) $\quad 2 = a + b + 9 - 4a - 2b$
$\quad\quad\; 2 = -3a - b + 9 \qquad\qquad\; |-9$

(3') $\quad \mathbf{-7 = -3a - b}$

(2') $\quad 1 = a + b \quad \Rightarrow \quad b = 1 - a \;\;(**) \qquad$ Lösen des neuen Gleichungssystems
(3') $\quad -7 = -3a - b$

$b = 1 - a$ in (3'):
$-7 = -3a - (1 - a)$
$-7 = -3a - 1 + a$
$-7 = -2a - 1 \qquad\qquad |+1$
$-6 = -2a \qquad\qquad\quad\; |:(-2)$
$\;\;\mathbf{3 = a}$

$a = 3$ in (**):
$b = 1 - 3 = \mathbf{-2}$

$a = 3$ und $b = -2$ in (*): $\qquad\qquad\qquad\qquad\qquad$ Bestimmen der dritten Variablen
$c = 9 - 4 \cdot 3 - 2 \cdot (-2) = 9 - 12 + 4 = \mathbf{1}$

Die Funktionsgleichung für die gesuchte Parabel lautet:
$\mathbf{y = 3x^2 - 2x + 1}$

Probe:
A(2|9): $\quad 9 = 3 \cdot 2^2 - 2 \cdot 2 + 1 \quad\checkmark$
B(−1|6): $\;6 = 3 \cdot (-1)^2 - 2 \cdot (-1) + 1 \;\checkmark$
C(1|2): $\quad 2 = 3 \cdot 1^2 - 2 \cdot 1 + 1 \quad\;\checkmark$

Alle drei Gleichungen sind erfüllt, die Probe war erfolgreich.

b) A(1|3), B(3|−7), C(−2|−12)
Alle drei Punkte erfüllen die Funktionsgleichung.
Punkt A: $\quad 3 = a + b + c \quad$ (1)
Punkt B: $\;-7 = 9a + 3b + c \quad$ (2)
Punkt C: $-12 = 4a - 2b + c \quad$ (3)

(1) $\quad 3 = a + b + c \qquad\qquad\qquad\quad |-b-c \qquad$ Auflösen nach einer Variablen
$\quad\;\;\mathbf{a = 3 - b - c} \qquad (*)$

(2) $\;\; -7 = 9 \cdot (3 - b - c) + 3b + c \qquad\qquad\qquad$ Einsetzen des Terms in die anderen Gleichungen
$\quad -7 = 27 - 9b - 9c + 3b + c$
$\quad -7 = 27 - 6b - 8c \qquad\qquad |-27$
$\quad -34 = -6b - 8c \qquad\qquad\;\; |:(-2)$

(2') $\quad \mathbf{17 = 3b + 4c}$

(3) $-12 = 4\cdot(3-b-c)-2b+c$
     $-12 = 12-4b-4c-2b+c$
     $-12 = 12-6b-3c$ $\quad |-12$
     $-24 = -6b-3c$ $\quad |:(-3)$
(3')   **$8 = 2b+c$**

(2') $17 = 3b+4c$ Lösen des neuen Gleichungs-
(3') $8 = 2b+c \Rightarrow c = 8-2b$ (**)   systems

$c = 8-2b$ in (2'):
 $17 = 3b+4\cdot(8-2b)$
 $17 = 3b+32-8b$
 $17 = -5b+32$ $\quad |-32$
 $-15 = -5b$ $\quad |:(-5)$
 $b = 3$

$b = 3$ in (**):
$c = 8-2\cdot 3 = $ **2**

$b = 3$ und $c = 2$ in (*):   Bestimmen der dritten
$a = 3-3-2 = $ **−2**   Variablen

Die Funktionsgleichung für die gesuchte Parabel lautet:
$y = -2x^2 + 3x + 2$

Probe:
A(1|3): $\quad 3 = -2\cdot 1^2 + 3\cdot 1 + 2$ ✓
B(3|−7): $\quad -7 = -2\cdot 3^2 + 3\cdot 3 + 2$ ✓
C(−2|−12): $-12 = -2\cdot(-2)^2 + 3\cdot(-2) + 2$ ✓

Alle drei Gleichungen sind erfüllt, die Probe war erfolgreich.

c) A(−1|8), B(1|−2), C(−2|25)
Alle drei Punkte erfüllen die Funktionsgleichung.
Punkt A: $\quad 8 = a - b + c$ (1)
Punkt B: $\quad -2 = a + b + c$ (2)
Punkt C: $\quad 25 = 4a - 2b + c$ (3)

(1) $8 = a - b + c$ $\quad |+b-c$ Auflösen nach einer Variablen
     $a = 8 + b - c$ (*)

(2) $-2 = 8 + b - c + b + c$ Einsetzen des Terms in die
     $-2 = 8 + 2b$ $\quad |-8$ anderen Gleichungen
     $-10 = 2b$ $\quad |:2$
(2') **$b = -5$**

(3) $25 = 4\cdot(8+b-c)-2b+c$
     $25 = 32+4b-4c-2b+c$
     $25 = 32+2b-3c$ $\quad |-32$
(3') **$-7 = 2b-3c$**

(2') $b = -5$ Lösen des neuen
(3') $-7 = 2b-3c$ Gleichungssystems

b = −5 in (3'):
−7 = 2·(−5) − 3c
−7 = −10 − 3c |+10
  3 = −3c |:(−3)
c = −1

b = −5 und c = −1 in (*):   Bestimmen der dritten
a = 8 + (−5) − (−1) = 8 − 5 + 1 = **4**   Variablen

Die Funktionsgleichung für die gesuchte Parabel lautet:
y = 4x² − 5x − 1

Probe:
A(−1|8):   8 = 4·(−1)² − 5·(−1) − 1   ✓
B(1|−2):   −2 = 4·1² − 5·1 − 1   ✓
C(−2|25): 25 = 4·(−2)² − 5·(−2) − 1   ✓

Alle drei Gleichungen sind erfüllt, die Probe war erfolgreich.

d) A(−2|−3), B(2|−7), C(1|−3)
Alle drei Punkte erfüllen die Funktionsgleichung.
Punkt A: −3 = 4a − 2b + c   (1)
Punkt B: −7 = 4a + 2b + c   (2)
Punkt C: −3 = a + b + c   (3)

(1)   −3 = 4a − 2b + c |−4a + 2b   Auflösen nach einer Variablen
      c = −3 − 4a + 2b (*)

(2)   −7 = 4a + 2b + (−3 − 4a + 2b)   Einsetzen des Terms in die
      −7 = 4b − 3 |+3   anderen Gleichungen
      −4 = 4b |:4
(2') **b = −1**

(3)   −3 = a + b + (−3 − 4a + 2b)
      −3 = −3a + 3b − 3 |+3
       0 = −3a + 3b |:3
(3') **0 = −a + b**

(2') b = −1   Lösen des neuen Gleichungs-
(3') 0 = −a + b   systems

b = −1 in (3'):
0 = −a + (−1)
0 = −a − 1 |+a
a = −1

a = −1 und b = −1 in (*):   Bestimmen der dritten
c = −3 − 4·(−1) + 2·(−1) = −3 + 4 − 2 = **−1**   Variablen

Die Funktionsgleichung für die gesuchte Parabel lautet:
y = −x² − x − 1

Probe:
A(−2|−3): $-3 = -(-2)^2 - (-2) - 1$ ✓
B(2|−7): $-7 = -2^2 - 2 - 1$ ✓
C(1|−3): $-3 = -1^2 - 1 - 1$ ✓
Alle drei Gleichungen sind erfüllt, die Probe war erfolgreich.

e) $A(0|-1)$, $B\left(-1 \middle| -1\frac{1}{6}\right)$, $C\left(3 \middle| 3\frac{1}{2}\right)$

Alle drei Punkte erfüllen die Funktionsgleichung.

Punkt A: $\quad -1 = c \quad$ (1)

Punkt B: $\quad -1\frac{1}{6} = a - b + c \quad$ (2)

Punkt C: $\quad 3\frac{1}{2} = 9a + 3b + c \quad$ (3)

(1) **c = −1**   Auflösen nach einer Variablen

(2) $\quad -1\frac{1}{6} = a - b + (-1)$ Einsetzen des Terms in die anderen Gleichungen

$\quad\quad -1\frac{1}{6} = a - b - 1 \quad |+1$

(2') $\quad \mathbf{-\dfrac{1}{6} = a - b}$

(3) $\quad 3\frac{1}{2} = 9a + 3b + (-1)$

$\quad\quad 3\frac{1}{2} = 9a + 3b - 1 \quad |+1$

(3') $\quad \mathbf{4\dfrac{1}{2} = 9a + 3b}$

(2') $\quad -\dfrac{1}{6} = a - b \quad \Rightarrow \quad a = -\dfrac{1}{6} + b \quad$ (*)   Lösen des neuen Gleichungssystems

(3') $\quad 4\dfrac{1}{2} = 9a + 3b$

$a = -\dfrac{1}{6} + b$ in (3'):

$4\dfrac{1}{2} = 9 \cdot \left(-\dfrac{1}{6} + b\right) + 3b$

$4\dfrac{1}{2} = -1\dfrac{1}{2} + 9b + 3b \quad\quad |+1\dfrac{1}{2}$

$6 = 12b \quad\quad\quad\quad\quad\quad |:12$

$\mathbf{b = \dfrac{1}{2}}$

$b = \frac{1}{2}$ in (*):

$a = -\frac{1}{6} + \frac{1}{2} = \frac{1}{3}$

Die Funktionsgleichung für die gesuchte Parabel lautet:

$y = \frac{1}{3}x^2 + \frac{1}{2}x - 1$

Probe:

$A(0\,|\,-1)$: $\quad -1 = \frac{1}{3} \cdot 0^2 + \frac{1}{2} \cdot 0 - 1 \quad$ ✓

$B\left(-1\,\middle|\,-1\frac{1}{6}\right)$: $-1\frac{1}{6} = \frac{1}{3} \cdot (-1)^2 + \frac{1}{2} \cdot (-1) - 1$ ✓

$C\left(3\,\middle|\,3\frac{1}{2}\right)$: $\quad 3\frac{1}{2} = \frac{1}{3} \cdot 3^2 + \frac{1}{2} \cdot 3 - 1 \quad$ ✓

Alle drei Gleichungen sind erfüllt, die Probe war erfolgreich.

f) $A\left(1\,\middle|\,-\frac{23}{60}\right), B\left(5\,\middle|\,-7\frac{43}{60}\right), C\left(3\,\middle|\,-2\frac{13}{20}\right)$

Alle drei Punkte erfüllen die Funktionsgleichung.

Punkt A: $\quad -\frac{23}{60} = a + b + c \quad$ (1)

Punkt B: $\quad -7\frac{43}{60} = 25a + 5b + c \quad$ (2)

Punkt C: $\quad -2\frac{13}{20} = 9a + 3b + c \quad$ (3)

(1) $\quad -\frac{23}{60} = a + b + c \qquad\qquad |-b-c\quad$ Auflösen nach einer Variablen

$\qquad a = -\frac{23}{60} - b - c \qquad$ (*)

(2) $\quad -7\frac{43}{60} = 25 \cdot \left(-\frac{23}{60} - b - c\right) + 5b + c \qquad$ Einsetzen des Terms in die anderen Gleichungen

$\qquad -7\frac{43}{60} = -9\frac{7}{12} - 25b - 25c + 5b + c$

$\qquad -7\frac{43}{60} = -9\frac{7}{12} - 20b - 24c \qquad |+9\frac{7}{12}$

(2') $\quad 1\frac{13}{15} = -20b - 24c$

(3) $\quad -2\dfrac{13}{20} = 9 \cdot \left(-\dfrac{23}{60} - b - c\right) + 3b + c$

$\quad\quad -2\dfrac{13}{20} = -3\dfrac{9}{20} - 9b - 9c + 3b + c \quad\quad \Big| +3\dfrac{8}{20}$

$\quad\quad\quad \dfrac{4}{5} = -6b - 8c \quad\quad\quad\quad\quad\quad\quad |:8$

(3') $\quad \dfrac{1}{10} = -\dfrac{3}{4}b - c$

(2') $\quad 1\dfrac{13}{15} = -20b - 24c \quad\quad\quad\quad$ Lösen des neuen Gleichungssystems

(3') $\quad \dfrac{1}{10} = -\dfrac{3}{4}b - c \quad \Rightarrow \quad c = -\dfrac{3}{4}b - \dfrac{1}{10}$ (**)

$c = -\dfrac{3}{4}b - \dfrac{1}{10}$ in (2'):

$1\dfrac{13}{15} = -20b - 24 \cdot \left(-\dfrac{3}{4}b - \dfrac{1}{10}\right)$

$1\dfrac{13}{15} = -20b + 18b + 2\dfrac{2}{5} \quad\quad \Big| -2\dfrac{2}{5}$

$-\dfrac{8}{15} = -2b \quad\quad\quad\quad\quad\quad\quad |:(-2)$

$\quad\quad \mathbf{b = \dfrac{4}{15}}$

$b = \dfrac{4}{15}$ in (**):

$c = -\dfrac{3}{4} \cdot \dfrac{4}{15} - \dfrac{1}{10} = -\dfrac{3}{10}$

$b = \dfrac{4}{15}$ und $c = -\dfrac{3}{10}$ in (*): $\quad\quad$ Bestimmen der dritten Variablen

$a = -\dfrac{23}{60} - \dfrac{4}{15} - \left(-\dfrac{3}{10}\right) = -\dfrac{7}{20}$

Die Funktionsgleichung für die gesuchte Parabel lautet:

$y = -\dfrac{7}{20}x^2 + \dfrac{4}{15}x - \dfrac{3}{10}$

Probe:

$A\left(1 \mid -\frac{23}{60}\right): \quad -\frac{23}{60} = -\frac{7}{20} \cdot 1^2 + \frac{4}{15} \cdot 1 - \frac{3}{10}$ ✓

$B\left(5 \mid -7\frac{43}{60}\right): \quad -7\frac{43}{60} = -\frac{7}{20} \cdot 5^2 + \frac{4}{15} \cdot 5 - \frac{3}{10}$ ✓

$C\left(3 \mid -2\frac{13}{20}\right): \quad -2\frac{13}{20} = -\frac{7}{20} \cdot 3^2 + \frac{4}{15} \cdot 3 - \frac{3}{10}$ ✓

Alle drei Gleichungen sind erfüllt, die Probe war erfolgreich.

g) A(1|–2), B(–3|10), C(2|–5)

Alle drei Punkte erfüllen die Funktionsgleichung.

Punkt A: $-2 = a + b + c$ (1)
Punkt B: $10 = 9a - 3b + c$ (2)
Punkt C: $-5 = 4a + 2b + c$ (3)

(1) $-2 = a + b + c$ |$-b-c$ Auflösen nach einer Variablen
     a = –2 – b – c   (*)

(2) $10 = 9 \cdot (-2 - b - c) - 3b + c$ Einsetzen des Terms in die
    $10 = -18 - 9b - 9c - 3b + c$ anderen Gleichungen
    $10 = -18 - 12b - 8c$ |+18
(2') **28 = –12b – 8c**

(3) $-5 = 4 \cdot (-2 - b - c) + 2b + c$
    $-5 = -8 - 4b - 4c + 2b + c$
    $-5 = -8 - 2b - 3c$ |+8
    $3 = -2b - 3c$ |:2
(3') **1,5 = –b – 1,5c**

(2') $28 = -12b - 8c$ Lösen des neuen Gleichungs-
(3') $1,5 = -b - 1,5c$ $\Rightarrow$ $b = -1,5 - 1,5c$ (**) systems

$b = -1,5 - 1,5c$ in (2'):
$28 = -12 \cdot (-1,5 - 1,5c) - 8c$
$28 = 18 + 18c - 8c$ |–18
$10 = 10c$ |:10
 c = 1

c = 1 in (**):
$b = -1,5 - 1,5 \cdot 1 = \mathbf{-3}$

b = –3 und c = 1 in (*):   Bestimmen der dritten
$a = -2 - (-3) - 1 = \mathbf{0}$ Variablen

Die Funktionsgleichung lautet:
$y = 0 \cdot x^2 - 3 \cdot x + 1$
y = –3x + 1

Das ist die Funktionsgleichung einer Geraden, nicht einer Parabel.

Probe:
A(1|−2): $-2 = -3 \cdot 1 + 1$ ✓
B(−3|10): $10 = -3 \cdot (-3) + 1$ ✓
C(2|−5): $-5 = -3 \cdot 2 + 1$ ✓
Alle drei Gleichungen sind erfüllt, die Probe war erfolgreich.

80. a) Hunderterziffer x
Zehnerziffer y } Quersumme der Zahl: x + y + z
Einerziffer z

Quersumme ist 9:
x + y + z = 9

Addiert man die Einerziffer mit der Hunderterziffer, erhält man 6:
x + z = 6

Subtrahiert man die Zehnerziffer von der Hunderterziffer, ergibt der Differenzwert −1:
x − y = −1

Das führt zu folgendem Gleichungssystem:
(1) x + y + z = 9
(2)   x + z = 6
(3)   x − y = −1

(1) x + y + z = 9 | −y − z   Auflösen nach einer Variablen
     x = 9 − y − z (*)

(2) 9 − y − z + z = 6
         9 − y = 6 | +y − 6   Einsetzen des Terms in die
(2')   **y = 3**   anderen Gleichungen

(3) 9 − y − z − y = −1
     9 − 2y − z = −1 | −9
     −2y − z = −10 | · (−1)
(3') **2y + z = 10**

(2')   y = 3   Lösen des neuen Gleichungs-
(3') 2y + z = 10   systems

y = 3 in (3'):
2 · 3 + z = 10
  6 + z = 10 | −6
    z = 4

y = 3 und z = 4 in (*):   Bestimmen der dritten Variablen
x = 9 − 3 − 4 = **2**

x = 2, y = 3 und z = 4 stehen für die dreistellige Zahl **234**.

Probe:
Quersumme: $2+3+4=9$ ✓
Addition der Einer- und Hunderterziffer: $2+4=6$ ✓
Subtraktion der Zehnerziffer von der Hunderterziffer: $2-3=-1$ ✓
Die Aussagen sind wahr. Die Probe war erfolgreich.

b) Gesucht sind drei Zahlen: x, y und z.
Paarweise Addition bedeutet $x+y$, $x+z$ und $y+z$.
(1) $\quad x+y=2$
(2) $\quad x+z=4$
(3) $\quad y+z=32$

(1) $\quad x+y=2 \qquad |-y \qquad$ Auflösen nach einer Variablen
$\qquad \mathbf{x=2-y} \quad$ (*)

(2) $\quad 2-y+z=4 \qquad |-2 \qquad$ Einsetzen des Terms in die an-
(2') $\quad \mathbf{-y+z=2} \qquad\qquad\qquad$ deren Gleichungen

(3) $\quad \mathbf{y+z=32}$

(2') $\quad -y+z=2 \quad \Rightarrow \quad z=2+y \quad$ (**) $\qquad$ Lösen des neuen Gleichungs-
(3) $\quad y+z=32 \qquad\qquad\qquad\qquad\qquad\qquad$ systems

$z=2+y$ in (3):
$y+2+y=32$
$\quad 2y+2=32 \qquad |-2$
$\quad\quad 2y=30 \qquad |:2$
$\quad\quad\ \mathbf{y=15}$

$y=15$ in (**):
$z=2+15=\mathbf{17}$

$y=15$ und $z=17$ in (*): $\qquad$ Bestimmen der dritten
$x=2-15=\mathbf{-13}\qquad\qquad\qquad\quad$ Variablen

Die drei gesuchten Zahlen sind **–13**, **15** und **17**.

Probe:
$-13+15=2 \quad$ ✓
$-13+17=4 \quad$ ✓
$\ \ 15+17=32 \quad$ ✓

Die Aussagen sind wahr. Die Probe war erfolgreich.

81. Die gegebenen Größen werden in Form eine Tabelle verdeutlicht:

	Cappuccino	Eiskaffee	Kuchen	Betrag
Felix	–	1	1	6,10 €
Robert	1	–	2	7,20 €
Stefan	2	1	1	11,30 €

Die gesuchten Beträge werden mit Platzhaltern bezeichnet:
x: Kosten für einen Cappuccino
y: Kosten für einen Eiskaffee
z: Kosten für ein Stück Kuchen

Das führt zu folgenden Gleichungen:
Felix: $1 \cdot y + 1 \cdot z = 6{,}10$ (1)
Robert: $1 \cdot x \qquad + 2 \cdot z = 7{,}20$ (2)
Stefan: $2 \cdot x + 1 \cdot y + 1 \cdot z = 11{,}30$ (3)

(1) $y + z = 6{,}10$ $|-z$ Auflösen nach einer Variablen
         $y = 6{,}10 - z$ (*)

(2)   **$x + 2z = 7{,}20$**   Einsetzen des Terms in die anderen
                                                Gleichungen

(3) $2x + 6{,}10 - z + z = 11{,}30$
         $2x + 6{,}10 = 11{,}30$ $|-6{,}10$
         $2x = 5{,}20$ $|:2$
(3')   **$x = 2{,}60$**

(2) $x + 2z = 7{,}20$ Lösen des neuen Gleichungssystems
(3') $x = 2{,}60$

$x = 2{,}60$ in (2):
$2{,}60 + 2z = 7{,}20$ $|-2{,}60$
         $2z = 4{,}60$ $|:2$
         $z = 2{,}30$

$x = 2{,}60$ und $z = 2{,}30$ in (*):   Bestimmen der dritten Variablen
$y = 6{,}10 - 2{,}30 = \mathbf{3{,}80}$

Damit kostet Cappuccino **2,60 €**, Eiskaffee **3,80 €** und ein Stück Kuchen **2,30 €**.

Probe:
Felix: $3{,}80\ € + 2{,}30\ € = 6{,}10\ €$ ✓
Robert: $2{,}60\ € + 2 \cdot 2{,}30\ € = 7{,}20\ €$ ✓
Stefan: $2 \cdot 2{,}60\ € + 3{,}80\ € + 2{,}30\ € = 11{,}30\ €$ ✓
Die Probe war erfolgreich, die Rechnung ist damit richtig.

82. J: Alter von Jakob   Zuordnung der Größen
      D: Alter von David
      L: Alter von Leon
   (1) $J + D + L = 77$ Alle zusammen sind 77 Jahre alt.
   (2) $D = L + 8$ David ist 8 Jahre älter als Leon.
   (3) $D = 2 \cdot J$ Jakob ist doppelt so alt wie David.

   (2)   **$D = L + 8$**   (*)   Auflösen nach einer Variablen

   (1) $J + L + 8 + L = 77$ Einsetzen des Terms in die anderen
         $J + 2 \cdot L + 8 = 77$ $|-8$ Gleichungen
   (1')   **$J + 2 \cdot L = 69$**

(3) L + 8 = 2 · J | −8
(3')   **L = 2 · J − 8**

(3')   L = 2J − 8   Lösen des neuen Gleichungs-
(1')   J + 2L = 69   systems

L = 2J − 8 in (2'):
J + 2 · (2J − 8) = 69
  J + 4J − 16 = 69
      5J − 16 = 69 | +16
          5J = 85 | :5
          J = 17

J = 17 in (3'):
L = 2 · 17 − 8 = **26**

L = 26 in (*):   Bestimmen der dritten Variablen
D = 26 + 8 = **34**

Jakob ist **17** Jahre, David **34** Jahre und Leon **26** Jahre alt.

83. a) Einsetzen der Punkte in die allgemeine Scheitelpunktform:
$P(1|1)$: $1 = a \cdot (1+c)^2 + d$ $\Rightarrow$ $1 = a \cdot (1 + 2c + c^2) + d$
$Q(2|3)$: $3 = a \cdot (2+c)^2 + d$ $\Rightarrow$ $3 = a \cdot (4 + 4c + c^2) + d$
$R(-1|3)$: $3 = a \cdot (-1+c)^2 + d$ $\Rightarrow$ $3 = a \cdot (1 - 2c + c^2) + d$

(1) $1 = a + 2ac + ac^2 + d$
(2) $3 = 4a + 4ac + ac^2 + d$
(3) $3 = a - 2ac + ac^2 + d$

(1)   **d = 1 − a − 2ac − ac²**   (*)   Auflösen nach einer Variablen

(2) $3 = 4a + 4ac + ac^2 + 1 - a - 2ac - ac^2$ Einsetzen des Terms in die
      $3 = 3a + 2ac + 1$ | −1   anderen Gleichungen
(2') **2 = 3a + 2ac**

(3) $3 = a - 2ac + ac^2 + 1 - a - 2ac - ac^2$
      $3 = -4ac + 1$ | −1
(3') **2 = −4ac**

(2') $2 = 3a + 2ac$ Lösen des neuen Gleichungs-
                          $c \neq 0$ systems
(3') $2 = -4ac$ $\Rightarrow$ $a = -\dfrac{1}{2c}$ (**)

$a = -\frac{1}{2c}$ in (2'):

$$2 = 3 \cdot \left(-\frac{1}{2c}\right) + 2 \cdot \left(-\frac{1}{2c}\right) \cdot c$$

$$2 = -\frac{3}{2c} - 1 \qquad |+1$$

$$3 = -\frac{3}{2c} \qquad |\cdot 2c$$

$$6c = -3 \qquad |:6$$

$$\mathbf{c = -\frac{1}{2}}$$

$c = -\frac{1}{2}$ in (**):

$$a = -\frac{1}{2 \cdot \left(-\frac{1}{2}\right)} = \mathbf{1}$$

$a = 1$ und $c = -\frac{1}{2}$ in (*):   Bestimmen der dritten Variablen

$$d = 1 - 1 - 2 \cdot 1 \cdot \left(-\frac{1}{2}\right) - 1 \cdot \left(-\frac{1}{2}\right)^2 = 1 - 1 + 1 - \frac{1}{4} = \mathbf{\frac{3}{4}}$$

Die Scheitelpunktform der gesuchten Parabel lautet:

$$\mathbf{y = \left(x - \frac{1}{2}\right)^2 + \frac{3}{4}}$$

Der Scheitelpunkt hat die Koordinaten $\mathbf{S\left(\frac{1}{2} \mid \frac{3}{4}\right)}$.

Probe:

P(1|1): $1 = \left(1 - \frac{1}{2}\right)^2 + \frac{3}{4}$ ✓

Q(2|3): $3 = \left(2 - \frac{1}{2}\right)^2 + \frac{3}{4}$ ✓

R(−1|3): $3 = \left(-1 - \frac{1}{2}\right)^2 + \frac{3}{4}$ ✓

Alle drei Gleichungen sind erfüllt, die Probe war erfolgreich.

b) Einsetzen der Punkte in die allgemeine Scheitelpunktform:

P(1|0): $0 = a \cdot (1+c)^2 + d \quad \Rightarrow \quad 0 = a \cdot (1 + 2c + c^2) + d$

Q(−1|8): $8 = a \cdot (-1+c)^2 + d \quad \Rightarrow \quad 8 = a \cdot (1 - 2c + c^2) + d$

R(2|5): $5 = a \cdot (2+c)^2 + d \quad \Rightarrow \quad 5 = a \cdot (4 + 4c + c^2) + d$

(1) $\quad 0 = a + 2ac + ac^2 + d$
(2) $\quad 8 = a - 2ac + ac^2 + d$
(3) $\quad 5 = 4a + 4ac + ac^2 + d$

(1) $\quad \mathbf{d = -a - 2ac - ac^2}$ $\quad$ (*) $\hspace{2cm}$ Auflösen nach einer Variablen

(2) $\quad\quad 8 = a - 2ac + ac^2 - a - 2ac - ac^2$ $\hspace{1cm}$ Einsetzen des Terms in die
$\quad\quad\quad 8 = -4ac$ $\hspace{5cm}$ anderen Gleichungen
(2') $\quad \mathbf{-2 = ac}$

(3) $\quad\quad 5 = 4a + 4ac + ac^2 - a - 2ac - ac^2$
$\quad\quad\quad 5 = 3a + 2ac$
(3') $\quad \mathbf{5 = a \cdot (3 + 2c)}$

(2') $\quad -2 = ac \quad\quad \overset{c \neq 0}{\Rightarrow} \quad a = -\dfrac{2}{c}$ (**) $\hspace{1cm}$ Lösen des neuen Gleichungs-
(3') $\quad 5 = a \cdot (3 + 2c)$ $\hspace{6cm}$ systems

$a = -\dfrac{2}{c}$ in (3'):

$5 = -\dfrac{2}{c} \cdot (3 + 2c)$

$5 = -\dfrac{6}{c} - 4 \quad\quad |+4$

$9 = -\dfrac{6}{c} \quad\quad\quad |\cdot c$

$9c = -6 \quad\quad\quad |:9$

$\mathbf{c = -\dfrac{2}{3}}$

$c = -\dfrac{2}{3}$ in (**):

$a = -\dfrac{2}{-\dfrac{2}{3}} = \mathbf{3}$

$a = 3$ und $c = -\dfrac{2}{3}$ in (*): $\hspace{3cm}$ Bestimmen der dritten Variablen

$d = -3 - 2 \cdot 3 \cdot \left(-\dfrac{2}{3}\right) - 3 \cdot \left(-\dfrac{2}{3}\right)^2 = -3 + 4 - \dfrac{4}{3} = \mathbf{-\dfrac{1}{3}}$

Die Scheitelpunktform der gesuchten Parabel lautet:

$\mathbf{y = 3 \cdot \left(x - \dfrac{2}{3}\right)^2 - \dfrac{1}{3}}$

Der Scheitelpunkt hat die Koordinaten $\mathbf{S\left(\dfrac{2}{3} \mid -\dfrac{1}{3}\right)}$.

Probe:

$P(1|0):\quad 0 = 3 \cdot \left(1 - \frac{2}{3}\right)^2 - \frac{1}{3}$ ✓

$Q(-1|8):\quad 8 = 3 \cdot \left(-1 - \frac{2}{3}\right)^2 - \frac{1}{3}$ ✓

$R(2|5):\quad 5 = 3 \cdot \left(2 - \frac{2}{3}\right)^2 - \frac{1}{3}$ ✓

Alle drei Gleichungen sind erfüllt, die Probe war erfolgreich.

c) Einsetzen der Punkte in die allgemeine Scheitelpunktform:
$P(1|-1):\quad -1 = a \cdot (1+c)^2 + d \quad \Rightarrow \quad -1 = a \cdot (1 + 2c + c^2) + d$
$Q(-1|5):\quad 5 = a \cdot (-1+c)^2 + d \quad \Rightarrow \quad 5 = a \cdot (1 - 2c + c^2) + d$
$R(-3|11):\quad 11 = a \cdot (-3+c)^2 + d \quad \Rightarrow \quad 11 = a \cdot (9 - 6c + c^2) + d$

(1) $\;-1 = a + 2ac + ac^2 + d$
(2) $\;\;\;5 = a - 2ac + ac^2 + d$
(3) $\;11 = 9a - 6ac + ac^2 + d$

(1) $\mathbf{d = -1 - a - 2ac - ac^2}$ (*)   Auflösen nach einer Variablen

(2) $\;\;\;5 = a - 2ac + ac^2 - 1 - a - 2ac - ac^2$ Einsetzen des Terms in die
$\quad\;\; 5 = -4ac - 1 \quad |+1$ anderen Gleichungen
(2') $\mathbf{6 = -4ac}$

(3) $\;11 = 9a - 6ac + ac^2 - 1 - a - 2ac - ac^2$
$\quad\;\; 11 = 8a - 8ac - 1 \quad |+1$
$\quad\;\; 12 = 8a - 8ac$
(3') $\mathbf{12 = 8a \cdot (1 - c)}$

(2') $\quad 6 = -4ac \quad \overset{c \neq 0}{\Rightarrow} \quad a = \frac{-3}{2c}$ (**)   Lösen des neuen Gleichungs-
(3') $\quad 12 = 8a(1-c)$ systems

$a = -\frac{3}{2c}$ in (3'):

$12 = 8 \cdot \left(-\frac{3}{2c}\right) \cdot (1 - c)$

$12 = -\frac{12}{c} \cdot (1 - c)$

$12 = -\frac{12}{c} + 12 \quad |-12$

$\mathbf{0 = -\frac{12}{c}}$ ↯

Das Gleichungssystem ist nicht lösbar. Es gibt keine Parabel, auf der die Punkte P, Q und R liegen.

d) Einsetzen der Punkte in die allgemeine Scheitelpunktform:

$P(2|7,5)$: $7,5 = a \cdot (2+c)^2 + d$ $\Rightarrow$ $7,5 = a \cdot (4+4c+c^2) + d$
$Q(-3|7,5)$: $7,5 = a \cdot (-3+c)^2 + d$ $\Rightarrow$ $7,5 = a \cdot (9-6c+c^2) + d$
$R(0,5|-3)$: $-3 = a \cdot (0,5+c)^2 + d$ $\Rightarrow$ $-3 = a \cdot (0,25+c+c^2) + d$

(1) $7,5 = 4a + 4ac + ac^2 + d$
(2) $7,5 = 9a - 6ac + ac^2 + d$
(3) $-3 = 0,25a + ac + ac^2 + d$

(1)   **$d = 7,5 - 4a - 4ac - ac^2$**   (*)   Auflösen nach einer Variablen

(2) $7,5 = 9a - 6ac + ac^2 + 7,5 - 4a - 4ac - ac^2$ Einsetzen des Terms
      $7,5 = 5a - 10ac + 7,5$ $|-7,5$ in die anderen
      $0 = 5a - 10ac$ Gleichungen
(2') **$0 = 5a(1-2c)$**

(3) $-3 = 0,25a + ac + ac^2 + 7,5 - 4a - 4ac - ac^2$
            $-3 = -3,75a - 3ac + 7,5$ $|-7,5$
         $-10,5 = -3,75a - 3ac$
(3') **$-10,5 = a \cdot (-3,75 - 3c)$**

(2') $0 = 5a \cdot (1-2c)$ $\overset{a \neq 0}{\Rightarrow}$ $1-2c = 0$ $\Rightarrow$ $c = \dfrac{1}{2}$ Lösen des neuen
(3') **$-10,5 = a \cdot (-3,75 - 3c)$**   Gleichungssystems

$c = \dfrac{1}{2}$ in (3'):

$-10,5 = a \cdot \left(-3,75 - 3 \cdot \dfrac{1}{2}\right)$
$-10,5 = a \cdot (-5,25)$ $|:(-5,25)$
   $a = 2$

$a = 2$ und $c = \dfrac{1}{2}$ in (*):   Bestimmen der dritten Variablen

$d = 7,5 - 4 \cdot 2 - 4 \cdot 2 \cdot \dfrac{1}{2} - 2 \cdot \left(\dfrac{1}{2}\right)^2 = 7,5 - 8 - 4 - \dfrac{1}{2} = \mathbf{-5}$

Die Scheitelpunktform der gesuchten Parabel lautet:

$$y = 2 \cdot \left(x + \dfrac{1}{2}\right)^2 - 5$$

Der Scheitelpunkt hat die Koordinaten $S\left(-\dfrac{1}{2} \mid -5\right)$.
Probe:

$P(2|7,5)$: $7,5 = 2 \cdot \left(2 + \dfrac{1}{2}\right)^2 - 5$ ✓

$Q(-3|7,5)$: $7,5 = 2 \cdot \left(-3 + \dfrac{1}{2}\right)^2 - 5$ ✓

$R(0,5|-3)$: $-3 = 2 \cdot \left(0,5 + \dfrac{1}{2}\right)^2 - 5$ ✓

Alle drei Gleichungen sind erfüllt, die Probe war erfolgreich.

84. a) Das Dreieck ABC wird durch folgende drei Gleichungen beschrieben:
(1) $a + b + c = 12$
(2) $a^2 + b^2 = c^2$
(3) $5 \cdot (b - a) = c$

(3) $\mathbf{c = 5 \cdot (b - a)}$ (*)   Auflösen nach einer Variablen

(2) $a^2 + b^2 = [5 \cdot (b-a)]^2$ Einsetzen des Terms in die anderen Gleichungen
$a^2 + b^2 = 25 \cdot (b-a)^2$
$a^2 + b^2 = 25(b^2 - 2ab + a^2)$
$a^2 + b^2 = 25b^2 - 50ab + 25a^2$ $|-a^2 - b^2$
(2') $\mathbf{0 = 24b^2 - 50ab + 24a^2}$

(1) $a + b + 5 \cdot (b - a) = 12$
$a + b + 5b - 5a = 12$
$-4a + 6b = 12$ $|:2$
(3') $\mathbf{-2a + 3b = 6}$

(2') $0 = 24b^2 - 50ab + 24a^2$ Lösen des neuen Gleichungssystems
(3') $-2a + 3b = 6 \Rightarrow 2a = 3b - 6$
$a = 1{,}5b - 3$ (**)

$a = 1{,}5b - 3$ in (2'):

$0 = 24b^2 - 50 \cdot (1{,}5b - 3) \cdot b + 24 \cdot (1{,}5b - 3)^2$

$0 = 24b^2 - 75b^2 + 150b + 24 \cdot \left(\frac{9}{4}b^2 - 9b + 9\right)$

$0 = 24b^2 - 75b^2 + 150b + 54b^2 - 216b + 216$

$0 = 3b^2 - 66b + 216$ $|:3$

$\mathbf{0 = b^2 - 22b + 72}$

$b_{1/2} = \dfrac{22 \pm \sqrt{22^2 - 4 \cdot 1 \cdot 72}}{2 \cdot 1} = \dfrac{22 \pm \sqrt{196}}{2} = \dfrac{22 \pm 14}{2} = 11 \pm 7$

$b_1 = 18$ $\mathbf{b_2 = 4}$

$b_1 = 18$ in (**): $b_2 = 4$ in (**):
$a_1 = 1{,}5 \cdot 18 - 3 = 24$ $a_2 = 1{,}5 \cdot 4 - 3 = \mathbf{3}$

$a_1 = 24$ und $b_1 = 18$ in (*): $a_2 = 3$ und $b_2 = 4$ in (*):
$c_1 = 5 \cdot (18 - 24) = -30$ $c_2 = 5 \cdot (4 - 3) = \mathbf{5}$

Eine negative Seitenlänge führt zu einem Widerspruch.

Das gesuchte Dreieck ABC hat die Seitenlängen **a = 3 cm**, **b = 4 cm** und **c = 5 cm**.

Probe:
3 cm + 4 cm + 5 cm = 12 cm ✓
(3 cm)² + (4 cm)² = (5 cm)² ✓
5·(4 cm − 3 cm) = 5 cm ✓

Die Aussagen sind wahr. Die Probe war erfolgreich.

b) Das Dreieck ist rechtwinklig. Der Satz des Pythagoras ist erfüllt:
$$a^2 + b^2 = c^2$$
$$\underbrace{(3\,\text{cm})^2 + (4\,\text{cm})^2}_{\text{Katheten}} = \underbrace{(5\,\text{cm})^2}_{\text{Hypotenuse}}$$

85. Die Zufallsvariablen werden definiert:
1: Es wird eine 1 gewürfelt.   2: Es wird eine 2 gewürfelt.
3: Es wird eine 3 gewürfelt.   4: Es wird eine 4 gewürfelt.
5: Es wird eine 5 gewürfelt.   6: Es wird eine 6 gewürfelt.

a) A: Im zweiten Versuch wird die erste 6 gewürfelt.

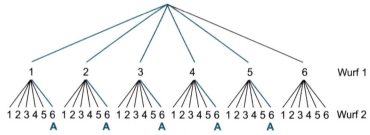

Mithilfe der farbig eingezeichneten Pfade kann das Ereignis A bestimmt werden.
A = {(1; 6); (2; 6); (3; 6); (4; 6); (5; 6)}
Die Anzahl der Möglichkeiten entspricht der Mächtigkeit der Menge A:
|A| = **5**.

b) B: Im dritten Versuch wird die erste 6 gewürfelt.
Das Baumdiagramm besteht aus 216 Pfaden.
Passender Ausschnitt aus dem Baumdiagramm:

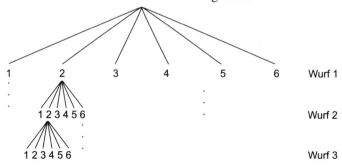

Zum Abzählen ist das Baumdiagramm zu groß. Daher überlegt man sich Schritt für Schritt die Anzahl der Möglichkeiten:
Würfelt man zuerst eine 1, so erhält man für das Ereignis B folgende Tupel:
(1; 1; 6), (1; 2; 6), (1; 3; 6), (1; 4; 6) und (1; 5; 6)
Das sind 5 Möglichkeiten.

Würfelt man zuerst eine 2, so erhält man weitere 5 Möglichkeiten:
(2; 1; 6), (2; 2; 6), (2; 3; 6), (2; 4; 6) und (2; 5; 6)

Es kann ebenso zuerst eine 3, 4 oder 5 gewürfelt werden. Jede dieser ersten Zahlen ergibt weitere 5 Möglichkeiten für das Ergebnis B:
$|B| = 5+5+5+5+5 = 25$

c) C: Es werden bei drei Versuchen nur gerade Zahlen gewürfelt.
Es wird eine weitere Zufallsvariable definiert:
U: Es wird eine ungerade Zahl gewürfelt.
Zeichnung eines geeigneten Ausschnitts aus dem Baumdiagramm:

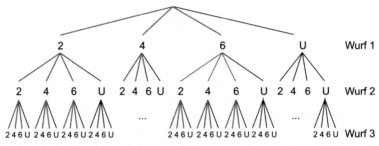

Jeder Pfad, der kein U beinhaltet, gehört zu dem gesuchten Ereignis C:
C = {(2; 2; 2); (2; 2; 4); (2; 2; 6); (2; 4; 2); (2; 4; 4); (2; 4; 6); (2; 6; 2); (2; 6; 4); (2; 6; 6); (4; 2; 2); ...; (6; 6; 4); (6; 6; 6)}

Würfelt man zuerst eine 2, so erhält man 9 Möglichkeiten, noch zwei weitere gerade Zahlen zu würfeln. Das gleiche gilt bei einer 4 und einer 6 für den ersten Würfelwert:
$|C| = 9+9+9 = 27$

d) D: Es werden bei drei Versuchen nur Primzahlen gewürfelt.
Mögliche Primzahlen sind 2, 3 und 5 (1 ist keine Primzahl).
Es wird eine weitere Zufallsvariable definiert:
$\overline{P}$: Es wird keine Primzahl gewürfelt.

Mit den Zufallsvariablen 2, 3, 5 und $\overline{P}$ wird ein Baumdiagramm gestaltet:

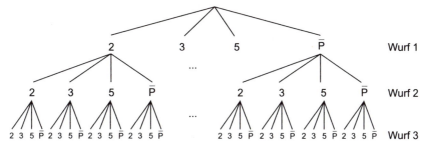

In den gesuchten Tupeln darf kein $\overline{P}$ vorkommen:
D = {(2; 2; 2); (2; 2; 3); (2; 2; 5); (2; 3; 2); (2; 3; 3); (2; 3; 5); (2; 5; 2);
(2; 5; 3); (2; 5; 5); (3; 2; 2); …; (3; 5; 5); (5; 2; 2); …; (5; 5; 5)}
|D| = **27**

e) E: Nach drei Versuchen ist die Gesamtsumme der erzielten Zahlen 11, wobei nur ungerade Zahlen gewürfelt werden.
Es wird eine weitere Zufallsvariable definiert:
G: Eine gerade Zahl wird gewürfelt.

Das Baumdiagramm beinhaltet 216 Pfade. Man überlegt zuerst, welche drei Zahlen addiert 11 ergeben:
3 + 3 + 5
1 + 5 + 5

Es wird ein Baumdiagramm gezeichnet, in dem nur die Zahlen 1, 3 und 5 vorkommen:

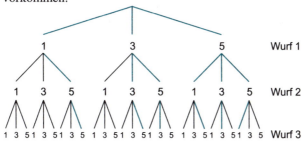

Die markierten Pfade gehören zu dem Ereignis E:
E = {(1; 5; 5); (3; 3; 5); (3; 5; 3); (5; 1; 5); (5; 3; 3); (5; 5; 1)}
|E| = **6**

f) F: In keinem der drei Versuche schafft man eine größere Zahl als 3. Die Summe aller drei erreichten Werte sei gerade.
Für die Ermittlung der Mächtigkeit von F wird ein Baumdiagramm gezeichnet, in dem nur die Zufallsvariablen 1, 2 und 3 vorkommen:

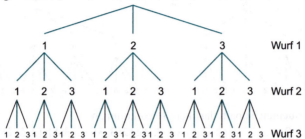

Die markierten Pfade gehören zu dem Ereignis F:
F = {(1; 1; 2); (1; 2; 1); (1; 2; 3); (1; 3; 2); (2; 1; 1); (2; 1; 3)
(2; 2; 2); (2; 3; 1); (2; 3; 3); (3; 1; 2); (3; 2; 1);
(3; 2; 3); (3; 3; 2)}
|F| = **13**

86. Zunächst werden die Zufallsvariablen definiert:
T: FC Trifftnix
K: TSV Kicker
F: FC Toll
1: 1. FC Fair
Die Anordnung der vier Mannschaften ist ein Zufallsexperiment, in dem unter Berücksichtigung der Reihenfolge ohne Zurücklegen gezogen wird:

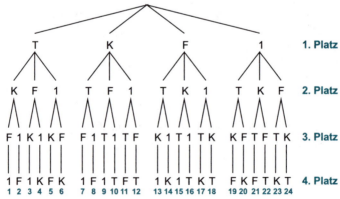

a) A: Anordnung der vier Mannschaften in einer Tabelle
Jeder Pfad steht für eine mögliche Anordnung:
|A| = **24**

b) B: Anordnung der vier Mannschaften in einer Tabelle
FC Trifftnix (T) ist auf Platz 4.
Das Baumdiagramm ändert sich mit dieser Festlegung von T.

Jeder Pfad steht wieder für eine Möglichkeit der Anordnung:
$|B| = 6$

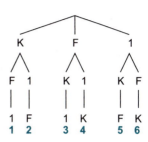

c) C: Anordnung der vier teilnehmenden Mannschaften
K und 1 belegen die ersten beiden Plätze.

Ist der 1. Platz vergeben, ist der Zweitplatzierte klar. Für den 3. Platz gibt es wieder zwei Möglichkeiten, der vierte Platz ist dann wieder eindeutig. Jeder Pfad beschreibt eine Möglichkeit für das zu untersuchende Ereignis C:
$|C| = 4$

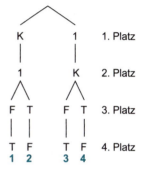

87. G: Es wird eine gelbe Kugel gezogen
B: Es wird eine blaue Kugel gezogen
W: Es wird eine weiße Kugel gezogen

a) mit Zurücklegen
Legt man die Kugeln wieder zurück, spaltet sich jeder Weg in drei mögliche Pfade auf. Man ist nicht in den Möglichkeiten beschränkt:

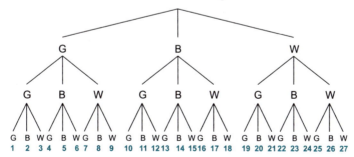

Jeder Pfad entspricht einer Möglichkeit. Die Anzahl der Pfade ist unabhängig von der Anzahl der Kugeln einer Farbe. Es gibt 27 mögliche Reihenfolgen für die Ziehung von drei Kugeln.

b) ohne Zurücklegen
   gelb   blau   weiß
   3 Kugeln   1 Kugel   2 Kugeln
   Die blaue Kugel kann nur einmal gezogen werden, die weiße nur zweimal.
   Zeichnung eines geeigneten Baumdiagramms:

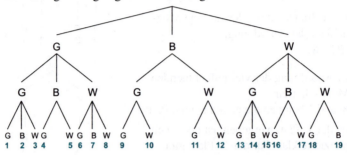

Die Anzahl der Kugeln einer Farbe ist unterschiedlich. Damit gibt es verschiedene Möglichkeiten der Aufspaltung innerhalb eines Pfades. Jeder Pfad steht für ein Ergebnis. Es gibt **19** verschiedene Möglichkeiten, drei Kugeln ohne Zurücklegen zu ziehen.

88. 1: Es wird eine 1 gewürfelt.   2: Es wird eine 2 gewürfelt.
3: Es wird eine 3 gewürfelt.   4: Es wird eine 4 gewürfelt.
5: Es wird eine 5 gewürfelt.   6: Es wird eine 6 gewürfelt.

a)

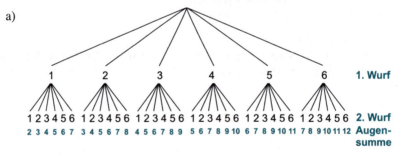

Die möglichen Augensummen sind 2, 3, 4, 5, 6, 7, 8, 9, 10, 11 und 12.

b) Die Augensumme 7 setzt sich aus (1; 6), (2; 5), (3; 4), (4; 3), (5; 2) und (6; 1) zusammen. Dies sind insgesamt **6 Möglichkeiten**.
(5; 6) und (6; 5) ergeben die Augensumme 11. Dies sind insgesamt **2 Möglichkeiten**.
Jeder Pfad, d. h. jede Zweierkombination, hat die gleiche Wahrscheinlichkeit.
Die Augensumme 7 ist wahrscheinlicher, da es 6 Möglichkeiten gibt, diese Augensumme zu erreichen. Im Gegensatz dazu gibt es nur 2 Möglichkeiten für die Augensumme 11.

c) | Augensumme | Anzahl der Pfade |

2: (1; 1)   1
3: (1; 2); (2; 1)   2
4: (1; 3); (2; 2); (3; 1)   3
5: (1; 4); (2; 3); (3; 2); (4; 1)   4
6: (1; 5); (2; 4); (3; 3); (4; 2); (5; 1)   5
7: (1; 6); (2; 5); (3; 4); (4; 3); (5; 2); (6; 1)   6
8: (2; 6); (3; 5); (4; 4); (5; 3); (6; 2)   5
9: (5; 4); (6; 3); (4; 5); (3; 6)   4
10: (5; 5); (4; 6); (6; 4)   3
11: (5; 6); (6; 5)   2
12: (6; 6)   1

Die Augensummen sind bei der gleichen Anzahl von Möglichkeiten gleich wahrscheinlich:

2 und 12   **je 1 Pfad**
3 und 11   **je 2 Pfade**
4 und 10   **je 3 Pfade**
5 und 9   **je 4 Pfade**
6 und 8   **je 5 Pfade**

Die Augensumme 7 ist mit 6 Pfaden am wahrscheinlichsten.

89. Sinnvolle Definition der Zufallsvariablen:
Z: Münze fällt auf Zahl.
K: Münze fällt auf Kopf.
Zeichnung eines geeigneten Baumdiaagramms:

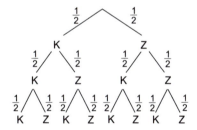

a) Es wird genau dreimal Zahl geworfen: ZZZ
Anwendung der 1. Pfadregel:
$$P(ZZZ) = \frac{1}{2} \cdot \frac{1}{2} \cdot \frac{1}{2} = \mathbf{\frac{1}{8}}$$

b) Nur beim zweiten Wurf erscheint Kopf: ZKZ
Anwendung der 1. Pfadregel: $P(ZKZ) = \frac{1}{2} \cdot \frac{1}{2} \cdot \frac{1}{2} = \mathbf{\frac{1}{8}}$

c) Nur beim ersten und zweiten Wurf erscheint Zahl: ZZK
Anwendung der 1. Pfadregel: $P(ZZK) = \frac{1}{2} \cdot \frac{1}{2} \cdot \frac{1}{2} = \frac{1}{8}$

d) Zahl; Kopf; Kopf: ZKK
Anwendung der 1. Pfadregel: $P(ZKK) = \frac{1}{2} \cdot \frac{1}{2} \cdot \frac{1}{2} = \frac{1}{8}$

e) Es wird genau dreimal Kopf geworfen: KKK
Anwendung der 1. Pfadregel: $P(KKK) = \frac{1}{2} \cdot \frac{1}{2} \cdot \frac{1}{2} = \frac{1}{8}$

90. In dem Zufallsexperiment zieht man Karten, ohne diese wieder zurückzulegen. Die Wahrscheinlichkeiten entlang des Pfades müssen sich verändern.

a) zwei Asse
Sinnvolle Definition der Zufallsvariablen:
A: Es wird ein Ass gezogen.
$\overline{A}$: Es wird kein Ass gezogen.
Zeichnung eines geeigneten Baumes:

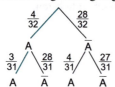

$\frac{3}{31}$: Nachdem ein Ass gezogen wurde, gibt es nur noch 31 Karten (Nenner) und 3 Asse (Zähler).

Anwendung der 1. Pfadregel: $P(AA) = \frac{4}{32} \cdot \frac{3}{31} = \frac{3}{248} \approx 1{,}2\,\%$

b) Herz Ass und Pik Ass
Sinnvolle Definition der Zufallsvariablen:
HA: Herz Ass wird gezogen.
PA: Pik Ass wird gezogen.
Zeichnung eines geeigneten Baumes:

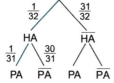

$\frac{1}{32}$: 32 Karten im Stoß, davon ist nur eine das Herz Ass.

$\frac{1}{31}$: Die erste Karte wurde nicht zurückgelegt. Die Anzahl der Karten ist 31 (Nenner), das Pik Ass ist einmalig.

Anwendung der 1. Pfadregel: $P(HAPA) = \frac{1}{32} \cdot \frac{1}{31} = \frac{1}{992} \approx 1{,}0\,\%_0$

c) zwei Karten mit der Farbe Herz
Sinnvolle Definition der Zufallsvariablen:
H: Herz
$\overline{H}$: kein Herz
Zeichnung eines geeigneten Baumes:

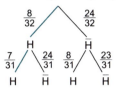

$\frac{7}{31}$: Die erste Karte (Herz) wurde nicht zurückgelegt. Der Kartenstoß beinhaltet nur noch 31 Karten, 7 davon haben die Farbe Herz.

Anwendung der 1. Pfadregel: $P(HH) = \frac{8}{32} \cdot \frac{7}{31} = \frac{1}{4} \cdot \frac{7}{31} = \frac{7}{124} \approx \mathbf{5{,}6\,\%}$

d) Herz König und eine zweite Karte mit Herz
Sinnvolle Definition der Zufallsvariablen:
HK: Herz König wird gezogen.
H: Herz wird gezogen.
Zeichnung eines geeigneten Baumes:

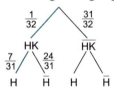

$\frac{1}{32}$: 32 Karten, davon ist nur eine der Herz König.

$\frac{7}{31}$: Nachdem der Herz König gezogen wurde, gibt es noch 7 Herz-Karten und 24 andere Karten im Stapel.

Anwendung der 1. Pfadregel: $P(HKH) = \frac{1}{32} \cdot \frac{7}{31} = \frac{7}{992} \approx \mathbf{0{,}7\,\%}$

e) ein Ass (nicht Herz) und eine beliebige Herzkarte
Sinnvolle Definition der Zufallsvariablen:
A: Ass (nicht Herz) wird gezogen.
H: Herz wird gezogen.
Zeichnung eines geeigneten Baumes:

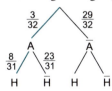

$\frac{3}{32}$: Von den 32 Karten gibt es 3 Asse, die nicht Herz sind.

$\frac{8}{31}$: Nach dem ersten Zug sind noch 31 Karten im Stapel. Keine der vorher gezogenen Asse hatte die Farbe Herz. Es sind damit noch 8 Herz-Karten im Stapel.

Anwendung der 1. Pfadregel: $P(AH) = \frac{3}{32} \cdot \frac{8}{31} = \frac{3}{124} \approx \mathbf{2{,}4\,\%}$

91. a) nur 1er
Sinnvolle Definition der Zufallsvariablen:
1: Der Würfel zeigt 1.
$\bar{1}$: Der Würfel zeigt keine 1 bzw. er zeigt 2, 3, 4, 5 oder 6.
Zeichnung eines geeigneten Baumes:

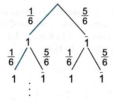

Anwendung der 1. Pfadregel:
$$P(11111) = \frac{1}{6} \cdot \frac{1}{6} \cdot \frac{1}{6} \cdot \frac{1}{6} \cdot \frac{1}{6} = \frac{1}{7776} \approx \mathbf{0{,}13\,\text{‰}}$$

b) keine 6
Sinnvolle Definition der Zufallsvariablen:
6: Der Würfel zeigt 6.
$\bar{6}$: Der Würfel zeigt keine 6.
Zeichnung eines geeigneten Baumes:

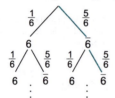

Anwendung der 1. Pfadregel:
$$P(\overline{66666}) = \frac{5}{6} \cdot \frac{5}{6} \cdot \frac{5}{6} \cdot \frac{5}{6} \cdot \frac{5}{6} = \frac{3125}{7776} \approx \mathbf{40{,}2\,\%}$$

c) 1 – 1 – 3 – 6 – 6
Sinnvolle Definition der Zufallsvariablen:
1: Der Würfel zeigt 1.
$\vdots$
6: Der Würfel zeigt 6.
Zeichnung eines geeigneten Baumes:

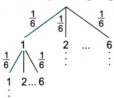

Jeder Zweig des Wahrscheinlichkeitsbaumes besitzt die Wahrscheinlichkeit $\frac{1}{6}$.

Anwendung der 1. Pfadregel:
$$P(11366) = \frac{1}{6} \cdot \frac{1}{6} \cdot \frac{1}{6} \cdot \frac{1}{6} \cdot \frac{1}{6} = \frac{1}{7776} \approx \mathbf{0{,}13\,\text{‰}}$$

d) keine 1 und 6
Sinnvolle Definition der Zufallsvariablen:
M: Der Würfel zeigt 2, 3, 4 oder 5.
$\overline{M}$: Der Würfel zeigt 1 oder 6.
Zeichnung eines geeigneten Baumes:

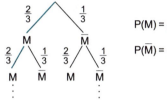

$P(M) = \frac{4}{6} = \frac{2}{3}$

$P(\overline{M}) = \frac{2}{6} = \frac{1}{3}$

Anwendung der 1. Pfadregel:
$$P(MMMMM) = \frac{2}{3} \cdot \frac{2}{3} \cdot \frac{2}{3} \cdot \frac{2}{3} \cdot \frac{2}{3} = \frac{32}{243} \approx \mathbf{13{,}2\,\%}$$

e) nur im letzten Versuch eine 6
Sinnvolle Definition der Zufallsvariablen:
6: Der Würfel zeigt 6
$\overline{6}$: Der Würfel zeigt keine 6.
Zeichnung eines geeigneten Baumes:

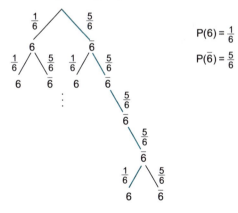

$P(6) = \frac{1}{6}$

$P(\overline{6}) = \frac{5}{6}$

Anwendung der 1. Pfadregel:
$$P(\overline{6}\,\overline{6}\,\overline{6}\,\overline{6}\,6) = \frac{5}{6} \cdot \frac{5}{6} \cdot \frac{5}{6} \cdot \frac{5}{6} \cdot \frac{1}{6} = \frac{625}{7776} \approx \mathbf{8{,}0\,\%}$$

92. Sinnvolle Definition der Zufallsvariablen:
T: Treffer im Mittelpunkt der Dartscheibe
$\overline{T}$: Kein Treffer im Mittelpunkt der Dartscheibe
$P(T) = 0,35$
$P(\overline{T}) = 1 - P(T) = 1 - 0,35 = 0,65$
Zeichnung eines geeigneten Baumes:

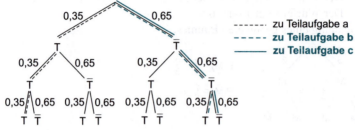

Anwendung der 1. Pfadregel:

a) Bernhard trifft dreimal hintereinander die Mitte:
$P(TTT) = 0,35 \cdot 0,35 \cdot 0,35 \approx \mathbf{4,3\,\%}$

b) Bernhard trifft nur im dritten Versuch die Mitte:
$P(\overline{T}\overline{T}T) = 0,65 \cdot 0,65 \cdot 0,35 \approx \mathbf{14,8\,\%}$

c) Bernhard trifft keinmal die Mitte:
$P(\overline{T}\overline{T}\overline{T}) = 0,65 \cdot 0,65 \cdot 0,65 \approx \mathbf{27,5\,\%}$

93. Die Legosteine werden ohne Zurücklegen gezogen:
Sinnvolle Definition der Zufallsvariablen:
r: roter Legostein wird gezogen.
g: grüner Legostein wird gezogen.
b: blauer Legostein wird gezogen.
Zeichnung eines geeigneten Baumes:

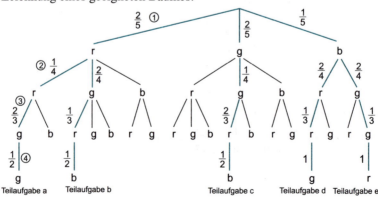

Der Baum wurde nicht komplett gezeichnet. Die für die Aufgaben wichtigen Angaben wurden eingearbeitet.

① $\frac{2}{5}$: 5 Legosteine, davon 2 rot

② $\frac{1}{4}$: Es wird ohne Zurücklegen gezogen. Daher sind nur noch 4 Legosteine im Stoffsack, davon einer rot.

③ $\frac{2}{3}$: Es sind nur noch 3 Legosteine im Stoffsack, davon zwei grün.

④ $\frac{1}{2}$: Die letzten zwei Legosteine (grün und blau) sind im Stoffsack.

Anwendung der 1. Pfadregel:

a) r–r–g–g
$$P(rrgg) = \frac{2}{5} \cdot \frac{1}{4} \cdot \frac{2}{3} \cdot \frac{1}{2} = \frac{1}{30} \approx 3{,}3\,\%$$

b) r–g–r–b
$$P(rgrb) = \frac{2}{5} \cdot \frac{2}{4} \cdot \frac{1}{3} \cdot \frac{1}{2} = \frac{1}{30} \approx 3{,}3\,\%$$

c) g–g–r–b
$$P(ggrb) = \frac{2}{5} \cdot \frac{1}{4} \cdot \frac{2}{3} \cdot \frac{1}{2} = \frac{1}{30} \approx 3{,}3\,\%$$

d) b–r–r–g
$$P(brrg) = \frac{1}{5} \cdot \frac{2}{4} \cdot \frac{1}{3} \cdot 1 = \frac{1}{30} \approx 3{,}3\,\%$$

e) b–g–g–r
$$P(bggr) = \frac{1}{5} \cdot \frac{2}{4} \cdot \frac{1}{3} \cdot 1 = \frac{1}{30} \approx 3{,}3\,\%$$

f) Nach vier gezogenen Legosteinen steht fest, welche Farbe der fünfte Stein hat. Die Wahrscheinlichkeiten ändern sich bei der Hinzunahme des fünften Steines nicht.

94. Dreimaliges Werfen einer fairen Münze

Die Zufallsvariable kann für alle Teilaufgaben definiert werden:
K: Die Münze zeigt Kopf.
Z: Die Münze zeigt Zahl.
Zeichnung eines geeigneten Wahrscheinlichkeitsbaums:

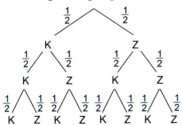

Die Wahrscheinlichkeit ist jedes Mal $\frac{1}{2}$. Das Zufallsexperiment entspricht einem Ziehen mit Zurücklegen.

a) Es erscheint genau zweimal Zahl. Dieses Ereignis heiße A. Der Baum liefert die Einzelereignisse **ZZK**, **ZKZ** und **KZZ**.

Anwendung der 1. Pfadregel:

$P(ZZK) = \dfrac{1}{2} \cdot \dfrac{1}{2} \cdot \dfrac{1}{2} = \dfrac{1}{8}$

$P(ZKZ) = \dfrac{1}{2} \cdot \dfrac{1}{2} \cdot \dfrac{1}{2} = \dfrac{1}{8}$

$P(KZZ) = \dfrac{1}{2} \cdot \dfrac{1}{2} \cdot \dfrac{1}{2} = \dfrac{1}{8}$

Das Ereignis A setzt sich aus den drei Pfaden zusammen. Die Wahrscheinlichkeiten werden nach der 2. Pfadregel addiert:

$P(A) = P(ZZK) + P(ZKZ) + P(KZZ)$

$ = \dfrac{1}{8} + \dfrac{1}{8} + \dfrac{1}{8} = \dfrac{3}{8} = \mathbf{37{,}5\,\%}$

b) Der letzte Wurf ist Kopf. Dieses Ereignis heiße B.
Der letzte Wurf ist Kopf setzt sich aus **KKK**, **KZK**, **ZKK** und **ZZK** zusammen. Die entsprechenden Pfade sind im Baum markiert. Der Baum hilft auch dabei, keine Möglichkeit zu vergessen.
Nach der 1. Pfadregel liefert jeder Pfad wieder die Wahrscheinlichkeit $\tfrac{1}{8}$.

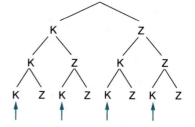

2. Pfadregel:

$P(B) = P(KKK) + P(KZK) + P(ZKK) + P(ZZK)$

$ = \dfrac{1}{8} + \dfrac{1}{8} + \dfrac{1}{8} + \dfrac{1}{8} = \dfrac{4}{8} = \dfrac{1}{2} = \mathbf{50\,\%}$

c) Der erste und der letzte Wurf sind Kopf. Das Ereignis heiße C.
Aus dem Wahrscheinlichkeitsbaum erhält man die beiden Möglichkeiten **KZK** und **KKK**.

1. Pfadregel: $P(KKK) = P(KZK) = \dfrac{1}{2} \cdot \dfrac{1}{2} \cdot \dfrac{1}{2} = \dfrac{1}{8}$

2. Pfadregel: $P(C) = P(KKK) + P(KZK) = \dfrac{1}{8} + \dfrac{1}{8} = \dfrac{1}{4} = \mathbf{25\,\%}$

d) Es erscheint genau zweimal Kopf.
Das Ereignis heiße D.
Die gesuchten Pfade sind farbig
markiert: **KK**Z, **K**Z**K** und Z**KK**.
1. Pfadregel:
$P(KZK) = P(KKZ) = P(ZKK)$
$= \frac{1}{2} \cdot \frac{1}{2} \cdot \frac{1}{2} = \frac{1}{8}$

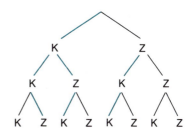

2. Pfadregel: $P(D) = P(KZK) + P(KKZ) + P(ZKK)$
$= \frac{1}{8} + \frac{1}{8} + \frac{1}{8} = \frac{3}{8} = \mathbf{37{,}5\,\%}$

e) Es erscheint dreimal Zahl oder dreimal Kopf. Das Ereignis heiße E und
setzt sich aus den Teilereignissen **KKK** und **ZZZ** zusammen.

1. Pfadregel: $P(ZZZ) = P(KKK) = \frac{1}{2} \cdot \frac{1}{2} \cdot \frac{1}{2} = \frac{1}{8}$

2. Pfadregel: $P(E) = P(ZZZ) + P(KKK) = \frac{1}{8} + \frac{1}{8} = \frac{1}{4} = \mathbf{25\,\%}$

95. Beim Spiel „Mensch ärgere dich nicht" werden die Zufallsvariablen folgendermaßen definiert:
6: Eine 6 wird gewürfelt.
$\overline{6}$: Es wird keine 6 gewürfelt.

Wahrscheinlichkeitsbaum für dreimaliges Würfeln:
Die Wahrscheinlichkeit, eine 6 zu würfeln, ist immer $\frac{1}{6}$, das Gegenereignis $\overline{6}$ hat immer die Wahrscheinlichkeit $\frac{5}{6}$.
Dieses Zufallsexperiment kann auch als Ziehen mit Zurücklegen interpretiert werden.

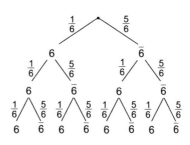

a) Die 6 fällt im dritten Wurf. Das gesuchte Ereignis ist $\overline{6}\overline{6}6$.
$P(\overline{6}\overline{6}6) = \frac{5}{6} \cdot \frac{5}{6} \cdot \frac{1}{6} = \frac{25}{216} \approx \mathbf{11{,}6\,\%}$

b) Die 6 fällt im zweiten Wurf. Das gesuchte Ereignis ist $\overline{6}6$.
$P(\overline{6}6) = \frac{5}{6} \cdot \frac{1}{6} = \frac{5}{36} \approx \mathbf{13{,}9\,\%}$

c) In drei Versuchen fällt keine 6. Das gesuchte Ereignis ist $\overline{666}$.
$$P(\overline{666}) = \frac{5}{6} \cdot \frac{5}{6} \cdot \frac{5}{6} = \frac{125}{216} \approx \mathbf{57{,}9\,\%}$$

d) Bei der ersten Serie ist eine 6 dabei. Das gesuchte Ereignis heiße D.
6: 6 im ersten Versuch
$\overline{6}6$: 6 im zweiten Versuch
$\overline{66}6$: 6 im dritten Versuch
$$P(D) = P(6) + P(\overline{6}6) + P(\overline{66}6) = \frac{1}{6} + \frac{5}{6} \cdot \frac{1}{6} + \frac{5}{6} \cdot \frac{5}{6} \cdot \frac{1}{6} = \frac{91}{216} \approx \mathbf{42{,}1\,\%}$$

e) In der dritten oder in der zweiten Dreier-Serie würfelt man die erste 6. Das gesuchte Ereignis habe den Namen E.

Definition neuer sinnvoller Zufallsvariablen:
A: Man würfelt in der Dreier-Serie eine 6 und darf anfangen.
$\overline{A}$: Man würfelt in der Dreier-Serie keine 6.

$P(A) = \frac{91}{216}$ weiß man aus der Teilaufgabe d.

$\overline{A}$ ist das Gegenereignis zu A, d. h., beide Wahrscheinlichkeiten zusammen müssen 1 ergeben:
$P(A) + P(\overline{A}) = 1$
$$P(\overline{A}) = 1 - P(A) = 1 - \frac{91}{216} = \frac{125}{216}$$

Zeichnung eines geeigneten Baumdiagramms:

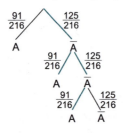

Im Baumdiagramm sind die gesuchten Pfade farbig markiert. Nach der 1. Pfadregel werden die Einzelwahrscheinlichkeiten multipliziert:
$$P(\overline{A}A) = \frac{125}{216} \cdot \frac{91}{216}$$
$$P(\overline{AA}A) = \frac{125}{216} \cdot \frac{125}{216} \cdot \frac{91}{216}$$

Die 2. Pfadregel liefert die gesuchte Wahrscheinlichkeit:
$$P(E) = P(\overline{A}A) + P(\overline{AA}A) = \frac{125}{216} \cdot \frac{91}{216} + \frac{125}{216} \cdot \frac{125}{216} \cdot \frac{91}{216} \approx \mathbf{38{,}5\,\%}$$

96. Sinnvolle Definition von Zufallsgrößen:
F: Biathlet Fischer trifft.
$\overline{F}$: Biathlet Fischer schießt daneben.
G: Biathlet Gruber trifft.
$\overline{G}$: Biathlet Gruber trifft nicht.
Die Wahrscheinlichkeiten betragen
$P(F) = 0{,}89 \quad P(\overline{F}) = 1 - P(F) = 0{,}11$
$P(G) = 0{,}96 \quad P(\overline{G}) = 1 - P(G) = 0{,}04$

a) Biathlet Gruber trifft mindestens viermal. Dieses Ereignis heiße A. Gruber trifft mindestens viermal, falls er viermal oder fünfmal trifft. Zeichnung eines geeigneten Baumdiagramms:

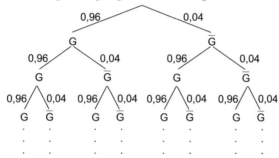

Zeigt der Zweig zu G, ist die Wahrscheinlichkeit immer 0,96, der zweite Zweig zeigt zu $\overline{G}$ mit der Wahrscheinlichkeit 0,04.
Das Ereignis A setzt sich aus den Einzelereignissen GGGG$\overline{G}$, GGG$\overline{G}$G, GG$\overline{G}$GG, G$\overline{G}$GGG, $\overline{G}$GGGG und GGGGG zusammen.
Die Wahrscheinlichkeiten für die Einzelereignisse werden nach der 1. Pfadregel durch Multiplikation entlang der Pfade bestimmt:
$P(GGGG\overline{G}) = 0{,}96 \cdot 0{,}96 \cdot 0{,}96 \cdot 0{,}96 \cdot 0{,}04 = 0{,}96^4 \cdot 0{,}04$
$P(GGG\overline{G}G) = 0{,}96 \cdot 0{,}96 \cdot 0{,}96 \cdot 0{,}04 \cdot 0{,}96 = 0{,}96^4 \cdot 0{,}04$
$P(GG\overline{G}GG) = 0{,}96 \cdot 0{,}96 \cdot 0{,}04 \cdot 0{,}96 \cdot 0{,}96 = 0{,}96^4 \cdot 0{,}04$
$P(G\overline{G}GGG) = 0{,}96^4 \cdot 0{,}04$
$P(\overline{G}GGGG) = 0{,}96^4 \cdot 0{,}04$
$P(GGGGG) = 0{,}96^5$

Das Zufallsexperiment kann man als Ziehen mit Zurücklegen interpretieren. Damit verändern sich die Wahrscheinlichkeiten nicht. In den ersten fünf Ereignissen erhält man deshalb immer die gleiche Wahrscheinlichkeit $0{,}96^4 \cdot 0{,}04$.
Die 2. Pfadregel fordert die Addition dieser Einzelwahrscheinlichkeiten:
$P(A) = P(GGGG\overline{G}) + \ldots + P(\overline{G}GGGG) + P(GGGGG)$
$= 0{,}96^4 \cdot 0{,}04 + \ldots + 0{,}96^4 \cdot 0{,}04 + 0{,}96^5$
$= 5 \cdot 0{,}96^4 \cdot 0{,}04 + 0{,}96^5 \approx \mathbf{98{,}5\,\%}$

b) Fischer schießt genau dreimal daneben. Dieses Ereignis heiße B.
Zeichnung eines geeigneten Wahrscheinlichkeitsbaums:

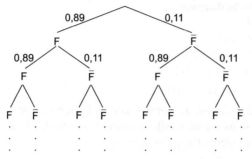

Zeigt der Zweig nach F, ist die Wahrscheinlichkeit 0,89, sonst 0,11.
Das Ereignis B setzt sich aus den Einzelereignissen $\overline{FFF}FF$, $\overline{FF}F\overline{F}F$, $\overline{FF}FF\overline{F}$, $\overline{F}F\overline{FF}F$, $\overline{F}F\overline{F}F\overline{F}$, $\overline{F}FF\overline{FF}$, $F\overline{FFF}F$, $F\overline{FF}F\overline{F}$, $F\overline{F}F\overline{FF}$ und $FF\overline{FFF}$ zusammen.

Es wird mit Zurücklegen gezogen. Alle Wahrscheinlichkeiten für diese 10 Ereignisse haben deshalb den gleichen Betrag. Die einzelne Wahrscheinlichkeit bekommt man über die 1. Pfadregel:
$P(\overline{FFF}FF) = 0{,}11 \cdot 0{,}11 \cdot 0{,}11 \cdot 0{,}89 \cdot 0{,}89 = 0{,}11^3 \cdot 0{,}89^2$

Nach der zweiten Pfadregel werden alle 10 Wahrscheinlichkeiten addiert:
$P(B) = P(\overline{FFF}FF) + P(\overline{FF}F\overline{F}F) + \ldots + P(FF\overline{FFF})$
$= 0{,}11^3 \cdot 0{,}89^2 + 0{,}11^3 \cdot 0{,}89^2 + \ldots + 0{,}11^3 \cdot 0{,}89^2$
$= 10 \cdot 0{,}11^3 \cdot 0{,}89^2 \approx \mathbf{1{,}05\ \%}$

c) Fischer trifft viermal und Gruber hat keinen Fehlschuss. Das Ereignis heiße C.
Zeichnung eines geeigneten Baumdiagramms:

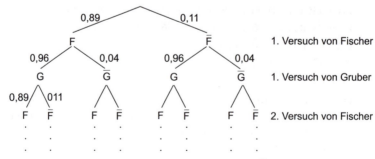

Das Ereignis C gibt es z. B. in der Kombination $\overline{F}GFGFGFGFG$.

Die 1. Pfadregel liefert:

P($\overline{F}$GFGFGFGFGFG) = $\underbrace{0{,}11}_{\substack{\text{Fehler beim}\\\text{1. Schuss von}\\\text{Fischer}}} \cdot \underbrace{0{,}96^5}_{\substack{\text{5 Treffer}\\\text{von}\\\text{Gruber}}} \cdot \underbrace{0{,}89^4}_{\substack{\text{4 Treffer}\\\text{von}\\\text{Fischer}}}$

Der Fehlschuss kann beim 1., 2., 3., 4. oder 5. Versuch von Fischer auftreten, d. h., man bekommt 5 Pfade im Baumdiagramm, wobei sich jedesmal die gleiche Wahrscheinlichkeit ergibt.

Nach der 2. Pfadregel müssen die fünf gleichen Wahrscheinlichkeiten zusammenaddiert werden:

P(C) = P($\overline{F}$GFGFGFGFG) + ... + P(FGFGFGFG$\overline{F}$G)
   = $0{,}11 \cdot 0{,}96^5 \cdot 0{,}89^4 + \ldots + 0{,}11 \cdot 0{,}96^5 \cdot 0{,}89^4$
   = $5 \cdot 0{,}11 \cdot 0{,}96^5 \cdot 0{,}89^4 \approx$ **28,1 %**

d) Biathlet Fischer beginnt und schießt zuerst daneben. Das Ereignis heiße D. Zeichnung eines geeigneten Baumdiagramms:

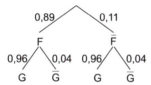

Das Ereignis D setzt sich aus den Teilergebnissen

$\overline{F}$:   Fischer schießt im ersten Versuch daneben,
FG$\overline{F}$: Fischer und Gruber treffen beim ersten Versuch, beim zweiten Versuch schießt Fischer daneben,
FGFG$\overline{F}$, FGFGFG$\overline{F}$ und FGFGFGFG$\overline{F}$ zusammen.

1. Pfadregel: P($\overline{F}$) = 0,11
   P(FG$\overline{F}$) = $0{,}89 \cdot 0{,}96 \cdot 0{,}11$
   P(FGFG$\overline{F}$) = $0{,}89^2 \cdot 0{,}96^2 \cdot 0{,}11$
   P(FGFGFG$\overline{F}$) = $0{,}89^3 \cdot 0{,}96^3 \cdot 0{,}11$
   P(FGFGFGFG$\overline{F}$) = $0{,}89^4 \cdot 0{,}96^4 \cdot 0{,}11$

Nach der 2. Pfadregel müssen die Wahrscheinlichkeiten addiert werden:
P(D) = P($\overline{F}$) + P(FG$\overline{F}$) + P(FGFG$\overline{F}$) + P(FGFGFG$\overline{F}$) + P(FGFGFGFG$\overline{F}$)
   = $0{,}11 + 0{,}89 \cdot 0{,}96 \cdot 0{,}11 + 0{,}89^2 \cdot 0{,}96^2 \cdot 0{,}11 + 0{,}89^3 \cdot 0{,}96^3 \cdot 0{,}11$
      $+ 0{,}89^4 \cdot 0{,}96^4 \cdot 0{,}11$
   $\approx$ **41,2 %**

97. 20 Lose mit 13 Nieten und 7 Treffern.

Hannah zieht 4 Lose ohne Zurücklegen, dabei verändern sich die Wahrscheinlichkeiten im Laufe des Zufallsexperiments.

Definition von sinnvollen Zufallsvariablen:
N: Hannah zieht eine Niete.
T: Hannah zieht einen Treffer.

Zeichnung eines geeigneten Baumdiagramms:

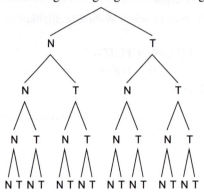

Auf die Berechnung aller Wahrscheinlichkeiten wird an dieser Stelle verzichtet. Bei jeder Teilaufgabe wird ein passender Ausschnitt des Baumdiagramms gezeichnet und die hierfür benötigten Wahrscheinlichkeiten werden berechnet.

a) Hannah zieht vier Nieten. Das verlangte Ereignis ist NNNN.
Passender Ausschnitt aus dem Baumdiagramm:

1. Pfadregel	$\frac{13}{20}$ N	20 Lose, dann 13 Nieten
	$\frac{12}{19}$ N	19 Lose, dann 12 Nieten
	$\frac{11}{18}$ N	18 Lose, dann 11 Nieten
	$\frac{10}{17}$ N	17 Lose, dann 10 Nieten

1. Pfadregel: $P(NNNN) = \frac{13}{20} \cdot \frac{12}{19} \cdot \frac{11}{18} \cdot \frac{10}{17} = \frac{143}{969} \approx \mathbf{14{,}8\,\%}$

b) Hannah zieht mindestens drei Treffer. Das Ereignis heiße B. Mindestens drei Treffer bedeutet drei oder vier Treffer.
Passender Ausschnitt aus dem Baumdiagramm:

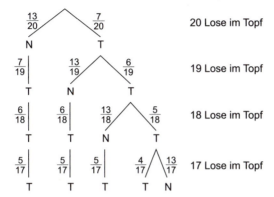

20 Lose im Topf

19 Lose im Topf

18 Lose im Topf

17 Lose im Topf

Die Zähler geben jeweils die noch vorhandenen Treffer bzw. Nieten an.
Das Ereignis B setzt sich aus den Ereignissen NTTT, TNTT, TTNT, TTTN und TTTT zusammen.
Die Einzelereignisse werden nach der 1. Pfadregel bestimmt:

$$P(NTTT) = \frac{13}{20} \cdot \frac{7}{19} \cdot \frac{6}{18} \cdot \frac{5}{17} = \frac{91}{3876}$$

$$P(TNTT) = \frac{7}{20} \cdot \frac{13}{19} \cdot \frac{6}{18} \cdot \frac{5}{17} = \frac{91}{3876}$$

$$P(TTNT) = \frac{7}{20} \cdot \frac{6}{19} \cdot \frac{13}{18} \cdot \frac{5}{17} = \frac{91}{3876}$$

$$P(TTTN) = \frac{7}{20} \cdot \frac{6}{19} \cdot \frac{5}{18} \cdot \frac{13}{17} = \frac{91}{3876}$$

$$P(TTTT) = \frac{7}{20} \cdot \frac{6}{19} \cdot \frac{5}{18} \cdot \frac{4}{17} = \frac{7}{969}$$

Die 2. Pfadregel bedeutet die Addition der fünf Einzelereignisse:
$$P(B) = P(NTTT) + P(TNTT) + P(TTNT) + P(TTTN) + P(TTTT)$$
$$= \frac{91}{3876} + \frac{91}{3876} + \frac{91}{3876} + \frac{91}{3876} + \frac{7}{969}$$
$$= 4 \cdot \frac{91}{3876} + \frac{7}{969} = \frac{98}{969} \approx \mathbf{10{,}1\,\%}$$

c) Hannah zieht genau drei Nieten. Das Ereignis heiße C. Es gibt vier Möglichkeiten, das Ereignis C zu erreichen:
NNNT, NNTN, NTNN und TNNN
Passender Ausschnitt aus dem Baumdiagramm:

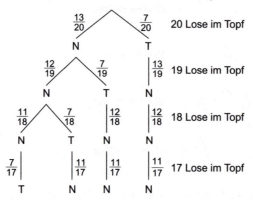

Die Zähler geben jeweils die noch vorhandenen Treffer bzw. Nieten an.

1. Pfadregel (Multiplikation):

$P(NNNT) = \dfrac{13}{20} \cdot \dfrac{12}{19} \cdot \dfrac{11}{18} \cdot \dfrac{7}{17} = \dfrac{1\,001}{9\,690}$

$P(NNTN) = \dfrac{13}{20} \cdot \dfrac{12}{19} \cdot \dfrac{7}{18} \cdot \dfrac{11}{17} = \dfrac{1\,001}{9\,690}$

$P(NTNN) = \dfrac{13}{20} \cdot \dfrac{7}{19} \cdot \dfrac{12}{18} \cdot \dfrac{11}{17} = \dfrac{1\,001}{9\,690}$

$P(TNNN) = \dfrac{7}{20} \cdot \dfrac{13}{19} \cdot \dfrac{12}{18} \cdot \dfrac{11}{17} = \dfrac{1\,001}{9\,690}$

2. Pfadregel (Addition):
$P(C) = P(NNNT) + P(NNTN) + P(NTNN) + P(TNNN)$

$= \dfrac{1\,001}{9\,690} + \dfrac{1\,001}{9\,690} + \dfrac{1\,001}{9\,690} + \dfrac{1\,001}{9\,690}$

$= \dfrac{2\,002}{4\,845} \approx \mathbf{41,3\,\%}$

d) Hannah zieht höchstens einen Treffer bedeutet einen oder keinen Treffer. Das Ereignis heiße D.
Es gibt fünf Möglichkeiten, dies zu erreichen:
TNNN, NTNN, NNTN, NNNT und NNNN
Die Wahrscheinlichkeiten wurden bereits in den Teilaufgaben a und c berechnet.

$$P(NNNN) = \frac{143}{969}$$

$$P(TNNN) = P(NTNN) = P(NNTN) = P(NNNT) = \frac{1\,001}{9\,690}$$

Wegen der 2. Pfadregel muss man die Einzelwahrscheinlichkeiten addieren.

$$P(D) = P(TNNN) + P(NTNN) + P(NNTN) + P(NNNT) + P(NNNN)$$
$$= \frac{1\,001}{9\,690} + \frac{1\,001}{9\,690} + \frac{1\,001}{9\,690} + \frac{1\,001}{9\,690} + \frac{143}{969} = \frac{143}{255} \approx \mathbf{56{,}1\,\%}$$

98. a) Es werden noch zwei Primzahlen gezogen.
Sinnvolle Definition der Zufallsvariablen:
P: Es wird eine Primzahl gezogen.
$\overline{P}$: Es wird keine Primzahl gezogen.
Mögliche Primzahlen sind 2, 3, 5, 7, 11, 13, 17, 19, 31, 37, 41, 43 und 47 (13 Primzahlen).
Zeichnung eines geeigneten Baumdiagramms:

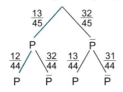

$\frac{13}{45}$: 45 Kugeln sind noch im Ziehungsapparat, davon sind 13 Kugeln Primzahlen.

$\frac{12}{44}$: Nach dem Ziehen ohne Zurücklegen sind nur noch 44 Kugeln in der Ziehung, davon sind nur noch 12 prim.

1. Pfadregel: $P(PP) = \frac{13}{45} \cdot \frac{12}{44} = \frac{13}{165} \approx \mathbf{7{,}9\,\%}$

b) Die letzten beiden Zahlen sind gerade.
Sinnvolle Definition der Zufallsvariablen:
G: Die gezogene Zahl ist gerade.
$\overline{G}$: Die gezogene Zahl ist ungerade.
Es sind noch 24 gerade Zahlen im Ziehungsapparat.
Zeichnung eines geeigneten Baumdiagramms:

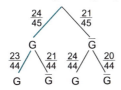

$\frac{21}{45}$: 45 Kugeln sind noch im Ziehungsapparat, davon sind 21 ungerade.

$\frac{24}{44}$: 24 gerade Kugeln bei 44 möglichen Kugeln.

1. Pfadregel: $P(GG) = \frac{24}{45} \cdot \frac{23}{44} = \frac{46}{165} \approx \mathbf{27{,}9\,\%}$

c) Die Zufallsvariablen G und $\overline{G}$ sowie das Baumdiagramm werden aus Teilaufgabe b übernommen.
Die Reihenfolge der Ziehung wird nicht angegeben. Es sind beide Ereignisse $G\overline{G}$ und $\overline{G}G$ zu berücksichtigen.

$$P(G\overline{G}) + P(\overline{G}G) = \frac{24}{45} \cdot \frac{21}{44} + \frac{21}{45} \cdot \frac{24}{44} = \frac{28}{55} \approx \mathbf{50{,}9\,\%}$$

d) Sinnvolle Definition der Zufallsvariablen:
K: Die gezogene Zahl ist kleiner als 29.
G: Die gezogene Zahl ist größer als 29.
Von den übrigen Zahlen sind 25 kleiner als 29 und 20 größer als 29.
Zeichnung eines geeigneten Baumdiagramms:

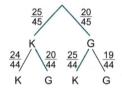

$\frac{25}{45}$: 45 Kugeln sind noch vorhanden, davon sind 25 Zahlen kleiner als 29.

$\frac{24}{44}$: Für die sechste Lottozahl sind noch 44 Kugeln im Ziehungsapparat, davon sind noch 24 Zahlen kleiner als 29.

Die Reihenfolge ist in der Fragestellung nicht festgelegt, d. h., beide Ereignisse KG und GK sind zu berücksichtigen.

$$P(KG) + P(GK) = \frac{25}{45} \cdot \frac{20}{44} + \frac{20}{45} \cdot \frac{25}{44} = \frac{50}{99} \approx \mathbf{50{,}5\,\%}$$

e) Die gezogenen Zahlen sind beide kleiner als 15 oder beide größer als 15.
Sinnvolle Definition der Zufallsvariablen:
F: Die gezogene Zahl ist kleiner als 15.
$\overline{F}$: Die gezogene Zahl ist größer als 15.
Zeichnung eines geeigneten Baumdiagramms:

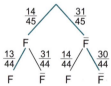

$\frac{31}{45}$: 45 Kugeln, davon 31 Zahlen größer als 15

$\frac{30}{44}$: 44 Kugeln, davon nur noch 30 Zahlen größer als 15 (ohne Zurücklegen)

Das gesamte Ereignis setzt sich aus FF und $\overline{FF}$ zusammen:

$$P(FF) + P(\overline{FF}) = \frac{14}{45} \cdot \frac{13}{44} + \frac{31}{45} \cdot \frac{30}{44} = \frac{278}{495} \approx \mathbf{56{,}2\,\%}$$

f) Für 5 Richtige darf eine Zahl passen, die zweite Zahl darf nicht auf dem Tippzettel stehen. Die Reihenfolge spielt dabei keine Rolle.
Sinnvolle Definition der Zufallsvariablen:
Z: Die Zahl steht auf dem Tippschein.
$\overline{Z}$: Die Zahl steht nicht auf dem Tippschein.

Zeichnung eines geeigneten Baumdiagramms:

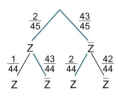

$\frac{2}{45}$: 45 mögliche Zahlen für die Ziehung, davon sind zwei auf dem Tippschein.

$\frac{43}{44}$: Die erste Kugel wird nicht zurückgelegt. Es sind damit noch 44 Zahlen möglich, davon stehen 43 nicht auf dem Tippschein.

Das gesuchte Ereignis (eine Zahl auf meinem Tippschein wird noch gezogen) setzt sich aus $Z\overline{Z}$ und $\overline{Z}Z$ zusammen:

$$P(Z\overline{Z}) + P(\overline{Z}Z) = \frac{2}{45} \cdot \frac{43}{44} + \frac{43}{45} \cdot \frac{2}{44} = \frac{43}{495} \approx \mathbf{8{,}7\,\%}$$

99. Sinnvolle Zufallsvariablen sind:
A: Es wird ein Ass gezogen.
$\overline{A}$: Es wird kein Ass gezogen.

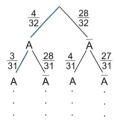

Es wird ohne Zurücklegen gezogen, d. h., die Wahrscheinlichkeiten ändern sich.

$\frac{28}{32}$: Von 32 möglichen Karten sind 28 Karten keine Ass.

$\frac{27}{31}$: Die erste Karte wird nicht zurückgelegt. Es sind nur noch 31 Karten im Stapel, davon sind 27 kein Ass.

a) Das Spiel endet beim dritten Durchgang, d. h. beim 5. oder 6. Zug. Dieses Ereignis heiße Z. Die Teilereignisse lauten $\overline{A}\overline{A}\overline{A}\overline{A}A$ und $\overline{A}\overline{A}\overline{A}\overline{A}\overline{A}A$. Die Pfade des Baums liefern die Einzelwahrscheinlichkeiten, welche nach der 1. Pfadregel miteinander multipliziert werden:

$$P(\overline{A}) \cdot P(\overline{A}) \cdot P(\overline{A}) \cdot P(\overline{A}) \cdot P(A) = \frac{28}{32} \cdot \frac{27}{31} \cdot \frac{26}{30} \cdot \frac{25}{29} \cdot \frac{4}{28} = \frac{585}{7\,192}$$

$$P(\overline{A}) \cdot P(\overline{A}) \cdot P(\overline{A}) \cdot P(\overline{A}) \cdot P(\overline{A}) \cdot P(A) = \frac{28}{32} \cdot \frac{27}{31} \cdot \frac{26}{30} \cdot \frac{25}{29} \cdot \frac{24}{28} \cdot \frac{4}{27}$$

$$= \frac{65}{899}$$

Addition der beiden Werte nach der 2. Pfadregel:

$$P(Z) = P(\overline{A}\overline{A}\overline{A}\overline{A}A) + P(\overline{A}\overline{A}\overline{A}\overline{A}\overline{A}A)$$

$$= \frac{585}{7\,192} + \frac{65}{899} = \frac{1\,105}{7\,192} \approx \mathbf{15{,}4\,\%}$$

b) Es wird höchstens fünfmal gezogen. Das Ereignis heiße Y.
Im 1. Zug ein Ass: $P(A) = \dfrac{4}{32}$

Im 2. Zug das erste Ass: $P(\overline{A}A) = \dfrac{28}{32} \cdot \dfrac{4}{31} = \dfrac{7}{62}$

Im 3. Zug das erste Ass: $P(\overline{A}\,\overline{A}A) = \dfrac{28}{32} \cdot \dfrac{27}{31} \cdot \dfrac{4}{30} = \dfrac{63}{620}$

Im 4. Zug das erste Ass: $P(\overline{A}\,\overline{A}\,\overline{A}A) = \dfrac{28}{32} \cdot \dfrac{27}{31} \cdot \dfrac{26}{30} \cdot \dfrac{4}{29} = \dfrac{819}{8\,990}$

Im 5. Zug das erste Ass: $P(\overline{A}\,\overline{A}\,\overline{A}\,\overline{A}A) = \dfrac{28}{32} \cdot \dfrac{27}{31} \cdot \dfrac{26}{30} \cdot \dfrac{25}{29} \cdot \dfrac{4}{28} = \dfrac{585}{7\,192}$

Die Einzelwerte werden wegen der 1. Pfadregel multipliziert. Man bewegt sich dabei längs eines Pfades im Baumdiagramm.
Die Wahrscheinlichkeit für Y erhält man über die 2. Pfadregel, d. h., man addiert senkrecht zu den Pfaden im Baumdiagramm.

$P(Y) = P(A) + P(\overline{A}A) + \ldots + P(\overline{A}\,\overline{A}\,\overline{A}\,\overline{A}A)$

$= \dfrac{4}{32} + \dfrac{7}{62} + \dfrac{63}{620} + \dfrac{819}{8\,990} + \dfrac{585}{7\,192} = \dfrac{1\,841}{3\,596} \approx \mathbf{51{,}2\,\%}$

c) Es wird mindestens achtmal gezogen, falls bei den ersten sieben Ziehungen kein Ass dabei ist. Das Ereignis heiße X.

$P(X) = P(\overline{A}) \cdot P(\overline{A}) \cdot P(\overline{A}) \cdot P(\overline{A}) \cdot P(\overline{A}) \cdot P(\overline{A}) \cdot P(\overline{A})$ Multiplikation wegen 1. Pfadregel

$= \dfrac{28}{32} \cdot \dfrac{27}{31} \cdot \dfrac{26}{30} \cdot \dfrac{25}{29} \cdot \dfrac{24}{28} \cdot \dfrac{23}{27} \cdot \dfrac{22}{26}$

$= \dfrac{25 \cdot 24 \cdot 23 \cdot 22}{32 \cdot 31 \cdot 30 \cdot 29} = \dfrac{1\,265}{3\,596} \approx \mathbf{35{,}2\,\%}$

d) In den letzten vier Karten sind nur Asse. In 28 Versuchen vorher wurde kein Ass gezogen. Das Ereignis wird W genannt. Für das gesuchte Ereignis muss man das Baumdiagramm immer in Richtung $\overline{A}$ abgehen:

$P(W) = P(\overline{A}) \cdot P(\overline{A}) \cdot P(\overline{A}) \cdot P(\overline{A}) \cdot \ldots \cdot P(\overline{A}) \cdot P(\overline{A})$ Entlang des Pfades wird multipliziert.

$= \dfrac{28}{32} \cdot \dfrac{27}{31} \cdot \dfrac{26}{30} \cdot \dfrac{25}{29} \cdot \ldots \cdot \dfrac{1}{5} \cdot \dfrac{4}{4}$

$= \dfrac{4 \cdot 3 \cdot 2 \cdot 1}{32 \cdot 31 \cdot 30 \cdot 29} \cdot \dfrac{4}{4}$ Fast jeder Faktor des Zählers kommt auch im Nenner vor.

$= \dfrac{1}{35\,960} \approx \mathbf{0{,}0278\,\text{‰}}$

Ihre Meinung ist uns wichtig!

Ihre Anregungen sind uns immer willkommen. Bitte informieren Sie uns mit diesem Schein über Ihre Verbesserungsvorschläge!

Titel-Nr.	Seite	Vorschlag

Lernen ▪ Wissen ▪ Zukunft
STARK

24-V_TRUM

Bitte ausfüllen und im frankierten Umschlag an uns einsenden. Für Fensterkuverts geeignet.

STARK Verlag
Postfach 1852
85318 Freising

Zutreffendes bitte ankreuzen!

Die Absenderin/der Absender ist:

- ☐ Lehrer/in in den Klassenstufen: _____
- ☐ Fachbetreuer/in Fächer: _____
- ☐ Seminarlehrer/in Fächer: _____
- ☐ Regierungsfachberater/in Fächer: _____
- ☐ Oberstufenbetreuer/in
- ☐ Schulleiter/in
- ☐ Referendar/in, Termin 2. Staatsexamen: _____
- ☐ Leiter/in Lehrerbibliothek
- ☐ Leiter/in Schülerbibliothek
- ☐ Sekretariat
- ☐ Eltern
- ☐ Schüler/in, Klasse: _____
- ☐ Sonstiges: _____

Unterrichtsfächer: (Bei Lehrkräften!)

_____

Absender (Bitte in Druckbuchstaben!)

Name/Vorname
Straße/Nr.
PLZ/Ort/Ortsteil
Telefon privat   Geburtsjahr
E-Mail

Kennen Sie Ihre Kundennummer?
Bitte hier eintragen.

☐☐☐☐☐☐

Schule/Schulstempel (Bitte immer angeben!)

✂ Bitte hier abtrennen

Erfolgreich durch alle Klassen mit den STARK-Reihen

Training

Unterrichtsrelevantes Wissen schülergerecht präsentiert. Übungsaufgaben mit Lösungen sichern den Lernerfolg.

Klassenarbeiten

Praxisnahe Übungen für eine gezielte Vorbereitung auf Klassenarbeiten.

Stark in Klassenarbeiten

Schülergerechtes Training wichtiger Themenbereiche für mehr Lernerfolg und bessere Noten.

Kompakt-Wissen

Kompakte Darstellung von wichtigem Wissen zum schnellen Nachschlagen und Wiederholen.

VERA 8

Grundwissen mit Beispielen und Übungsaufgaben im Stil von VERA 8. Mit schülergerechten Lösungen.

Und vieles mehr auf www.stark-verlag.de

(Bitte blättern Sie um)

Pearson Easy Readers

Lektüren für verschiedene Niveaustufen zu spannenden Themen.
Mit hilfreichen Worterklärungen.

  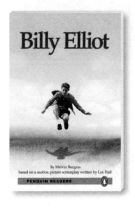

Alle Titel zu
Pearson Easy Readers
www.stark-verlag.de/easy-readers

Bestellungen bitte direkt an:
STARK Verlagsgesellschaft mbH & Co. KG · Postfach 1852 · 85318 Freising
Tel. 0180 3 179000* · Fax 0180 3 179001* · www.stark-verlag.de · info@stark-verlag.de
*9 Cent pro Min. aus dem deutschen Festnetz, Mobilfunk bis 42 Cent pro Min.
Aus dem Mobilfunknetz wählen Sie die Festnetznummer: 08167 9573-0

Lernen • Wissen • Zukunft
STARK